U0919952

一堂终身哲学课

How to Think About the Great Ideas

From the Great Books of Western Civilisation

回答一生必然遇到的20个人生难题

[美] 莫提默·J. 艾德勒 Mortimer J. Adler 著

中国青年出版社
CHINA YOUTH PRESS

图书在版编目（CIP）数据

一堂终身哲学课：回答一生必然遇到的20个人生难题 /（美）莫提默 · J. 艾德勒著；
韩立俊，姚逸，陈真子译.
—北京：中国青年出版社，2021.8
书名原文：How to Think About the Great Ideas: From the Great Books of Western
Civilization
ISBN 978-7-5153-6437-7
Ⅰ. ①一… Ⅱ. ①莫… ②韩… ③姚… ④陈… Ⅲ. ①人生哲学–通俗读物
Ⅳ. ①B821-49
中国版本图书馆CIP数据核字（2021）第124540号

一堂终身哲学课：回答一生必然遇到的20个人生难题

作　　者：（美）莫提默 · J. 艾德勒
译　　者：韩立俊　姚　逸　陈真子
责任编辑：肖　佳
文字编辑：魏森垚
美术编辑：张　艳
出　　版：中国青年出版社
发　　行：北京中青文文化传媒有限公司
电　　话：010-65511272 / 65516873
公司网址：www.cyb.com.cn
购书网址：zqwts.tmall.com
印　　刷：大厂回族自治县益利印刷有限公司
版　　次：2021年8月第1版
印　　次：2022年9月第2次印刷
开　　本：787 × 1092　　1/16
字　　数：350千字
印　　张：27
京权图字：01-2020-1299
书　　号：ISBN 978-7-5153-6437-7
定　　价：89.00元

献给大问题研究中心全体成员

目录

前言

本书既可以当作一部哲学导论，也可以当作一位活跃的哲学教育大师对他精选的哲学基本命题进行的一番深刻阐述。

在促进哲学思考、普及哲学知识方面，莫提默·J. 艾德勒取得了非凡的成就，当代还没有哪位哲学家能出其右。本书共47章，是根据艾德勒的经典电视系列节目《大问题》（*The Great Ideas*）的文字转录编辑而成。[①]

艾德勒的名字一直与“大问题”和“西方世界的伟大著作丛书[②]”联系在一起。正是艾德勒首先意识到了存在有限数量的“大问题”，它们构成了西方文明思想的核心，以及“西方世界的伟大著作丛书”的精髓。

艾德勒领导哲学研究所的一大群研究人员，历时8年编纂了一部书，名为《西方大观念》[③]（*Syntopicon*：*An Index to the Great ideas*）。这部书系统、全面地涵盖了基本的大问题，这些大问题可以在“西方世界的伟大著作丛书”里找到。最初，艾德勒的团队列出了约700个拟收入大问题的备选主题，但经过两年的仔细研读发现，其中大多数主题都从属于更大的概念范畴。这些主题被逐渐删减，最后剩下102个不可再减少、必不可缺的大问题。随后几年，艾德勒不但没有找到理由再删减这102个大问题中的任何一个，反而增加了“平等”这一主题，最

① 中译本内容略有删减。——编者注

② 后文中有些地方简称为“伟大著作”。——编者注

③ 中译本由华夏出版社出版，陈嘉映为主编。——编者注

终确定了103个大问题。

艾德勒在他具有开创性的电视系列节目《大问题》中，精选了最适合与大众讨论的哲学问题，其中一些大问题，很难用一期节目谈完。

以下是电视中讨论也是本书收录的大问题：

艺术、美、变化、民主、教育（学习）、情绪、进化、善与恶、幸福、正义、劳动（工作）、法律、自由、爱、人类、观点、进步、惩罚、真理、战争与和平。

以下是本书未涉及的哲学命题：

天使、动物、贵族、天文学和宇宙论、存在、原因、可能性、公民、宪法、勇气、习俗和惯例、定义、欲望、辩证法、义务、元素、平等、永恒、经验、家庭、命运、形式、习惯、历史、荣誉、假说、观念、不朽、归纳、无穷、判断、知识、语言、生与死、逻辑、数学、物质、力学、医学、记忆和想象、形而上学、精神、君主制、自然、必然性和偶然性、寡头制、一与多、对立、哲学、物理学、苦与乐、诗、原则、预言、节俭、质、量、论证、关系、宗教、革命、修辞学、异与同、科学、感觉、记号与象征、罪、奴役、灵魂、空间、国家、克己、神学、时间、专制和暴政、普遍与特殊、高尚与卑鄙、财富、意志、智慧、世界、政府、上帝。

以上这些命题对我们来说并不陌生，早在古代就已经存在，并非现代产物，古希腊人正是因这103个大问题声名远播。

自有人类思想开始，这些大问题就一直是人们思考和探究的对象，也是人类智慧的共同宝库。与每一个大问题相关的文献都浩如烟海，不仅反映了人类思想的延续性，也反映了这些思想不可避免地会启发出形形色色的观点。了解了这些大问题，我们就能发现人类最基本的分歧与共识。

虽然这些大问题与其千年前并无太大差别，但这并不意味着我们的思想世界没有新的观念。相反，它们不论是在本质还是范围上都一直在变化发展。每一个时代，我们的知识精英虽然没有发现新的大问题，但都探索出了这些大问题全新的一面。

一些大问题（如预言或天使）的历史，在古代或中世纪要比现今更为活跃，另一些大问题（如进步或进化），则是在现代更受关注。但即便这些“现代的”大问题早在古代就已经得到了清晰的认识。就像马克·吐温曾苦笑着说：“古人剽窃了我们所有的思想。”

这些大问题将来的发展远比现在的状态更为重要。我们对每一个大问题的理解尚不完满，对每一个大问题的探索依然是一项未尽的事业。艾德勒一直竭力想理解人类思考这些大问题的历史，他阅读了与每一个主题有关的全部重要著述，勾勒出了杰出思想家们提出的与之相关的各种观点和理论，并评价了它们在当下的重要意义。

探索每一个大问题，都像一次独特的思想之旅，每一次探索都有其内在结构和生命力。本书中艾德勒阐释不同的大问题时所采用的不同策略就体现了这一点。一些大问题包含40到50个主要分支，其他的一些大问题则只有10到15个分支。有些大问题的内部结构相对简单，而有些大问题的内部结构则错综庞杂。

通过本书，艾德勒告诉我们一个事实，每个人都是哲学家，每个人都在思考，或精或拙，或勤或疏。哪怕最细微的感知，如一片落叶、一颗闪烁的星星、一个欢笑的孩子都能唤醒我们的头脑，激发我们的情感，并引得我们追问：这是为什么？是什么？从何处来？向何处去？

如果不这样追问大问题，我们将与蝼蚁无异。不思考这些大问题，蚂蚁依然能活，因为它的生命历程是确定的。但人类拥有自由，也有选择的自由，所以从思想的角度来讲，人类在不断地抉择。

我们已经习惯了这样的看法，认为我们生活的世界已经没有多少尚未探索的领域了。一说到开拓，我们本能地认为那已经是过去的事了，认为未来的重大突破将全部来自那些操作着贵得吓人的仪器、穿

着白大褂的博士们。这就大错特错了，特别是在哲学这一思想王国中，

总是需要不断开拓。而我们之中的任何人，都可以运用上天赋予我们的装备——思考能力，去探索这些属于我们每个人的大问题。

本书所有版权收入将赠予非营利性组织大问题研究中心。如果您对该中心的工作和会员权益感兴趣，或者有意购买与本书相关的电视节目原版视频资料，请与大问题研究中心联系。

致谢

特别感谢理查德·S. 沃尔夫夫妇，他们慷慨赞助了制作录音母带和转录的费用，没有他们的赞助，本书可能无法面世。

我也希望表达对大问题研究中心相关人士的感谢，他们慷慨地为整理和复制这些经典电视节目提供了必要的资金支持。他们是：玛丽·安·艾丽森、斯蒂文·欧·布坎南、罗兰·G. 卡德威尔、朱丽安·S. 切斯特纳特、DVM、DO、杜利集团公司的盖瑞·B. 顿恩、查林·德怀尔、罗兰·F. 弗赖金、布莱恩·D. 汉森、阿尔弗雷德·B.希区柯克博士夫妇、尼娜·R. 霍顿、理查德·M. 亨特、道格拉斯·伊利夫医学博士、詹姆斯·E. 伊利夫和维塔·V. 伊利夫、迈克尔·马丁内兹、莫拉·S. 麦考利夫博士、托德·W. 麦丘恩医学博士、乔治·米切尔和玛莎·米切尔、迈克·墨菲、佩迪亚集团公司的帕特里夏·韦斯、鲍勃·彼得斯、理查德·G. 鲍威尔夫妇、本和埃斯特·罗森布鲁姆基金会、诺曼·罗丝、阿黛尔·史密斯·西蒙斯、海伦·西蒙斯、理查德·N. 斯蒂克勒、斯蒂克曼·法姆斯、谢丽·西格彭和彼得·西格彭、理查德·S. 沃尔夫夫妇、安德鲁·A. 兹瓦拉。

最后，我还想对韦恩·莫奎因先生表达衷心的感谢，他热情地奉献了宝贵的时间和才华，为本书编制了索引。同时也向敞院（Open Court）出版公司的戴维·拉姆齐·斯蒂尔表示衷心的感谢，感谢他为书稿最终定稿给予的大力帮助。

关于作者

莫提默 · J. 艾德勒，1902年生于美国纽约曼哈顿。起初他想做一名记者，15岁时辍学，到纽约《太阳报》（*Sun*）做了一名送稿工。他在那里全职工作了两年，做了很多包括撰写社论之类的编辑工作。

后来，艾德勒进入哥伦比亚大学读书，因不愿上体育课，尽管他达到了学校的其他所有要求，但哥伦比亚大学却不给他授予学士学位。接着，他以教师和研究生的身份在哥大任教求学，于1928年获得实验心理学博士学位。艾德勒也因此成为了美国当时唯一一位没有硕士学位、学士学位和高中毕业文凭的博士。

1929年，27岁的艾德勒受聘于芝加哥大学任哲学教授，聘任他的是当时的芝加哥大学校长罗伯特 · 梅纳德 · 哈钦斯，由于他被任命为校长时年仅30岁（他在28岁时就担任了耶鲁法学院院长），因此人称"娃娃校长"。在芝加哥，艾德勒和哈钦斯二人成了那场旷日持久且充满敌意的论争的中心。

艾德勒和哈钦斯带头提出了围绕"伟大著作"开展博雅教育的新途径，这种方法引起了全社会的关注，也引发了不小的争议。虽然基于经典著作开设课程的方法并不算新颖，但是艾德勒首次让"伟大著作"和"大问题"的说法变得流行起来，强调大问题和"伟大著作"的数量是有限的，并与哈钦斯一起发起成立了伟大著作基金会和成人博雅教育基本项目。

1931年，芝加哥爆发骚乱，怒气冲冲的芝加哥大学教职员工公开抗议，并在芝大洛克菲勒小教堂举行了一场大规模集会，威胁称如果要求得不到满足，他们将集体辞职。哈钦斯校长不得不屈从于他们的一系列要求，其中就包括把艾德勒开除出哲学系。

随后，艾德勒被安排到了法学院，任法律哲学副教授一职，并度过了一段被艾德勒后来称为“逍遥自在”的时光。但那场充满敌意的论争持续了多年，到后来论争的焦点集中在了哈钦斯和艾德勒反对科学工具主义及他们有关博雅教育的激进主张。这些事件后来被描绘为哈钦斯和艾德勒的亚里士多德主义甚至中世纪主义对抗芝加哥学派的实用主义和工具主义（反映了像杜威和米德等进步人士的影响）。

虽然哈钦斯和艾德勒在芝加哥大学遭受了挫折，但他们的思想却相继在马里兰州安纳波利斯的圣约翰学院和托马斯·阿奎那学院得以贯彻。以伟大著作做教材的博雅教育项目被反对者们说成是生搬硬套中世纪的托马斯主义[①]，然而，“伟大著作丛书”中收录了大量教会眼中的“异教徒”或“违禁”作家的作品，这部分作品的数量远超天主教作家的作品，这也导致“伟大著作计划”在天主教的各个机构中的推进效果甚微。

艾德勒曾在《艺术与审慎》（*Art and Prudence*）一书中把亚里士多德的诗学相关观念运用于电影领域。该书出版后，艾德勒曾为当时电影业反对审查制度的斗争出谋划策。

艾德勒的《如何阅读一本书》（*How to Read a Book*）成为了国际畅销书，这本书的成功消除了当时的一种流行观点，即“哪怕是自己的书，也不能在上面胡写乱画”。艾德勒系统地提出了一套行之有效的在书上做标注的方法，以便迅速找到书本要旨，成了全世界大学生的标准做法。

---

① 托马斯主义，指中世纪神学家和经院哲学家托马斯·阿奎那创立的基督教神学学说。一种将亚里士多德哲学中的消极因素与基督教神学相结合的神学唯心主义体系。（后文所有注释皆为译者注，后不再赘述。）

艾德勒把1938年至1943年视为他的“托马斯主义时期”，当时他与阿奎那的哲学最靠近，尽管艾德勒的论敌在更早之前就给他贴上了中世纪主义者的标签。从1938年起，他曾与美国天主教哲学学会正统的托马斯主义者沟通，但许多托马斯主义者对艾德勒的反应，比其他主流哲学家们更具敌意。他们攻击艾德勒为修正主义者，指责他妄图对亚里士多德和阿奎那的观点进行改进，尤其因为艾德勒对阿奎那的“上帝存在”论提出了质疑。

1943年后，艾德勒几乎已经放弃去影响托马斯主义的支持者们，对于美国主流哲学的发展方向也持保留意见。在这一时期，他越来越致力于面向非哲学专业人士。然而，随着时间的推移，美国越来越多的托马斯主义者开始欣赏并赞同他的诸多观点。但艾德勒仍然主张，当今的主流哲学丢失了托马斯主义或新亚里士多德主义的关键见解。

第二次世界大战期间，艾德勒和哈钦斯在美国是否参战的问题上出现了分歧，哈钦斯主张采取孤立主义政策，反对参战。但他们的分歧在珍珠港事件之后变得无关紧要了。

战争期间及战后，社会上出现了积极倡导组建世界政府的运动。艾德勒曾是这一运动的主要发言人之一，也因此遭到了一些人的敌视，有人误把“我们必须尽一切可能废除美国政府”这一说法归咎于艾德勒，约翰·伯奇协会还对此四处宣扬。后来，组建世界政府的运动逐渐销声匿迹，让艾德勒极度失望，最后只剩艾德勒单枪匹马地推进。

“伟大著作”运动成了一种流行，它吸引了全国上万成年人的热情，也得到了大众媒体以及如杜鲁门总统这样的名流的关注。1948年，艾德勒和哈钦斯在芝加哥交响乐大厅发表演讲，主题是柏拉图对苏格拉底的审判的记述。这场演讲吸引了3000人到场，达到了音乐大厅的容纳人数上限，有1500人无法进场。

1943年，芝加哥大学受托把控《大英百科全书》（*Encyclocedia Brittannica*）的内容，编委会由哈钦斯和艾德勒先后领衔。由于当时

“伟大著作”的版本不多，《大英百科全书》编写方还委托艾德勒编辑出版了这套54卷的“西方世界的伟大著作丛书”。

艾德勒打算为这些“伟大著作”编制一份索引，这项工作也为大问题的研究勾画出了基本轮廓。为此，《西方大观念》这一项目开始启动——确定哪些是真正的大问题，并从“伟大著作”中找到与之相关的全部参考书目。艾德勒手下曾有30多位工作人员，原来估计编制索引需要2年时间，花费6万美元。实际上，这项工作耗时整整7年，花费了100万美元，整套丛书的开支达到了250万美元。

后来，负责该项目的工作人员增至25名索引编制员、50余名文员。由于当时还没有采用计算机，所有工作都是在索引卡片上完成的，而且每张卡片还需再打印一份副本，以备索引编制员不断更新查阅。除此以外，每一名编制员代表一位伟大作家，比如说，代表马克思的编制员和代表柏拉图的编制员。所以，他们常常会为谁来收录哪些特定的主题进行长时间的争论。

这套“西方世界的伟大著作丛书”出版后保持着每年售出数万套的销量，在20世纪60年代初，每年售出多达49000套。但收支能否相抵还未可知。

由艾德勒主持的《西方大观念》项目促成了哲学研究所的成立，该所于1952年在旧金山成立，由艾德勒领导开展工作。研究所的目标是，在每一个大问题的范围内对西方思想做一个辩证的总结。虽然大家最终认识到，这项工作可能需要几个世纪的时间才能完成。首先取得实质性进展的是，艾德勒写完了《自由观念》（*The Idea of Freedom*）。

1963年，哲学研究所迁往芝加哥，艾德勒继续担任研究所负责人。此外，他还在芝加哥大学额外担任《大英百科全书》讲师职务，后来出任新版《大英百科全书》编辑部主任。在这期间，艾德勒结束了为期33年的婚姻。在他60岁时，他与26岁的卡罗琳·普林格结婚，并育有二子。

1974年，第十五版《大英百科全书》发行，该版按照艾德勒的编排计划，与早期所有版本彻底脱离。新版保留了按字母排序的原则，以便读者查阅，同时有序地展现了人类所有的知识结构，这版丛书的三部式结构（百科全书前书、大百科全书、小百科全书），又被人们称为“大英百科全书三部曲”。

1982年，为了应对美国公共教育中的危机，艾德勒连同多位顶尖教育家一道，经过深入研究和讨论，发起了派迪亚运动[①]。他们呼吁废除多轨制的学校教育体系，主张建立一套统一的中小学教学大纲。他提出，在教育初级阶段应当取消选修课及任何形式的专业教育或职业教育，力主这类教育只应当在面向全体的基础教育结束后才能进行。

无论是艾德勒的批评者还是赞赏者，他们都普遍认为他信奉宗教，很可能是个罗马天主教徒。但对艾德勒来说，哲学神学虽然是他想要探索的终极命题，但他从未实现“信仰之跃”，成为一个热心、虔诚的信徒。1980年，他的著作《如何思考上帝》（*How to Think about God*）问世，许多读者惊奇地发现，该书分明就是写给“异教徒”的，而本书也公然承认了作者就是一名异教徒。

1984年，艾德勒得了一场怪病，情况令人担忧。在这之后，艾德勒受洗加入了圣公会，完成了他的“信仰之跃”。

---

① 1982年，美国教育家艾德勒等人共同提出了“派迪亚计划”（Paideia movement），对美国时的12年制中小学教育提出了改革主张，企图实施更适合人性需要的教育。

导读

无论我们强调多少次“哲学是每个人的事”都不为过。生而为人的我们天生便具有哲学思考的意识。从某种程度上来说，日常生活过程中，我们都在进行哲学思考。仅仅承认这一点还不够，还需要了解为什么会这样，哲学到底是干什么的。用一个词来回答，就是“问题”，用三个字来说，就是“大问题”——即了解有关我们自身、我们的社会和这个世界的不可或缺的基本思考。

这些大问题构成了每一个人的思想语汇。不同于专业学科中的概念，命名大问题的词汇都是日常词汇，它们不是专业术语或特定知识门类的行话。虽然在日常闲谈中总在使用这些词，但人们对它们的了解并不透彻，也没有深入地思考过它们，而哲学思考可以帮助我们找到答案。

本书不仅仅旨在为这一过程提供一些指导，我们对这些大问题的思考限制在一个框架中，使读者能有以下三个收获。

第一，读者谈论起这些大问题时，他们更能明确知道所使用的词汇代表哪些不同的含义。

第二，梳理每个问题，会让读者比以往更清楚地意识到，如果想要对人类已经争论了几个世纪的基本概念进行深一步的思考，那么就无法避开这些大问题。

第三，对每一个问题的思考，必然会引出其他问题。就像我们对真理的理解，也影响着我们对善和美的理解。而对何谓善恶的理解，不仅影响着我们理解对与错，也影响了我们对正义以及自由和平等的理解。

如果我们成功地实现了这些目标，就算帮你进入了哲学事业。哲学是每个人的事，不仅因为如果你不去思考这些大问题，就无法做到深入地思考或只是蜻蜓点水而已；另一个原因是，思考这些大问题，无需什么特定学科背景和其他专业技能，无论有意无意，人人都在思考。

我相信这本书对那些想要更深入思考的人都将有所裨益。

莫提默 · J. 艾德勒

大问题研究中心主任、联合创始人

（另一位创始人为马克斯 · 维曼）

1 如何思考真理

我们首先谈谈真理这一大问题。在我们的心目中，就像美与艺术相关，善与人的性格和行为相关，真理与求知欲相关。人们想在科学、哲学和宗教方面探求知识，这些严肃而认真的努力都是在追求真理。

我敢肯定，大家听到有人这样说过："我想知道事情的真相。"我在想，大家有没有停下来思考过这个说法有多累赘。因为"想知道"这个词的准确含义就是，想要了解事物的真实情况。那么显而易见，"伪知识"这个概念则是不存在的，不是吗？如果知识是假的，那么它就算不得知识，而"真知识"这个提法则是画蛇添足。因为，认识就是获得真相。那些怀疑人具有认识事物能力的人，就是怀疑论者。因此，他们是在怀疑自己是否具有掌握事物真相的能力。

然而，怀疑论只是人们探寻真理时的一种态度。当然，还有其他种种态度。我来快速地给大家总结一下，人们在探究真理时的一些基本对立的态度。第一种态度，就是我刚刚提到的怀疑主义。怀疑论者认为，没有什么真伪，或者万物既是真的又是假的，他们认为我们无法知道何为真何为伪，因此我们无法真正了解知识，也掌握不了真相。

有人持相反的观点，他们认为人类能够求知，渐渐掌握事情真相。例如，我来给大家读一读弗洛伊德[①]驳斥怀疑论者所说的话。弗洛伊德认为，怀疑论者或怀疑主义者是虚无主义者，他们并不相信真

① 西格蒙德·弗洛伊德（Sigmund Freud，1856—1939），奥地利心理学家、精神分析学家、哲学家，精神分析学的创始人，20世纪最有影响力的思想家之一。

理的存在，他们宣称真理只是我们的需求或渴望，而那些已经被广泛认可的观点也没什么意义，而且任何人都无权指出他人的错误，因为世界上的所有观点既可能是真的，也可能是假的。弗洛伊德对此评论道:“如果真相真是一件我们认为无关紧要的事情，那么我们干脆就用硬纸板搭建桥梁，或者给病人注射0.1克的吗啡，而不是0.01克，或者用催泪瓦斯代替乙醚做麻醉剂。”在此，弗洛伊德把怀疑论者称为知识的无政府主义者，认为他们“会断然拒绝将自己的理论像这样应用于现实”。

对真理的另一种态度是相对主义。根据相对主义的说法，一些事物于你而言是真的，但对我来说却是假的，也可能对我来说是真的，但于你而言却是假的，因为在某一个历史时期或某一种文化中，曾经是真的东西可能不再是真的。但也有人对相对主义真理观提出了反对意见，认为真理是客观的，不是主观的、相对的，他们认为对所有人来说，真理是绝对的、永恒的、一贯的、放之四海而皆准的。

还有一种是实用主义的真理观。它认为真理就是能在行动中产生实际结果的观念或思想，认为真理是起作用的事物，而且是能按我们的想法起作用的事物。所以，实用主义强调行动和实际结果就是验证真理的标准。对此有人驳斥说，人类是否掌握真理，根本不需要用这样的实际行动和客观经验来验证。

好了，我刚才归纳了一下一些基本对立的观点，这些观点说简单则简单，说难则难。但在所有这些观点中，有两个明显的问题被混为一谈。一个是:“何为真理?”这个问题需要给真理下定义。另一个疑问，“在特定情境下，何为真”或者“哪些是真的”。这个问题要求我们辨别，这个说法是真的，那个说法是假的，这也需要我们树立一个标准或规范，据此来判断某个说法的真假。

真理的定义

以上两个问题中，“何为真理”相对容易回答。这个问题很像本丢·彼拉多[①]问的。他本可以等耶稣给出答案，但他失去了耐心。另一个问题比较难回答，即“哪些是真的？”它是在问我们怎样判断某事是真是伪。

我想先回答比较简单的问题，“何为真理”或真理的本质是什么。然后再从易到难，回答“哪些是真的”，即我们如何辨别真伪的问题。最后，如果时间够用的话，我想简要讨论一下真理的相对性和不稳定性。

说起“何为真理”，你可能会立刻联想到说真话和撒谎的区别。我们每个人都说过谎，每个人都知道如何说慌，所以每个人都知道说真话和撒谎的区别在于，如果情况不是这样但我们却说就是这样，或者情况本来是这样但我们却说不是这样，这就是说谎。因此，乔赛亚·罗伊斯[②]给说谎者下的定义就是“故意把本体谓词放错位置的人”，也就是说某人言行不一就是撒谎。

当某人在法庭上发誓自己说的全是实话时，这意味着他要将内心的想法原原本本地用语言表达出来。然而当他将内心所想如实说出时，绝不意味着他所说的就是事实真相。因为某人“如实”所说的内容可能是错的，或者他可能自以为知道，而其实并不知道。但我希望大家思考一下这个问题：一个人在不确定自己知道真相或掌握了一些真相的情况下，他会故意地撒谎吗？一个人如果无法确定自己是否掌握了真相，他还能撒谎吗？这是一个适合怀疑论者思考的好问题。

除了实话实说，真理还有另外一种模式，它存在于人际交往中。

① 本丢·彼拉多（Pontius Pilate，？—41），罗马帝国犹太行省的总督。根据新约圣经所述，本丢曾数度审问耶稣，原本不认为耶稣犯了什么罪，却在仇视耶稣的犹太宗教领袖的压力下，判处耶稣钉死在十字架上。

② 乔赛亚·罗伊斯（Josiah Royce，1855—1916），美国客观唯心主义哲学家。

人们相互交谈时，词语也在他们之间传递，有时一个词语可以让不同的人产生同一个想法，但有时传递失败，同一个词可能会让人想到截然不同的概念。

我们说真理是介于这两者之间的，一种是自我认知层面的真理，还有一种是语言沟通层面的真理，即词能否达意。通过使用双方理解一致的语言，交流才具有真实性。正如在第一种情况中我们提到的，一个人只有准确表达内心所想，才算说出了真相。同时，只有说话人与听话人理解一致的情况下，他们的交流才算真实的。

在对实话实说和人际交流的真实性进行思考时也衍生出新的难题，当我们说某事是真的或情况并非如此时，也意味着我们默认对世界的描述都是真实的。

为了引起你对这一问题的注意，我来总结一下我们刚刚讲到的几个简单的关键点。请记住在讲出真相时，为了实话实说，我们必须做到措辞和想法一致。当我们的语言与想法相符或一致时，我们就是在说真话。在人们用语言交流时，如果彼此心领神会，那么真理就隐藏在对话中。除此以外，还剩下什么呢？它属于比较麻烦的情况，也就是“何为真理”？当我们的思想与现实世界一致，当心灵与现实之间存在这种一致性时，那么，一直在了解和理解这个世界的思想便掌握了真理。

关于真理的几个简单问题

把真理定义为思想与现实之间的一致，我认为这个定义在欧洲思想界得到了普遍的认同。我想给大家读一些古代、中世纪及现代伟大著述者们的名言，好让大家看看在将真理定义为思想与现实的统一时，他们对这件事的看法。

我先从柏拉图[①]开始。作为欧洲思想的先驱，柏拉图称这种说法为“一个伪命题”，“即断言存在的事物不存在，或者断言不存在的事物存在”。亚里士多德[②]对此作了一点补充，现在请仔细听一下他的说法：“说是就是是，说不是就是不是，即所言所思为真；同样，把不是说成是，把是说成不是，即为伪。”再看看乔赛亚·罗伊斯的说法：骗子就是故意将本体谓词放错位置的家伙。阿奎那根据柏拉图和亚里士多德的思想，用一句话总结：存在于人类思想中的真理就是精神对现实的服从。

再往后，约翰·洛克[③]说：“虽然我们的文字除了指称我们的思想外，其他什么都指代不了。然而，既然创造文字是为了指代事物，那么，当文字所代表的内心思想与现实事物不相一致时，这些文字所蕴含的真理仅仅是口头上的。”

到了20世纪，一位叫作威廉·詹姆斯[④]的美国哲学家非常关注真理论。事实上，他写了一本名为《真理的意义》(*The Meaning of Truth*)的书。在我们看来，他把一生最美好的一段时光都用在了对真理问题的苦思冥想中。顺便提一下，詹姆斯是一位重要的实用主义者，提出了实用主义真理论。而实用主义者认为：一个观念被成功应用，证明了它的真理性。詹姆斯还告诫那些批评他的人说，这并不是重新定义真理的本质。请注意，能被运用的思想就是真理，这不是在重新定义真理，而是重新解释了“何为真理”，即我们思想中的真理就是思想与现实相吻合，恰如思想的谬误就是思想与现实之间相违背。詹姆斯继

---

① 柏拉图，(Plato，前427—前347)，古希腊伟大的哲学家，也是整个西方文化史上最伟大的哲学家和思想家之一。柏拉图和老师苏格拉底，学生亚里士多德并称为“希腊三贤”。

② 亚里士多德(Aristotle，前384—前322)，古希腊哲学家、科学家和教育家之一，堪称希腊哲学的集大成者。

③ 约翰·洛克(John Locke，1632—1704)，英国哲学家，最具影响力的启蒙哲学家之一，被誉为“自由主义之父”。

④ 威廉·詹姆斯(William James，1842—1910)，美国哲学家、心理学家，也是美国历史上最富影响力的哲学家之一，被誉为“美国心理学之父”。

续说道："实用主义者和唯理智论者，都理所当然地接受了这一定义。"但他还指出，真理论不应该将真理简单地定义为与现实相吻合，这只是探讨真理的起点，许多问题仍然在等待我们探讨。

几个世纪来的哲学家们从对真理观持有不同意见，逐渐变得在一定程度上达成了共识，这个共识非常值得注意。你可能会问：如果他们对于"何为真理"达成了共识，为什么还有真理问题留给我们思考呢？关于真理到底是什么？以致让他们如此深感不安、忧心忡忡。就真理这个问题而言，如果争论点不是何为真理，而是何为真实，那么哲学家们究竟在争论什么？哲学家们真正关心的是如何区分真伪吗？这是一个难题。

我们暂时假定，真理就是一物与另一物保持一致，那么，思想中的真理就是思想与现实一致，并通过语言准确表达。如果真是这样的话，在讲真话这个简单的问题上，除了有意为之的撒谎者，人人都能立刻知道自己是否如实地表达了自己的想法，但很难证明自己所说是否精准表达了所想。

在两个人进行交流的情况下（当然这种情况稍微难一些，不过这两个人仍然能够交流），他们可以通过耐心和专注的交谈，去发现他们的思想是否相通。两人互相发问、互相验证对方的用词恰当与否，通过这种细心、耐心和尽心的努力，他们能够发现在交流中是否心意相通、交流是否真实。

有本入门读物上介绍了这两种情况。一种是讲真话的、比较简单的情况，其中言语与思想相符，也就是我们所说与所想一致，而且我能毫无压力地立刻发现两者是否一致，因为这些都是我的内心想法，我也能够清晰地意识到自己在说什么、做什么，所以很容易就能验证出两者是否一致，对吗？或者，如果我撒谎了，我也能立刻发现。

还有一种稍微难理解的情况，甲乙二人各有所想。他们只能通过对话来发现他们的思想是否一样，是否在同一思想频道上，是否有共同的理解，他们的想法或思想是否相符。再者说，因为甲乙能相互交谈、彼此磨合，所以他们的思想是否一致才得到了验证。

关于真理的几个难题

好了，那么我们来看看真正棘手的情况。这个棘手的情况就是，大家会问：如何检验自己的思想与现实是一致的，如何弄清楚我的思想是否为真？我为什么说这是一个棘手的情况呢？因为我们有思想，也活在现实中，与此同时思想想要了解现实。思想构成了精神世界，各种存在构成了现实世界，而这些存在是人类精神渴望领悟或理解的事物。但思想“不就是我精神世界中的现实吗”？这种思想是现实的投射。然而，我的精神世界无法同时容纳我的思想和我对客观事物的思考这两样东西。我精神世界中的一切都在我的思想中，而且我不知道什么是“对现实的把握”，除非我了解现实。但另一方面，我无法通过对比我所了解的和我正尝试了解的现实，去验证我是否了解现实。难道你看不出在这种情形下，我们无法进行对比吗？所以，我们目前无法直接验证思想与现实是否保持一致。

我可以用陈述句或命题的形式来解释一下刚刚所说的。现实是由事实构成的，我一边想着这些事实，一边提出一个命题。如果这些命题与事实相符，那么命题为真。但这些事实并不是已知的，而是有待认识的。但命题默认了我知道全部事实，这并不是说我一手提出了命题，另一手掌握了事实，所以可以看着它们说：“哦，我明白。我的命题与事实是相符的。”正因为我并没有掌握这些事实，所以我无法对我提出的命题和我要表达的事实进行直接对比。这样一来，就没办法验证我的所思、所言、命题和判断是否与万物之道相符。

要做到这一点，甚至连一种间接的方法都没有，因为我不能以向别人发问的方式来获取关于“现实”的思想，然后弄清楚我的所思与他的所思是否一致。或者，我可以问这些问题，但我不会得到任何答案。因为现实不会回答我，所以没有办法通过交流来验证我的所思所想是否与现实保持一致。真理的问题最重要的不是能否了解什么是真理，而是能够辨认出我相信的真理是否真的是真理，如果真理存在于我的思想与现实的对应中。

真理需要一致性

接下来，就让我们试着解决这个问题。随着我的思路来，假设我提出了两个命题。我把其中一个称为命题p，另一个称为命题q。这是两个独立的命题，你可以自由定义它们，比如你可以假设这两个命题是对立的："a就是b和a不是b"，或者"2加2等于4和2加2不等于4"。好了，我们知道这两个命题不可能都为真，对吗？事实上，一个命题为真则另一个命题必为假命题。这种对矛盾或一致性的验证，仅仅存在于我们每个人的精神世界中，仅仅由我们个人的观念堆砌而成，它标志着验证的开始。我们知道如果我们自相矛盾，或者我们想些自相矛盾的事情，意味着真理正与我们擦肩而过。这一点非常有趣，因为如果将一致性当作验证真伪的标志，它假定的是思想和现实是可以一致的。如果现实本身就存在矛盾，那么思考时出现矛盾，并不能算作验证真伪的标志。只有当现实没有矛盾，世界也不存在矛盾，而我们的头脑中存在矛盾时，我们就可以考虑至少接触到一个是真一个是伪的事物。

但大多数哲人对于这种验证真理的方法并不满意。我是说大多数情况，当然也会有一些例外。也有一些哲学家认为这已经完全足够了。

例如，笛卡尔[1]认为，如果我们自己的观点相当清晰而且明确，不存在矛盾的话，那么我们就能确信自己已经掌握了事实。又如，斯宾诺莎[2]说："还有什么能比阐明真实的观点更能清楚、明确地表达真相呢？就像灯火既点亮了自己也照亮了黑暗，真理既是其自身的标准，也是思想的标准。"

但这还不够，我认为。我会给大家解释一下为什么还不够。假设这两个命题是自相矛盾的。那么，我们知道一个命题必为真，则另一个命题必为伪。但哪个命题为真，哪个命题为伪呢？任何一个命题都有可能为真，也可能为伪，但这并不能让我们辨认出真伪。怎么解决这个问题呢？需要我们心里能够确定一些命题为真，以此作为衡量其他命题中真理的尺度或标准。例如，我们能够肯定命题p为真，那么，我们就会知道如果命题q与之矛盾，命题q为伪。但前提是我们确定命题p为真。但仅仅是命题p和命题q自相矛盾还不够。想要完全解决这一问题，我们必须确保某些特定的命题为真，并用它们来验证其他命题的真伪。

我想亚里士多德非常清楚地回答了这个问题，他说："人的思想遵循两类原则。一种是公认的、不证自明的真理，另一种是由我们感知得到的真理，比如'我手里有一张纸'，或'这是一本书，我看见了一本书，我在观察一本书'，都是我无法质疑的客观事实，就像整体大于局部那样不言自明。"

现代人对此做了一种详尽的、谨慎的补充，并采用了经验主义的逻辑方法来论证。但是，我们还可以通过亚里士多德所说的两种原则进行验证——是否与我们精神世界中所感知到的真理相符，或与那些

---

① 勒内·笛卡尔（Rene Descartes，1596—1650），法国哲学家、数学家、物理学家。他对现代数学的发展做出了重要的贡献，因将几何坐标体系公式化而被认为是解析几何之父。他还是西方现代哲学思想的奠基人之一，是近代唯物论的开拓者。

② 巴鲁赫·斯宾诺莎（Baruch de Spinoza，1632—1677），西方近代哲学史上重要的理性主义者，与笛卡尔和莱布尼茨齐名。

不言自明的真理相符，以此验证出其他命题是否为真。无论从这两类原则的哪一端出发，我们都可以通过观察种种事物是否与观念抵触，然后验证是否为真。我认为如果思考一下我刚才所说的，大家就会明白我正在回答真理的问题，即我们可以利用不言自明的真理或直接感知到的真理，来论证对象是否属于真理。

真理的稳定性

我还想在真理的稳定性这个有趣的问题上再多花点时间讨论。真理是永恒不变的还是会变化？毋庸置疑，人们的思想一直在变，在几个世纪的进程中人类经历了从正确走向谬误，或从谬误走向正确的过程。但是，这是人类思想的变化，不是真理的变化，更不是真实事物的变化。例如，有观点认为地球是平的，如果说这种观点曾经是错的，实际上它一直都是错的。相反，如果有观点认为我们生活的地球是圆的，如果这种观点曾经是对的，那么它一直都是对的。地球是平的还是圆的，只是人们改变了看法，但地球从未发生过任何改变。

但大家可能会对我说，假设地球明天或明年突然变成了扁平的，或长方形的，那么，地球是圆的这一命题不就成了伪命题吗？不，如果以更严谨的态度看待这个问题的话，从宇宙形成的第一瞬到我说话的这一刻，地球一直是圆的。这样一来，即便地球明年改变了形状，我的命题仍然是真的，因为截至当下地球一直是圆的。因此，我认为尽管我们的思维中并不存在永恒不变的真理，但公允地说，真理本身是不可变的。

如何思考观点

本章将讨论“观点”这个问题。与其他大问题一样，这一议题最好与其对立的观点联系起来思考。就像我们将工作与休闲、爱与欲望联系起来一样，我们也应该将知识与观点放在一起进行讨论。

劳埃德·卢克曼：艾德勒博士，我很能理解将“知识”视为一个大问题，也承认将观点与知识联系在一起讨论具有重大意义，但令我非常惊讶的是，您为何选了“观点”这一问题本身作为一种大问题。您能稍微解释一下吗?

莫提默·J. 艾德勒：好的，劳埃德，也许最简要的方法就是回顾一下西方思想史上对观点这个问题的讨论，也就是观点在西方传统中的演变过程。

一切表达都是观点吗

我想从理论意义、现实意义这两个方面来思考观点。

让我们从理论意义这一方面开始。知识与观点的关键区别是，前者具有确定性，而后者具有偶然性。在评判一个观点的好处或价值时，人们通常利用偶然性理论，认为此观点可能优于彼观点。顺便提一下，偶然性理论最初用在碰运气的游戏中，比如赌博，参赌人就是靠押注来检验他们的“观点”是否准确。

我们应该记住观点是怀疑论者的法宝。他们声称人类对世界一无所知或知之不多，只拥有观点。而事实上，怀疑论的第一个原则就是，一切都只是观点。怀疑论者很喜欢走极端，喜欢说无论哪种观点都很好，而我们根本无法比较出哪种观点更好，何况所有观点都是相对的、主观的，与个人喜好有关。

观点取决于人类对基本问题的认同和分歧，而冲突和差异几乎体现在所有问题上。面对人与人之间如此普遍的分歧，任何人都会忍不住思考：观点的本质是什么？人们坚持己见的原因是什么？

劳埃德·卢克曼：嗯，您说这是一个理论问题，但这也是一个现实问题，对吗？事实上，我认为这也是一个当今社会所面临的现实问题，我把它称作支持与反对。我记得艾森豪威尔总统曾对这个问题做过评论，他认为我们绝对不能把谏言与故意挑起事端的反动活动混为一谈，因为在民主国家，公民提出的反对观点正是民主的生命线。

莫提默·J. 艾德勒：的确如此，我觉得这也说明了观点为什么对所有人来说至关重要。

我再谈谈观点这个概念的现实意义。对公共话题进行自由讨论或公开辩论，让关乎所有人利益的问题得到一个合理的解决方案，我想所有人都会认同这样做的重要性。但在我们这个时代，争议等同于指责，成了贬义词。而争议本身也遭到了污名化。我希望大家花时间想一想，为什么说具有论辩精神或至少接受争议，也是我们的道德责任感的一种体现。

观点的另一个现实层面，与决策时的少数服从多数原则有关。少数服从多数是民主政治的基本原则之一。要理解民主的合理性，就必须要理解为什么采纳大多数人的观点是合理的，以及如何保护少数但合理的观点。

到现在为止，我一直强调观点在政治层面的现实意义，但它不局限于此。在当今工商业界，观点也具有极高的价值。许多大型企业，无论是制造公司还是销售企业，都很看重公关顾问或广告商的建议。

公关公司和广告公司是专门提出观点的机构，形成有利于客户的观点。大家知道，在过去如果没有公司顾问的建议，企业负责人通常不会改变他的看法和决策。

劳埃德·卢克曼：我想您已经回答了我的问题，并让我理解了观点在理论和现实之中都是一个重要的概念。事实上，您已经说明了这个概念涉及的东西非常非常多，所以，我不清楚我们是否有时间搞清楚这个问题。

莫提默·J. 艾德勒：关于观点，我们将用四期节目来探讨，包括本期。即便无法涵盖所有问题，至少我们能捕捉到关键点。接下来我给大家说一说四期节目的计划。在这期节目，我打算把知识与观点先做个比照，主要讨论观点的特征，下一次节目，我们将进一步去讨论掌握知识与表达观点的差异，从而探讨它们的边界在何处，即如何区分知识与观点。再下一期节目中，我想谈谈观点对于个人和社会的重要性。最后，我们会再次回到论辩所产生的争议对于日常生活的重要性，以及维护自由讨论有助于观点的合理化，也是我们的生存之基。

现在，我想把观点与知识放在一起比较，谈谈观点的特征。关于这个问题，我将从真理的角度讨论知识和观点之间的区别，只需一两个关键点就能讲清楚。但前提是大家对真理的认知必须与我保持一致，至少和我一样认为真理就是一个人所说的任何一句话都是真实的。

因此，我建议我们先遵循下面这个真理标准：如果一句话说是就是是，或不是就是不是，那这句话就是真的；如果一句话把不是说成了是，或者把是说成了不是，那这句话就是假的。我想任何说过谎的人都能理解这是什么意思：就是把“是”放在“不是”的位置，或把“不是”放在了应该放“是”的地方。

观点与知识

好了，明确定义了真理后，我再来谈谈知识和观点。知识就是掌握真理而且意识到自己掌握了真理，因为你知道真理的标准，所以知道为什么你认为的真就是真理。而观点则是不确定是否掌握了真理，不确定你所陈述的内容是真是假。即使碰巧是真的，你也不能确定，因为你不知道真理的标准。当我们说“我知道这件事”，或有人说“我不知道那件事，我只知道这件事”时，我们使用的措辞是不一样的，所有人都能理解这种差异，接下来的这个案例可以解释这种差异。

在法庭审判中，有一条著名的规则——观点规则（Opinion Rule）。它要求出庭作证的证人必须报告他真实看到或听到的一切，他认为可能发生的则不能作为证据，因为这些供词属于观点，而非由观察获得的知识。

除此以外，还有一个非常简单的事实，大家再熟悉不过但也可能从没想过——观点可以是真，也可能是假的。我想没有人会否认这一点。但请注意，知识不可能是假的或错的。

劳埃德·卢克曼： 我真不明白怎么会有人不同意这个观点，艾德勒博士。我从您的讲述中得出一个结论：即便是最最坚定的怀疑论者，也必须承认知识存在，而且应该如您刚刚所描述和定义的那样。那么，您对自己刚刚的陈述怎么看呢？它是知识还是观点？

莫提默·J. 艾德勒： 嗯，如果你的结论完全正确，而且我碰巧也认为你是对的，那么就没有人会不认同这种区分知识和观点的方式。如果是这样的话，那它就是知识，而非观点。

顺便说一下，卢克曼先生刚刚介绍了区分知识和观点的另一个方法，即某事物是否得到普遍认同，或某事物是否必须得到认同。因为有时观点会得到普遍认同，但必须认同吗？如果每个人都必须认同，那它就不是观点而是知识了。

接下来，我们将详细讨论区分知识与观点的四个标准。第一个标准关于怀疑和相信的问题——怀疑和相信只与观点有关，与知识无关。

我可以举两个简单的例子来说明，一个是关于知识的例子，一个是关于观点的例子。2加2等于4，这个我知道，而且不怀疑这个答案，但我不能说我相信这个答案。“相信”一词放在这里不太恰当，而且毫无说服力。但如果我换个说法，“绅士们更喜欢金发女郎”，这里有些情况是我不了解的，所以无法给出确切答案。有人怀疑，有人相信，但没人能收集所有人的观点给出确切答案。

也许我应该给大家举一个更恰当但不那么明显的例子。这里有一个关于知识的说法：在主权国家之间总是存在着一种竞争状态。任何人只要稍加思考，就会发现这是事实。但关于战争，有些人预言在未来的25年里，将会有另一场世界大战，而且是真枪实弹的热战。这只是一种猜测，也就是一种观点，没人知道这会不会发生。有些人可能相信这个说法，有些人可能怀疑，但它绝不可能是知识。

也许我可以给大家再举一个例子，从怀疑和相信的角度，说明知识和观点之间的区别。假设这里有几个骰子，在掷这些骰子的时候，我只能说，这几个骰子会凑成某个数字，这是我的观点。我可不知道这个数字会是几，但我可以打赌猜它是几，不过我肯定不知道会出现什么数字。那么，我口袋里还有一组刻好数字的骰子，这些骰子的数字只能凑成7或11。掷骰子的时候，我不会怀疑，一点儿都不怀疑这些骰子都会凑成7或11。这是我知道的，既不是怀疑也不是相信。

表达自己观点的权利

知识与观点的第二个区分标准是，当涉及观点问题时，人人享有发表自己观点的权利。或者说，我有对这个问题发表观点的权利，但从来没有人会说，他有发表知识的权利。我们可能会说，我有权知道某事，但绝不会说："我有权发表自己的知识。"

而对某一问题阐述自己的观点，我认为是人类的基本权利之一。从思想自由和良知自由的角度来说，我们总在谈论这项权利，在我看来，这也许是当今社会我们所拥有的众多权利中最具争议的一个。

现在再来谈谈我的第三个知识和观点的区分标准。我们说观点会有冲突，我们也知道在不少问题上人的观点各式各样，难免会有冲突。但是，当我们谈论知识时，并不会产生冲突。我们不会说在这个问题上存在知识的冲突，而会说是观点发生了冲突。因为当我们面对有争议的客体时，自然而然会产生观点，但对于知识则完全不会。

我认为观点之间的冲突对所有人来说，就像呼吸的空气一样不会感到陌生。我再给大家举两个例子，任何人都能联想到国家或地方选举时所必须面对的争议，公众对候选人和竞选议题总是各持己见。还有一个大家更熟悉的例子，我们的报纸每天都充斥着民意调查。这些民意调查让我们看到了公众舆论的总体状况，也证明了人们在许多问题上普遍存在着分歧。

现在，我们可以看出观点冲突的重要性，理性的人可能不认同某一观点，但仍能理性思考。这是相当重要且值得我们牢记的一点，因为观点就是这样，可以有不同意见、引发冲突，但仍能相当理性地允许不同观点的存在。

再来谈谈知识和观点的第四个区分标准。需要提醒大家注意：我们都知道，只有在观点方面，我们才会讨论是否达成了共识。事实上，共识是指观点一致或多数人的观点一致，再或者是专家观点而不是外行的观点。但请注意，我们从来不说达成了知识的共识，也没有多数人的知识和少数人的知识这一说法，更没有专家知识与外行知识的说法，因为根本不存在什么外行知识一说。好了，再强调一遍，我认为能否达成共识是观点的基本特征，它与知识有着显著的区别。

我还想和大家分享一条亚里士多德提出的规则，关于如何解决具体事件与观点之间的争论，并最终达成共识。接下来，让我给大家读一下亚里士多德的一段话："在关于具体事件与观点的争论中，我们的结论应该基于所有人的观点。或者若非所有人认同的观点，也至少是大多数男人所认同的。若非大多数男人认同，至少应该是他们的妻子认同。在最后一种情况下，如果是以妻子的观点为基础，那我们应该根据所有妻子的观点达成共识，或者若非得到所有妻子的认同，那至少应该得到她们当中懂行的人认同，或者至少是她们中最受尊崇之人认同。"这个建议相当谨慎。

在观点的问题上我们很少达成共识，尽管在极少数情况下，观点可能会趋于一致。我给大家举个例子来说明公众舆论趋于一致的罕见现象。大家都去过棒球赛场吧，当贝比·鲁斯①打出本垒打时，所有看台上的人都会站起来欢呼，这也是达成了共识。

我们这次主要学着去理解知识与观点的区别。请注意，我觉得我们学到的是对区别的理解，这本身并不是一种观点，更像是知识。比如，观点就是一种真与假、对与错的争议；是一种易受质疑或有人相信的东西，也可以自由表达的东西；是一种虽然理性的人不认同，但依然保持相当的理性思考的东西；是一种总会引发人与人之间的冲突、分歧、各执一词的东西；也是我们可以根据多数人的意见而达成共识的东西，就观点而言，人数多少才是关键。

这些定义适用于观点，但没有一项适用于知识，这正是两者之间的区别。但尽管知道观点与知识的区分，而且我们也意识到自己知道两者间的区别，但还有很多内容我们并不那么容易搞明白。

---

① 贝比·鲁斯（George Herman "Babe" Ruth，1895-1948），美国职业棒球运动员。他是同拳王阿里、球王贝利、飞人乔丹相比肩的传奇人物，有“棒球之神”之称。

关于观点的问答

劳埃德 · 卢克曼：嗯，我很想知道观点究竟是什么。

莫提默 · J. 艾德勒：好吧，我看看能不能以提问的形式解释给大家听。例如，什么可以让我们拥有知识，又有什么让我们产生了观点？在这一点上，柏拉图认为永恒的客观存在、不变的物质、世界中稳定存在的部分，在这些之中可能有知识；而对于一直处于变化中的世界整体，我们能拥有的最多只是观点，而且是不确定的观点。亚里士多德对此有不同意见，他认为知识也可以存在于我们的精神世界与稳定的现实世界。

除此以外，我们在面对认识和观点时，可能存在心理差异。得出认识或观点的思考过程看似一样——先做出判断然后推理。但其实在认知行为和评价行为之间存在着深刻的心理差异。

对于同一件事物，我们能否同时拥有知识和观点？或者换个问法，大家对某事仅仅持有观点和看法，但有个人却对此产生了知识，这种情况是否存在？或者，会不会有两个人面对同一问题时，一个人获得了知识，另一个人得出了观点？有多少知识是真知识，而不是我们自以为的？

大家还记得苏格拉底的观点吗？他认为只有上帝能掌握知识，大多数情况下人类有的只是观点而已。但人类能认识到自己的无知才是智慧。

劳埃德 · 卢克曼：艾德勒博士，我认为这种说法自相矛盾。

莫提默 · J. 艾德勒：我认为苏格拉底其实是在讽刺。他并没有停留在肤浅的怀疑论中，而是进行了深一步的追问。事实上，我刚才提到的问题都是他探讨过的，我希望我们能在后面继续讨论思考。

知识与观点的区别

我们将继续讨论观点，进一步加深我们对认识和表达观点的差异的理解。有一些问题我们应该考虑。

首先，什么样的客体承载知识，什么样的对象能产生观点？其次，在思考知识或观点时，我们的心理差异是什么？再次，是否存在某一思考对象既是知识也是观点的情况？最后，知识的范围是什么？观点的范围又是什么？相对于那些只能推导出观点的对象，我们又真正拥有多少知识呢？以上这些就是我们这次将要尝试回答的四个问题。

劳埃德 · 卢克曼：还有一个问题，艾德勒博士，除非它已经涵盖在您刚刚列举的四个问题中。

莫提默 · J. 艾德勒：你的问题是？

劳埃德 · 卢克曼：我的问题与宗教有关。您还记得，上次您提出道德自由时，我问您一个人在宗教问题上是否也有自由表达观点的权利。如果您认为有，那么我想多问一句，宗教信仰或信念是否属于观点，而非知识。

莫提默 · J. 艾德勒：劳埃德放心吧，我们肯定得面对这个问题。在我刚刚列举的问题中，虽然没有具体提到这个，但某种意义上，它包含在第四个问题中，即我们究竟拥有多少知识。当我们划分出知识和观点的界限后，数学和科学、哲学和历史也被分别划入不同的范畴内。同理，宗教也该在它本来的位置上。

但在开始这个问题前，我想先说说知识和观点与真理的关系。上次节目中，我们已经讨论过这个问题，也知道了知识都是真的，不可能存在假知识，但观点可以有真假对错。

假如我们用“正确的观点”来指代一切与事实相符的观点，那么，我们不得不多问一句：正确的观点和知识有什么区别？既然两者都为真，它们又有什么不同呢？我想上次的讨论已经给出答案了，当你通过知识而获得真理时，不仅获得了真理，也明白了它为真理的原因。但是，当你只是持有一个正确的观点时，你所占有的只是一个实际的真理，但你并不清楚它为什么为真。

无知胜过犯错

现在，我要在讨论中引入另外两个术语：犯错和无知。相信每个人都知道当一个人犯下错误或表现出无知时，代表着这个人并没有占有真理。但犯错和无知之间的区别在哪儿呢？犯错的人不仅无法掌握真理，而且对犯下的错浑然不知，甚至自以为掌握了真理。但无知的人只知道一件事，那就是他们什么都不知道。

知识，就是符合真理标准的正确观点，而相比错误，无知只是缺乏真理判断。知识就是被发现的真理，但正确观点就是没有意识到这就是真理。而无知就是意识到自己没掌握真理，相比之下没有意识到自己缺乏对真理的掌握，这就是错误。

劳埃德·卢克曼：我很好奇有多少人已经意识到了这个问题。按照您的说法，无知总比犯错好？

莫提默·J. 艾德勒：这正是我要表达的意思，劳埃德。我怀疑当我说无知比错误更像知识时，或许会有不少人认为这样的想法大错特错。虽然有点自相矛盾，但我可以向大家解释为什么如此。所有的老师都说，教学生新知识比纠正学生的错误更容易，因为犯错的学生往往自以为知晓一切，但实际上他不知道。老师得先纠正他的错误，再教他正确的内容。我认为这也意味着错误比无知离知识更远，因为如果一个人出了错，你必须首先消除那个错误让他回到无知的状态，这样他才能回到求知与学习的正确状态中。相比之下，无知的学生更容易调教。

苏格拉底是发现这一教学原则的第一人，也是第一位将其应用于实践的老师，他将这种方法称为教学的第一原则："不断追问那些冒牌的知者和智者。"通过追问揭露他们的错误，让他们意识到自以为知道的其实不知道。让他们回到一无所知的状态，这样才能以恰当的精神状态探究和学习。

苏格拉底的这种方法引起了大家的不悦，再加上他很喜欢自嘲说自己唯一的智慧在于发现了自己的无知。众人被他的这些观点激怒，因此将他处死。

随着我们不断讨论知识和观点之间的心理差异，我想我们将发现区分知识与观点对教育有更深远的意义。

儿童学习的是观点

首先，我想回顾前人留下的两则思考，一则出现在柏拉图的著作中，另一则来自亚里士多德。希腊人，特别是柏拉图和亚里士多德，他们非常关心知识和观点的区别。柏拉图告诉我们，知识且只有知识是可教的；正确的观点是不可教授的，因为它不基于理性，也不基于任何准则，人们也难以找到根源和论据来论证观点。

即便如此，孩子在学校学习的大多数东西都只是正确的观点，而非知识。我们可以回忆一下自己是如何学习历史或地理的。历史和地理，作为正确的观点，只能通过死记硬背的方法。将历史和地理教学与几何学的教学相比，后者实际上可以用理性的方法来教授或学习，因为它们通常是基于某些原理和一定论证而得出的结论。

但就这一点，亚里士多德提出了另一种情况，两人看似面对同一客体，思考同样的问题，但实际上，一个人占有了知识，另一个人拥有的仅仅是观点。

我来看看，是否可以用几何学的例子向大家说明这个问题。在一张欧几里得[①]几何示意图中，一个直角三角形的两条直角边的平方和等于斜边的平方，这就是著名的毕达哥拉斯定理。教几何的老师已经知道如何论证这条定理为真，因此我们可以断定老师掌握了这则几何知识。但有个学生只是背下了毕达哥拉斯定理，当你问他这条定理为何成立，他会说，“老师教我的。”这名学生并没有掌握知识，他只是说出了一个正确的观点。而他之所以能拥有这一正确观点，仅仅因为他相信老师的权威。

这告诉了我们什么？任何人在坚持自己的观点或立场正确时，如果他的依据仅仅是仰仗某种权威，那么他的观点也只是观点而已。当老师是利用权威说服学生相信某事时，这个老师不是在教学，而是向学生的大脑灌输一堆正确的观点而已。

劳埃德 · 卢克曼：我听您这么说的时候，我在想，我们的中小学和高校里，究竟有多少是在传授真正的知识？究竟有多少门课程是值得上的？我说这话的意思是，学生们究竟能够从教学中获得多少知识？

莫提默 · J. 艾德勒：卢克曼先生，这可是一个很难回答的好问题。或许在划分知识与观点的范畴时，我们将收获答案。

观点是自愿接受的

我们还是先回到一直在探讨的主题上来，即获得知识和表达观点

① 欧几里得（Euclid，约前325—约前265），古希腊数学家，被称为“几何学之父”。他在著作《几何原本》中提出五大公设，成为欧洲数学的基础。

这两种行为的心理差异是什么？我现在就快速地回答一下这个问题。表达观点的前提是观点全部来自自我意志。反之，当我们被迫认同时，证明我们对此拥有知识。这个问题可能没法一下搞清楚，我再多解释几句。

如果我问你“2加2等于4，对不对”，而你无法确认是否正确。但如果我换个方式，我拿着2支烟，然后又拿出2支，然后把它们放在一起，我再问你“这是4支烟吗？”你还会回答不是吗？不会的，因为你无法随心所欲地说“不是”。你看到的情况使你不得不说，“是的，答案是4。”因为这就是知识，无法根据自我意志而自由改变答案。

同时，也请大家思考一下另一个陈述，关于我们如何鉴别观点。假如某个思考对象从来没有强迫我们说是或否，可以说是，也可以说不是，总之我们可以自由做决定。因为它给你留有了相当的自由，你可以根据权威或因为自己的欲求、兴趣、情绪等各种感性思维做任何决定，从心理学层面看，你的行为并不是一种获取知识的行为，而是在表达观点。

如在2加2等于4的情况下，我们对它的认同是非自愿的，且由这个命题决定的，那么我们给出的结论属于知识。但是，如果客体允许我们自由决定，或以我们喜欢的方式来思考时，那么我们表达的是观点。

就观点而言，决定我们想法的往往不是理性思维，而是我们的情感、欲求、兴趣，或某种权威。因此，你可以看到观点的本质其实是一种相当私人的自由发挥。当你仅拥有观点时，会发现其中夹杂着许多感性思维。正因如此，在缺乏事实证据时，人们往往会利用情感来证明它的正确或真实，看起来很像怀有某种偏见或固执己见。就像当你发现自己开始说“不，不，事情不是这样的，不是这样”时，意味着你没有足够的证据来证明观点的正确性，于是通过反复强调自己的观点，利用情绪来弥补证据的不足。

卢克曼先生，我觉得这和你质疑教学时提出的最后一个问题有相似之处。学校所教授的许多内容，严格来说并不能算知识。但是，如果一位老师教授的是有充分依据且经过论证的观点，而且这位教师注重培养学生的思维逻辑能力、收集信息能力和组织论证能力，而不仅仅是利用老师身份的权威去说服学生，那么即使教的仅是观点而非知识，这位老师也完成了教育的任务。另一方面，如果老师靠情绪教学，或严重依赖权威来说服学生，那么就不是在教学生而是在灌输知识。不知这样说是否回答了你的问题。

劳埃德·卢克曼：嗯，回答了一部分。我仍然想知道，学校教给我们的全部内容中，除了你刚刚提到的那些高质量的观点，有多少是严格意义上的知识，也就是那些经过严格论证、有充分依据的知识。

怀疑论者否认知识的存在

莫提默·J. 艾德勒：事实上，我想回答："答案若干"，因为这个问题有两个答案，一个是回答那些否认知识存在的怀疑论者的；另一个答案是给怀疑论的反对者——他们认为这个世界存在相当数量的知识。

我先从怀疑论者的立场开始。法国散文家蒙田堪称现代极端主义怀疑论者的代表人物。他认为，我们一无所知，一切都是观点。他说，"我们绝对不能被偶尔产生的确定感所愚弄"，我们只是感觉对某事非常清楚、肯定而已。

怀疑论者反对那些说"嗯，我肯定"的人，并告诉他们不应该如此肯定，因为怀疑论者认为这是由感官错觉、知觉错觉产生的论点。大家都知道视错觉，比如画在一张纸上的两条线段，看起来长短不一，但实际上长度是相等的，或者两个圆看起来大小不同，但实际上完全一样。

还有一位比较温和的怀疑论者，苏格兰哲学家大卫·休谟[1]，他的立场是：我们确实拥有某些知识。我们的知识就是诸如数学之类的各种科学，它们是通过一些定律或不言自明的真理论证而得出的。休谟认为我们的知识仅限于此。按照他的说法，纵观人类历史和一切实验科学，我们拥有的只是最接近真理的观点而已。

我给大家读一下休谟的一句名言，也是他对这个观点的总结。顺便提一下，这句话很容易找到，因为它就出现在他的大作《人类理解论》(*An Enquiry concerning Human Understanding*)的结尾部分。书中他问了这样一个问题："随便拿起一本书……让我们问问书中是否有任何包含数和量的抽象推理"或者问一下"书中是否包含着论证事实与存在的任何实验推论?"也就是说来辨别一下这本书是数学论著还是科学论著。如果两者都不是的话，休谟建议："可以扔火里了，因为这些书里全是诡辩和幻觉。"

所以，休谟的这段著名论述究竟讲了什么？他说，人们只能在数学领域发现知识，因为只有当我们验证自己的观念与概念之间的关系时，我们才能获得确定性。然而，在面对事实与存在时，我们只有实验推论，在休谟看来，这种推论至多是一种可能性。因为它是有可能的，所以即使有很充分的证据支持，它也只是观点而非知识。对休谟来说，非实验和数学之外的情况更糟，比如哲学。休谟这段论述纯属观点，甚至不能算接近真理的观点，它更像是怀疑和偏见。

然而今天的人们比休谟更加极端。因为在我们已经掌握了几何知识的今天，我们竟然还在质疑数学算不算知识，将数学系统，如欧几里得定律和非欧几何当成假设或猜想，而不是原理。

我这里有一封观众来信跟这个话题有关。信上写"只要你预设2加2等于4，那么它就会等于4"。接下来他说，数学只是一套自洽的人造

---

① 大卫·休谟（David Hume，1711—1776），苏格兰不可知论哲学家、经济学家、历史学家，被视为是苏格兰启蒙运动以及西方哲学历史中最重要的人物之一。

逻辑系统。因此，他写这封信是想搞清楚——数学能否算作正宗的知识？他说，“如果我们把数学视为知识。那么，任何基于某些假设并不断发展起来的学说，不也是知识吗？”我对这个问题的回答是否定的。除非数学只是基于猜想、假设而不是定律，那么我会说数学是观点不是知识。

答怀疑论者

我该怎样回答这位怀疑论者呢？前面我已经分析了怀疑论者的立场，现在我再来试着回答这位怀疑论者的问题。首先，关于知觉错觉的问题，我们怎么知道这种错觉是幻觉呢？只有在确认了某些知觉是真实可靠的，我们才能辨认出错觉。如果我们不能将某些感知证实为真实可靠的知觉，那么我们也无法搞清楚哪些知觉其实是错觉。

在一页纸上画的两条线段，看起来长短不同时，我们可以在每一条线段边上放一把尺子测量其长短，从而确认它们的长度是一样的。在这里，我们是通过测量纠正了幻觉的错误性，但测量本身也是知觉的一种。如果这种知觉不能算作知识的话，我也无法验证知觉的错误性，并称之为错觉。因此，我们不得不依靠知觉来辨别错觉。

至于数学，我相当认同怀疑论的反对者们的说法。他们认为，数学不仅基于假设，而且基于定律和不言自明的真理。不仅数学，形而上学及哲学的其他分支也一样。

至于历史和实验科学，即便是怀疑论的反对者也可能与怀疑论者达成共识：这些学科不是知识，而是接近真理的观点。事实上，我们可以说实验科学是一种相对的知识，它的论据只有在特定时间段内有效。

最后再来回答极端怀疑论者的问题，当他们认为一切都只是观点问题时，他们也无法证明这条观点是对的。因为如果想为自己辩护，他们就得借助某些知识或真理来证明自己观点的正确性。但无法自证也否定了他们提出的一切皆观点的说法。

劳埃德，我想这也回答了你的问题，学校里教的是什么，有多少是严格意义上的知识，有多少只是接近真理的观点。

宗教是观点吗

劳埃德 · 卢克曼：好吧，我喜欢这些答案，但我需要花时间消化一下才能运用于实践中。但您还没回答我关于宗教的问题，宗教信仰是知识还是观点?

莫提默 · J. 艾德勒：我看看能否在讨论即将收尾的时刻，回答这个问题。

对宗教信仰有两种观点。其中之一，威廉 · 詹姆斯认为宗教信仰是一种主动相信行为，这种行为发生在我们无法获得证据或证据不足的时候。所以，根据詹姆斯的说法，宗教信仰是严格意义上的观点。而阿奎那认为宗教信仰是一种意志的行为，他在一定程度上同意詹姆斯的说法，但他还认为这种意志本身是上帝的感召，一种超自然的恩惠。因此，根据阿奎那的说法，信仰不是知识但也不是观点，而是介于知识和观点之间的东西。我把阿奎那的原话，读给大家听，好吗?

劳埃德 · 卢克曼：我很想听听。您从他的哪部著作中挑选的这一段?

莫提默 · J. 艾德勒：这段话选自《论信仰、希望与爱》(*The Treatise on Faith, Hope, and Charity*)，出现在信仰论的开头部分，阿奎那说："智者们通常通过两种方式对某事物达成共识：一是，因为事物本身是已知且毋庸置疑的，比如第一原理或公理，或是经论证而得出的结论。"阿奎那认为，"如果属于以上任何一种情况，你拥有的只是知识，而不是观点。"二是，智者对某一事物的认识达成一致，不是因事物本身，而是通过一种选择行为，由此自愿地选择其中一种认识，而非另一种。如果对一种认识的选择，伴随着对另一种认识的质疑和恐惧，那么你拥有的便是观点。然而，如果对某一种认识非常确信，对与其相反的认识不存在恐惧，那么就是信仰。阿奎那解释说："这种坚定的相信"源于超自然的存在，"这正是上帝的恩赐"，这也是为什么阿奎那认为信仰既不是知识，也不是观点，它介于二者之间，与知识和观点都有相似之处。

劳埃德 · 卢克曼：不好意思，但我不太明白信仰如何做到介于知识和观点之间，三者的相似之处体现在哪些方面?

莫提默 · J. 艾德勒：好的，劳埃德，一方面，信仰就像一种观点，因为它是意志的行为，而不是建立在事物本身基础上的行为。这也是为什么圣保罗把信仰定义为未见之事的确据。另一方面，信仰就像知识，因为人们对其非常确信，这种确信的程度甚至比普通知识的程度更高。

好了，我们讨论了知识和观点的区别，以及人类生活中知识和观点的范畴、界限，关于它们的讨论差不多也可以告一段落了。我希望接下来能够讨论一些与观点有关的实际问题，如观点与人的自由的关系，政府机构、多数人的观点与少数人的观点对立等问题。

观点与人的自由

在我们继续讨论观点这一大问题时，我们将考虑一些实际生活中可能发生的状况，这是从实践层面展开讨论，而不是理论层面。

在理论层面，人们在划清知识和观点之间界限的方式上大相径庭。一些坚定的怀疑论者通常认为，所有认识都是观点，而不是知识；而另一些不太坚定的怀疑论者则承认，在那些蕴含着真正的知识的学科中有可能推导出科学理论。

劳埃德 · 卢克曼：好吧，艾德勒博士，如果您要处理与行动有关的观点，那么我认为还有另一种怀疑论，您没有提到但值得我们关注。这种怀疑论在我们这个时代非常盛行，例如，人们难免会对道德和政治问题产生怀疑，就它们的对错好坏发表观点。您知道的，这其实是在对事实与价值做区分。不少怀疑主义论者认为，从某事物中发掘知识是可能的，但对其价值的评判永远只是观点。这类怀疑主义者们认为一切价值判断都只是观点。

莫提默 · J. 艾德勒：我知道那一派怀疑主义。它的确流行挺广的。事实上，如果你不接受这种说法，就很难从现在的中学和大学顺利毕业。

劳埃德 · 卢克曼：是的，我觉得这个责任在于人类学和社会学系统中。你甚至可以称之为社会学怀疑论。

莫提默 · J. 艾德勒：我同意你的判断，社会学怀疑论的说法也很贴切。社会学怀疑论者容易走极端，他们坚信在价值问题上，我们无法证明哪种观点更优越。

人类学家和社会学家提出我们正处于种族优越感的困境中，即在一个社会、一个部落或一种文化中，人们根本不能以任何方式判断另一个部落和文化的价值观、规则、实践、习惯或信仰，因为任何判断都必须从特定社会的角度出发，而从自身种族、部落或文化出发而作出的判断，必然带有偏见且无效。虽然人类学和社会学属于比较新的学科，但社会学怀疑论本身并不是最近才有的。早在古希腊时期，希罗多德[①]在他的游历中就已经提出了这种说法。希罗多德是最早的历史学家之一，他曾游历于古代世界各个民族之间，并把各民族稀奇古怪的习惯、信仰和习俗故事一并带回了希腊。这些被带回的故事影响了希腊诡辩家们，他们认为，因为世界各地的人在生活和行为方式上存在巨大的差异，所以关于社会行为和社会组织方式的研究是无法成为科学的。在这群诡辩家眼中，只有自然的事物或关于自然的事物才可能是科学。

到了16世纪，随着游历活动的发展，人们不断探索偏远之地和陌生民族，这种社会学怀疑论也随之非常盛行。特别是当蒙田得知了世界上有食人族存在时，以蒙田为首的欧洲人既不接受这些事实，也不肯定其价值。

因此，卢克曼先生，也许“旅行开阔了思想”这句话的真正意思应该是：“旅行为社会学怀疑论者开辟了新世界。”

劳埃德 · 卢克曼：好吧，或许那只是针对那个时代的人，但对于今天的探险家而言，答案是什么呢？您会如何回应当代社会学怀疑论者呢？

---

① 希罗多德（Herodotus，约前484—前425），伟大的古希腊历史学家，西方文学的奠基人，人文主义的杰出代表，也被尊称为“历史之父”。

基本价值

莫提默 · J. 艾德勒：要回答社会学怀疑论者的问题，只需要提醒他注意一下被他忽略的事实。即便涉及具体对象或价值问题的观点时，不同部落、不同文化之间确实存在差异。但事实是，普遍存在于人类行为的某些基本准则、基本价值观，本质是一样的。

我给大家读一段洛克的文字，他对这个问题说得非常好。洛克首先承认，“几乎所有道德原则或美德标准，或在个别地区受到轻视，或遭到某种世俗观念的谴责，或被与之对立的实际观点与生活规则所支配”。但紧接着他又说，“然而，最基本的是非标准和善恶规则，无论在哪里都是一样的”。现在，我来更具体地阐述一下洛克的观点。例如，在一切人类社会都应该禁止谋杀。我可以毫不夸张地说，每一个人类社会、每一个种族文化中谋杀都是被禁止的。但是，对于具体的杀人行为，不同文化背景的人有不同的看法，一些社会文化认为某些杀人行为是情有可原的，而在另一些社会则可能被定罪为谋杀。

或者我再举个例子，在每个人类社会，在每个人类文化中，勇气都受到尊重，怯懦都受到鄙视。但是，在勇气应该如何表现这一点上，人们的观点却不一样。以美国印第安人为例，在一些部落里，一个年轻、勇敢的美国印第安人会被绑在一根柱子上，经受太阳炙烤的折磨几个小时。被晒时间的长短，代表他的勇敢程度。而当今社会则把敢为不受欢迎但正确的观点辩护视为一种勇气。

劳埃德 · 卢克曼：嗯，艾德勒博士，我对您刚刚回答的理解是，您除了强调不同种族、文化中的人拥有共同的基本原则，其余观点基本沿袭了洛克的说法。但就细节而言，您似乎与怀疑论者达成了共识，认为在这些问题中，我们拥有的知识并不多，且大多只是我们的观点，而这与您的说法是严重冲突的。

莫提默 · J. 艾德勒：是的，劳埃德，这就是我总体的立场基调。

我们只在面对最基本的行动或普遍原则时才能发现知识。

而由这一终极问题衍生出的其他问题，我认为我们只在特定情况下才知道做什么是好或坏、对或错。例如，这部法律是否优于那部法律，或者哪种方式更能彰显勇气。

观点需要自由

在所有具体的实际行动中，人们往往持有不同的观点，而这些分歧是指理性之人不可能对所有事都观点一致。这一事实会导致两个后果：一个是人类需要自由，另一个则是人类需要权威。你可能会误以为这是一对互相对立的后果，但试着对每一种后果进行分析之后，你会发现两者并不矛盾。

先来谈谈第一个后果，即我们对行动或观点做出判断，在我看来这是人类自由的一种。我来解释一下，谈到关于行动的观点时，我立刻想到了一些实际、具体的东西，关于我们是否做某事，是否接受某种政策，是否遵循某一行为准则。这种具体的、实际的判断只是观点，并不是人类自由的唯一源泉，只是自由的源泉之一。我现在要解释一下为什么是这样。

我认为这里有三个原因或三个步骤。首先，每当我们自愿行动时，也就是说，我们不受约束或不受胁迫，仅仅根据自己的意愿行动时，我们做出判断的依据是自己要做什么、想做什么或该做什么。事实上，有人可能会说，我们的行动是自愿的，仅仅因为这些行动执行、落实了我们的判断。

第二点适用于我们面对具体情况，判断做或不做，做这个还是那个，或提出好坏、对错的观点。请记住观点的性质，无论是实践层面或理论层面，观点的本质一样，是一种对实际的判断或对理论的判断。每当我们对实际问题或理论问题发表观点时，我们都可以自由地作出自己的决定。我们正在思考某事时，不会被迫以这样或那样的方式去思考。综上所述，我们对实际的判断是关于如何行动或怎么做的判断。这些判断就是观点，也是一种自由的判断。换言之，我们的行为是对我们判断的实践，从这个意义上来讲，我们的行为不仅是自愿的，而且这些判断本身就是我们自己做出的，因为我们自愿形成了这些观点，而作为观点，我们只要给出恰当的理由，就可以采纳或拒绝。这就是为什么我会将古拉丁语中的“Librium arbitrium”翻译成了英文“free will”（自由意志）。如果按字面翻译，它应该是精神层面的“free judgement”（自由判断），意思就是每个观点都是一种精神的自由判断，正是由于这种自由的判断，我们拥有了自由。

因此，我认为这表明了我所说的自愿行动是一种双重自由。第一种自由是指行动完全基于我们的判断，其次是指我们的判断本身是自由的，因为我们思考行动问题时，只能给出观点，并可以自由形成观点。

现在以另一种方式来看待观点和自由的关系。假设在思考行动问题时，我们可以准确判断出什么是好的、正确的。同时，也假设我们在任何特定的情况下都知道如何做出正确决策。那么，基于前面的假设，我们的行为可能仍然是自愿的，因为我们的行为遵循了自己的判断，但从终极意义上来讲，它不是自由的，因为在那种情况下，我们的判断本身也不再自由了。

我讲一个故事，我觉得这个故事能清楚地说明这一点。几年前在芝加哥大学，我有一个同事，他积极投身于民主建设，认为民主是最能够充分地推动和支持人类自由的政府组织形式。而那个时候，我本人并不相信民主是最好的政府形式，我们经常为此争论不休。但不久我就相信了，因为我发现，我可以论证出民主是最好或最公正的政府形式。

我还就这个问题写了一篇文章，寄给了我的朋友。我以为看到我像数学家一样严谨、确凿地证明民主是最好的政府形式这一结论后，他会对此感到高兴。但使我大为震惊的是，他对我的文章很不满。事实上，他觉得那篇文章是反民主的。因为它与民主所支持的自由相对立。如果我能证明民主是最好的政府形式，那么这也导致人们无法再自由地想象民主，他们只能接受所谓最好的政府形式，也就是民主，但人们在这样做的同时也丧失了在民主和其他形式的政府之间选择的自由。

劳埃德 · 卢克曼：说得太精彩了，艾德勒博士。显然，要想在民主问题上自由民主，那么就该让每个个体以开放的心态，在这一问题上做出自己的决定，表达自己的观点。

莫提默 · J. 艾德勒：我的同事也是这么想的，但我认为他不对。我的看法是，民主是最好的政府形式，这是一个知识问题，不是观点问题。作为一种知识，它没有损害自由。因为自由集中在细节层面，没有上升到民主是最好的政府形式这一普遍原则的高度。

观点需要权威

接下来说一说第二个后果，即我们在具体行动时产生了分歧，将导致另一种后果——对权威的需要。人类无法和平、和谐地生活在一起，除非能达成共识，形成一套明确且集体同意的行动准则。而这通常需要某种权威，才能制定出一套对所有人都能形成约束的行为准则。那么现在，我想要说的是，关于行动的观点不仅仅是我们需要权威的根源之一，它是唯一的根源。

我试着给大家解释清楚为什么会这样。首先，在观点的问题上，人类可以自由地作出自己的决定，对吗？理性的人可以彼此不同意，但他们仍然很理性。既然个人总是按照自己的观点行动，而非根据知识行动，所以在行动问题上人们总是产生分歧。这导致他们很难共同行动，但如果要在社会中共同生活，就必须共同行动，为实现共同目标，他们必须解决分歧，找到大家都能接受的某一方针或政策。

那么，如何达成共识呢？共识无法通过推理实现，如果可以，那也证明了讨论对象是一个知识问题，而非观点问题。然而一旦确定了这是一个观点问题的话，人们可能会无休止地辩论，永远也无法开始行动。那么，如何解决这场争论并采取行动呢？在我看来，这个问题只有两个答案。一是上层力量向力量较弱的下层施压，弱势一方选择妥协。除此以外还剩一种办法，由大家都愿意遵从的权威来决定。

劳埃德 · 卢克曼：艾德勒博士，您刚才说，人们对于行动产生分歧，这正是社会中需要权威的唯一根源。

莫提默 · J. 艾德勒：是的，我说过。

劳埃德 · 卢克曼：但现在您承认强权可以替代权威。如果真是这样，为什么还要为权威而烦恼呢？为什么我们不直接选择强权呢？

莫提默 · J. 艾德勒：我的意思是如果我们想留有自由，那么就该借助权威来解决纷争，选择一种我们愿意服从的权威，而不是我们被迫接受的强权。我应该说得更详细一些，如果想要兼顾政治权威与政治自由，那么，这种权威就必须是由多数人参与决策得出的权威，而不是在一个人或某个小群体独断专行的那种权威。这样回答清楚了吗？

劳埃德 · 卢克曼：嗯，但我必须承认，我真的还没搞清楚这个问题，艾德勒博士。

莫提默 · J. 艾德勒：好吧，在仅剩不多的时间里，我试着梳理一下我们为何会谈到这个问题，以及如何得出这个结论，这样也许有助于你理解。

少数服从多数原则基于这样一个事实：我们的实际判断作为一种观点，一方面它是以个人自由为基础，另一方面又产生了我们对权威的需求，结果就形成了由多数人决策的原则，这是调和观点需要自由也需要权威的唯一途径。回到我们一直讨论的话题上来吧！首先，我们看到，人们对应该采取哪些政策或哪些具体行动产生了自己的观点，而不是知识。我要再次提醒大家，在实际秩序或行动领域中，我们只掌握了伦理学、法理学或政治学中最基础的原则，而这些也是我们所有实际判断的基础。

其次，我们在行动上的选择自由，至少在一定程度上，源于这样一个事实：我们对行动的实际判断是观点，也是我们可以自由决定的判断，人在做出理性判断的同时，可以持有不同的观点。

最后，我们发现这种判断的自由引出了一个问题，即人们如何能够在社会中和平、和谐地共同行动，因为这种协调一致的行动要求人们就某个决定、政策或行动方针达成共识。那么，如何能促成共识呢?

正是在这一点上，我们明白了强权或权威的必要性，它们是促使所有人同意某个决定、接受某个政策或行动的唯一方式。但强权显然是与自由对立的，除了多数人决策原则的那种权威之外，任何权威同样与自由背道而驰。

劳埃德·卢克曼：这正是我想深入讨论并搞清楚的一个问题。

莫提默·J. 艾德勒：嗯，这个问题可以留到下次节目，它恰巧也是关于观点这一大问题的收官问题。希望我们下次能够把这个问题解释得更清楚。我们今天所了解的是，从行动的角度来看，观点既是人类自由的根源之一，也是我们需要权威的唯一根源。我希望在下一期节目中，我们可以搞明白少数服从多数决策原则，以及它如何做到让自由与权威兼容。而在讨论这一问题时，我们不得不去面对多数人和少数人之间的观点冲突，以及任何社会在任何时代都必须面对的基本社会矛盾。

观点与少数服从多数原则

接下来主要关注少数服从多数原则的问题。与此相关的是大多数人的观点和少数人的观点冲突的问题，以及与这些问题相关的社会基本矛盾。

为了探讨和研究这两个问题，我想提请大家注意几件事。首先，观点的核心是，它是一种行动上的自由。不仅个人可以自由提出观点，而且可以自由决定采取什么策略或行动。这就引出了第二个要点，如果人类要和谐共存，如果社会全体要为共同的目标采取统一的行动，就必须使观点统一。

劳埃德 · 卢克曼：好的，艾德勒博士，请先等一下，我还不确定自己是否搞明白了，或许也有人跟我一样没弄明白，为什么我们不能像解决科学和哲学领域的问题那样，通过研究事实或推理论证来解决政治问题上的观点分歧呢？面对这些争端，我们该怎么办？

莫提默 · J. 艾德勒：我明白你的意思了，劳埃德，因为这取决于我们把科学和哲学视为知识还是观点。如果认为它们是知识或更像知识，但绝不是观点，那么解决科学或哲学的方法就无法解决政治观点的分歧。

科学与哲学是知识，不是观点，从这个意义上来讲，你是对的，我们可以通过研究事实或推理论证解决科学或哲学问题。但如果我们将政治视为观点，而非知识，那么就得采取其他方式来解决问题，并提出一个各方都能接受的具体方案。

我试着把这个观念再解释得具体一些。我们可以想一想美国高等法院的情况。现在，我们假设一桩案件指派给了一位法官办理，在分析案件后，他回到了会场与同事们一起开会，并告诉同事们他可以证明自己对这个案件的判决是正确的。请务必保证你能明白我正在做的这个假设，虽然它需要费些力去想，但请想象一下九位大法官中有一位告诉他的同事说，他可以像数学家证明几何学定理一样严谨地向他们证明，这个案件的判决是正确的，而且只能这么判。假设这是可能发生的，那么你会立刻明白其他人对此没有反对的余地。那么，大家也没有必要通过投票表决。

但现在我们还是回到现实中吧。正如亚里士多德所说，“我们不期望让法官来论证，也不希望数学家们仔细商议投票决定”。如果数学家们开大会通过投票，让多数人决定某个数学问题的答案是否正确，那会是非常荒谬的，不是吗？但是，在我看来，由于政治和司法决策是观点，而不是知识，因此不管是提交给美国最高法院的案件，还是提交给美国国会讨论的议题，或是在全国大选时让全体人民决定，通过投票表决并遵从多数决策原则并不荒谬，因为这是一种合理的处理方式，我甚至想说这几乎算是唯一合理的决策方式。

劳埃德 · 卢克曼：您这么说正合我意，因为这样我就可以问您，为什么说这是唯一合理的方式？除了您刚才所说的，还有没有其他可以解决政治观点分歧的办法？

强权、专制和少数服从多数原则

莫提默 · J. 艾德勒：有啊，卢克曼先生，至少还有两种方式。顺便说一下，其中之一就是使用暴力。我们都知道当今世界不少社会解决观点分歧的办法，仍然是把反对者枪毙了或将他们关进监狱。也许更准确地说，在当今世界极权主义社会中，根本就不允许出现异议。

暴力被用来压制异议，同时也用来阻止人们听到异议。这几乎不是什么解决观点分歧的理性方式。解决知识问题可以通过摆事实讲道理的方法，观点分歧应该通过辩论而不是暴力来解决，因为观点问题是人们基于理性提出异议的一件事，因此理性之人的理性意见应该在辩论中被人听到。

劳埃德 · 卢克曼： 艾德勒博士，我同意，而且我相信大多数人都同意。暴力已经过时了，因为它与解决政治分歧的理性方式正好相反。如果暴力过时了，那么您所说的另一种方法是什么呢?

莫提默 · J. 艾德勒： 嗯，另一种办法是给予某人权威，让其他人事先认同并接受他的决定，并按照他的权威行事。现在看来，如果这位被赋予权威之人恰好是最睿智之人，似乎不失为一种合理的解决方案。但我认为这仍然是不合理的，至少不如让多数人决定合理。无论如何，我确信后一种办法，即让渡决策权力给大多数人，是一种符合人类自由和自由社会体制的方式。

现在我来总结一下，看看是否还有什么需要补充说明。个人对政治决策或举措应该有提出异议的自由，因为这些都是观点问题，所以我们无法通过推理和事实依据来解决分歧。而政治活动中想要达成共识取决于以下三点：强权暴力、个人权威，以及少数服从多数的原则。

现在，暴力已经过时了。而且很显然，暴力不是一种理性的解决办法。接下来要说明的是，少数服从多数原则是唯一与自由并存的决策原则，但这还不够。从其他角度看，少数服从多数原则也是可取的，比如，在所有可能达成共识的决策中，多数人的选择可能是最明智的。解释完以上两点后，我还得解决一组对立问题，即多数人的观点与少数人或极个别人的不同观点产生冲突的问题。

先来解释一下我为什么赞成少数服从多数原则。首先，它是唯一一种与人类自由共存的解决方案。要解释清楚这个问题，我需要快速解释一下政治层面的自由，这里所说的自由是指在共和政体中的公民所享有的自由，想要实现这种自由，必须具备两大要素。第一个要素是，对公民的统治是为了公民利益或国家的集体利益。只有当政府是人民的政府，而不是统治者满足私欲的工具时，受其统治的公民才是自由的。

第二个要素是，这种政治制度下的公民能够发出自己的声音。如果公民在面对关系到他们自身的利益或社会共同利益的问题时，他们在决策方面拥有一定的发言权，那么人也是自由的。因此，即便被最睿智、最仁慈的集权君主或独裁者统治，生活在这种社会的公民也不能称之为自由，对吗？即使这位最睿智、最仁慈的统治者所做的一切决定都是为了公民的利益，但这种决策的方式还是违背了第二个基本要素——政治自由，即公民在政治中的发言权。只有共和政体下的公民才是完全自由的，只有当多数人的观点可以通过投票或其他方式占上风时，每个公民的声音才能在决策时有一定分量，并最终影响整个社会。因此，少数服从多数的原则作为解决具体行动或政策方针的一种办法，也是唯一一种办法，它能最大限度保证公民享有政治自由的权利，因而它也是政治自由最基本的原则。

劳埃德·卢克曼：艾德勒博士，到目前为止您所说的这些，我完全理解也很认同，相信许多人也一样。但是您刚才也论证了少数服从多数原则更妥当，可您刚刚也提到，大多数人做出明智决定的可能性比独裁者的概率大很多，即使这位独裁者是世界上最睿智的人。

莫提默·J.艾德勒：没错，劳埃德，我确实这么说过。

劳埃德·卢克曼：关于这一点我还有疑问，因为我相信您比我更了解哪些著名的政治哲学家不会同意这一观点，比如古代的柏拉图，现代的黑格尔。在我看来，柏拉图和黑格尔认为公民为了自身利益接受英明的统治，要比在自己的政府中拥有发言权更好。确切地说就是，大多数人即便是面对与自身幸福和共同利益有关的问题，他们的看法很可能不明智也不周全，不是吗？

为少数服从多数原则辩护

莫提默 · J. 艾德勒：我知道，劳埃德，即便是最伟大的政治哲学家聚在一起讨论，也很难就这一问题达成共识。这反而告诉我们，这一议题在政治理论中属于观点，而非知识。因此，我能做的最好的事情，就是尽全力提出反对观点。所以，我打算给大家读一读几位重要著述者的文章，他们认为少数服从多数原则是一种智慧，也有益于自由——这一点很重要——既站在智慧的一边，也站在自由的一边。

我先给大家念一段修昔底德[①]的诗。修昔底德写了《伯罗奔尼撒战争史》(*History of the Peloponnesian War*)，他看到了古代社会中，支持民主与反对民主群体之间的斗争。修昔底德在这篇文中说，“普通人通常比有天赋之人更善于处理公共事务”。他解释说，“因为在公共事务上，没有人能像大多数人那样倾听并做出更好的决定”。

我们再看看亚里士多德的《政治学》中的一些章节。亚里士多德的观点总能让我感到惊讶，正如我将要向大家展示的这段，他也选择了站在大多数人的一边。请仔细听，亚里士多德说：“每个人都只是一个普通人，当许多人聚在一起时，他们很可能会做出比少数优秀之人更好的决定。因为他们中的每一个人都奉献了自己的美德和审慎。当他们聚到一起时，他们变成了一个有许多脚、手、感觉和思想的人。因此，众人集思广益做出的判断胜过一个人的裁决。因为，有人了解这个，有人了解那个，而他们聚在一起时，就能看到整体。”

然后在书中另一处地方，他说，“如果群众不是很卑贱且带有奴性的人们，虽然就个别人而言，他的判断能力不及专家，但是他们在

① 修昔底德（Thucydides，前460—前396），古希腊历史学家、文学家和雅典十将军之一，以其著作《伯罗奔尼撒战争史》而在西方史学史上占有重要地位。

集合起来之后可能不比专家们差，甚至胜于专家”。在另一处他又说，“对于一席菜肴，最适当的评判者不是做出菜来的厨师，而是食客”。在这种情况下，多数人的利益包括了各种常常会相互消耗的对立、冲突的利益。他补充说，“物多者比较不易腐败。如同大泽水多则不竭，小池水少则易朽”。

以上这些段落都是对少数服从多数原则的有力辩护，因为这一原则既足够明智，又包含着自由。这一观点也被捍卫共和制和宪政制的人士所采纳，以此反对极权或专制。这也是为什么亚里士多德说，无论什么形式的宪政国家或共和国，那些被大多数人看好的，都该被赋予某种权威。当然，任何民主党人都会同意这一点，因为民主的基础是相信公民的集体智慧。

约翰 · 斯图亚特 · 穆勒①是一位现代意义上的民主卫士，他告诉我们所谓民主，就是政府由全体公民组成，并由多数人以投票的方式决策。

劳埃德 · 卢克曼：穆勒的论述，艾德勒博士，如果我没记错的话，他也非常警惕群体的作用。在《代议制政府》（*Essay*）这本书中有一段文字非常有趣。他说：“我们观念里的民主和一直实践的民主，就是由大多数人代表的人民政府的民主。”您注意到了吗？他提到“由大多数人代表”。

莫提默 · J. 艾德勒：是的。

劳埃德 · 卢克曼：这是民主的基本概念，他继续说道：“相比之下，真正的民主应该是个体公平地享有代表权的全民政府。”请注意“公平地享有代表权”。

莫提默 · J. 艾德勒：是的，这是一个重大的区别。

劳埃德 · 卢克曼：我觉得尽管穆勒是民主党人，您知道，他也接

① 约翰 · 斯图亚特 · 穆勒（John Stuart Mill，1806—1873），英国效益主义、自由主义哲学家，政治经济学家，英国国会议员。

受了多数人决策的原则。他有没有争取保护少数人的利益呢？

莫提默 · J. 艾德勒：有。

劳埃德 · 卢克曼：我认为穆勒提出的比例代表制[①]就是一种保护少数人的机制，而且设计得非常精妙，不是吗？

莫提默 · J. 艾德勒：是的，劳埃德。穆勒的投票制或其他比例投票制，或许在平衡多数人与少数人观点上很有优势，但我们所剩时间不多，我更想把时间留给另一个与之相关的话题，也就是，我们如何落实少数服从多数原则？如何让由多数人同意的观点履行它的责任？我认为我们能做到这一点的唯一办法，就是让少数服从多数原则对全社会负责，其中也包括对所有持异议的少数人负责。

争议有益

为了说明我的看法，请允许我立刻切入这个话题，即如何确保少数服从多数原则对所有人、所有情况负责。我认为这是当今社会中，我们必须面对的问题——如何在政治争议或所有基本社会问题的争议中选择立场。而要使少数服从多数原则对所有少数人的观点负责，我们需要做到以下三件事。

首先，必须把政治争议看作是有益的，而不是有害的。事实上，我们应该担心的是众口一词，而不是存有异议。人人都应肩负道义责任，要么参与争议，要么平和地看待争议，希望争议延续，当然，也要关注正在进行的争议。

第二，我们必须采取一切措施保证政治争议和公共讨论顺利进行，

---

① 指根据参加竞选的各政党候选人所得选票，按比例分配议席的一种当选制度，是各政党所得议席与其所得的票数成正比的一种选票计算制度。

并杜绝破坏讨论的行为发生。想想林肯[①]与道格拉斯的大辩论[②]你就知道了。大辩论发生时，奴隶制是一个热门的话题。但是，争论的任何一方都没有受到恶势力的威胁或遭到恶意抹黑。当多数人试图通过施压或舆论干扰，而非理性来解决矛盾时，那么多数人的力量就会像枪炮和炸弹的威力一样具有破坏性。

这三点中最重要的一点是：对公共议题的公开辩论必须在可行的情况下进行，保证每个有意见的人都有机会表达，直到各方的观点都得到充分的倾听。事实上，即使在作出决定之后，忠实的反对派们也应当继续反对，批评者们应当根据自己的观点尽全力改变或纠正政府的立场。只有尽可能地完成了以上这些，少数服从多数原则才能在政治问题上做出最明智的决策。

到此我们对观点问题的讨论就结束了，尽管讨论无法涵盖这一大问题的方方面面。但在结束这一讨论之前，我想读一段穆勒书中的话，这段话解释了为什么要听取各方观点。

顺便说一下，我认为这段文字与现代美国人的日常生活息息相关，希望这段话铭刻在每一位美国公民的脑海中。按照穆勒的说法，自由地表达观点有三大理由，“首先，我们可以肯定，任何被打压的观点都有正确的可能性。否认这一点，就等于假设人类不可能犯错。其次，受到压制的观点即便是错误的，但它可能在更广泛的层面上包含着某些真理。相比之下，即便是得到广泛认可的观点也不可能全部都是真理。只有通过不同观点的碰撞，我们才有机会找到真理的其余部分。最后，被接受的观点也不一定是真理，除非它确实受到强烈且严肃的质疑，否则它会以偏见的形式被大多数人所拥护，而人们对它只有肤浅的理解与感受。”

---

① 亚伯拉罕 · 林肯（Abraham Lincoln，1809—1865），第16任美国总统，1861年3月就任，直至1865年4月遇刺身亡。

② 1858年秋季，林肯和道格拉斯在伊利诺伊州的七个地点就奴隶制问题进行了一场大辩论，这场大辩论的直接起因是林肯与道格拉斯的参议员竞选之争。

正如我所说，我认为每个美国公民都应该铭记这段话，因为这段话可以作为我们对观点问题讨论的结论，尤其是那些政治领域、社会生活领域里的观点。

不过，还有一件事我想在临近结束的一刻谈一下，卢克曼先生。在我心目中，这是所有观点分歧中最尖锐的问题，就是代际之间的观点分歧，即非同辈人之间的冲突，父母与子女之间的观点分歧。对这种观点分歧，我们几乎束手无策，两代人似乎卷入了一场无法解决的争端。我是带着个人感情站在父母这一代人的立场上来说这件事的，我觉得，要说服年轻一代人接受我的观点，我完全是心有余而力不足。我个人认为，为人父母者，由于年龄较长、更成熟、经验更丰富，在处理眼前的现实事务时可能比子女更明智。但是，为人父母者几乎不可能说服子女让他们认识到这一点，原因很简单，子女们尚且不具备父母的智慧、人生经验。孩子必须得经历同样的体验、一些不愉快的事件或变故，可能是疾病、痛苦、悲伤等之后，才有可能改变主意，接受父母想要传递给他的观点。但往往为时已晚，错已铸就。

我认为这是人类最可悲的事之一。但如果我们能找到一种方法让孩子们从父母的经历中吸取经验，接受一些源自父母的人生智慧，那么，我认为人类能在一夜之间改变历史的进程，并取得超越以往的进步。

如何思考人类

我们开始与人类有关的讨论。在讨论其他大问题时，我们通常会在几期节目中分步骤讨论。但关于人类这个大问题，我将换一种方法讨论——集中讨论人类这一个问题，主要围绕两个疑问进行阐述。

第一个疑问是，人的本性与其他动物的本性是质的区别，还是量的区别呢？人类是地球上唯一理性的动物呢？还是人类只是一种更聪明的畜生？这是关于人的本性的疑问。

第二个疑问是关于人类的起源。人类是由神创造的，还是在自然进化过程中出现的呢？人是按神的形象创造的，还是猿猴的完美进化？

在我们过去所有的讨论中，大家可能没有意识到把人类和其他动物相比较所引发的问题，因为这并不是我们之前讨论的重点。但如果现在，我决定把人与动物的比较，作为一篇颇有难度的论文的主题，我认为人与大自然中的其他动物是不一样的，两者之间不存在关联性，我想很多人会不同意我的说法。或者，即便没有立刻提出反对意见，甚至认同了我的说法，但同时又会感到别扭。为什么呢？因为我们在学校所接受的教育就像一种普遍的信仰，这种信仰深深影响着20世纪受过教育的所有人。

劳埃德 · 卢克曼：好的，我不确定是否完全理解了您的意思，艾德勒博士，但您似乎在暗示当今每个人都接受了达尔文关于人类起源的学说，即人类的祖先是类人猿的理论。现在，我相信我们的观众会想到那场发生在田纳西州关于达尔文进化论的审判案[①]，想到其中几个了不起的关键角色，克莱伦斯 · 达罗[②]和威廉 · 詹宁斯 · 布赖恩[③]，还有那个试图教授达尔文学说的年轻教师……

莫提默 · J. 艾德勒： 斯科普斯。

劳埃德 · 卢克曼： 对，这位公立学校的教师。当然，在那场事件中，对此相当不满的公诉人布赖恩代表着原教旨主义的观点，他坚持认为我们必须谨遵《圣经》第一章，也就是《创世纪》中上帝创造万物时留下的教诲。我想，至今仍有很多人将这一条与达尔文的进化论完全对立的基督教教义铭记于心。但我更想知道，如果您不同意关于人类起源可以有其他说法，那您又将这个问题置于何处呢?

莫提默 · J. 艾德勒： 关于人的本性和起源问题上，科学和宗教之间，至少在达尔文理论和基督教之间的讨论仍在继续。但我所说的是除了宗教信仰，对于受过当代教育的人来说这一问题几乎没有什么争议。也就是说，除了在信仰方面持传统观点的人之外，在20世纪，几乎没有人从理性层面出发，借助事实和论证来质疑达尔文理论。

达尔文之前与之后

或许我应该说得更明白一点，20世纪占主导地位的世俗观点认为，人与其他动物之间存在连续性关系。纵观整个西方思想史，达尔文正是人类概念的分界点。人类的概念在达尔文学说产生前是一回事，之后是另一回事。我给大家简要地说说这段历史。

---

① 1925年3月23日美国田纳西州颁布法令，禁止在课堂上讲授“人是从低等动物进化来的”。因为美国公民自由联盟唆使，田纳西州的生物教师斯科普斯很快以身试法，制造了轰动整个美国乃至整个世界的历史性事件——“美国猴子案件（Monkey trial）”。

② 克莱伦斯 · 达罗（Clarence Darrow）为“美国猴子案件”中斯科普斯的免费辩护律师。

③ 威廉 · 詹宁斯 · 布赖恩（William Jennings Bryan）在“美国猴子案件”中作为公诉人，指控斯科普斯在公立学校讲授达尔文进化论是违反州法律的行为。

从古希腊到19世纪中叶，传统观点认为人类是一种理性的动物，是世界上唯一理性的动物，因此，我们在本质上与所有其他动物不同。顺便说一句，古代思想家们即使在许多大问题上存在分歧，但关于这一点他们达成了共识。比如柏拉图和亚里士多德，他们对很多问题上有分歧，但在这一点上是一致的，再比如罗马斯多葛学派①和罗马伊壁鸠鲁学派②，他们都同意人类具有特殊性，并将人类尊为世上唯一的神的后裔。

中世纪也是如此。说到中世纪，我不仅想到了基督教，也想到了伊斯兰教和犹太教哲学。犹太人、伊斯兰教徒和基督教徒，即便在宗教教义上有许多差异，但在人类起源这个问题上他们出奇的一致。而在近现代哲学中，笛卡尔、巴鲁赫·斯宾诺莎、洛克、伊曼努尔·康德③、黑格尔等立场不同的思想家们也对人类的起源毫无争议。

洛克在《人类理解论》(*Essay concerning Human Understanding*)中的一段话解释了这种人类观。洛克说："是思维使人类凌驾于其他生物之上。人类与其他动物有着同样的感觉、记忆和想象的能力，但野兽不具备抽象思维……思维，将人和野兽完全区别开来。"或者，先不管洛克说了什么，看看亚当·斯密④如何解释？斯密在他的《国富论》(*Wealth of Nations*)中说，"所有人类都有交易、讨价还价和以物易物的本能，这一点在其他动物身上未曾发现过"。我可以继续引用托

---

① 斯多葛哲学学派，是公元前300年左右在雅典创立的学派；因在雅典集会广场的画廊聚众讲学而得名。斯多葛派认为世界理性决定事物的发展变化。

② 伊壁鸠鲁学派是古希腊唯物主义者和无神论哲学家伊壁鸠鲁创立的哲学派别。

③ 伊曼努尔·康德（Immanuel Kant，1724—1804），德国哲学家，德国古典哲学创始人。他调和了笛卡尔的理性主义与培根的经验主义，被认为是继苏格拉底、柏拉图和亚里士多德后，西方最具影响力的思想家之一。

④ 亚当·斯密（Adam Smith，1723—1790），英国哲学家和经济学家，被誉为"古典经济学之父"。

马斯·霍布斯[①]、康德或让-雅克·卢梭[②]的话，他们都认同人类在本质上与其他动物是质的区别，而非量的区别。

也许对这一传统观点的最好概括，可以在英国诗人们富于雄辩的词句中找到。莎士比亚在《哈姆雷特》（*Hamlet*）中对人的本性作了这般华丽的表述。从某种意义上来说，这句话是欧洲乃至整个西方世界2500多年来，对人类的本质的传统看法："人，是多么了不起的一件杰作啊！理性是多么高贵，发挥不完的才能和智慧；仪表和举止，又多么动人，多么优雅！行动就像天使，明察秋毫，多像个天神，宇宙的精英，万物之灵。"[③]

约翰·弥尔顿[④]在《失乐园》（*Paradise Lost*）中也有一句话，虽然并不像莎士比亚那样雄辩、华丽，但格外尖锐："要有一个生物，不像其他生物只会俯首向下，又愚蠢粗暴，而是秉有理性的神圣，身向上长，直立，用冷静的头脑治理其他创造物，并有自知之明；因此气量宏大，情理通天。"[⑤]

现在我们看看与此相反的观点。这种相反的观点从19世纪末开始流行，如今在受过高等教育的群体中盛传。但这一观点早在16世纪时就出现了，意大利政治哲学家马基雅维利[⑥]把人类看作野兽，人就像狮子和狐狸一样用狡黠和体力互相攻击。

而同一时期的法国散文家蒙田却持相反的观点，他认为其他动物和人类一样具有理性。蒙田非常喜欢讲猎狗的故事，有条猎狗走到三

---

① 托马斯·霍布斯（Thomas Hobbes，1588—1679），英国政治家、哲学家。他创立了机械唯物主义的完整体系，指出宇宙是所有机械地运动着的广延物体的总和。

② 让·雅克·卢梭（Jean Jacques Rousseau，1712—1778），法国18世纪启蒙思想家、哲学家、教育家、文学家，民主政论家和浪漫主义文学流派的开创者，启蒙运动代表人物之一。

③ 引文参照方平翻译的《哈姆雷特》，上海译文出版社，2020年版。

④ 约翰·弥尔顿（John Milton，1608—1674），英国诗人、政论家，民主斗士，英国文学史上伟大的六大诗人之一。

⑤ 引文参照朱维之翻译的《失乐园》，上海译文出版社，1984年版。

⑥ 尼可罗·马基雅维利（Nicolo Machiavelli，1469—1527），意大利政治思想家和历史学家，其思想常被概括为马基雅维利主义。

岔路口前，它嗅嗅左边的路，又嗅了嗅中间的，然后直接选择走最右边的路。蒙田说，“你看，”他解释道：“猎狗发现只有三条路可以走。他闻了第一条路后发现不对，第二条也不对，那么第三条一定是对的。”蒙田说：“动物们也像人类一样会用三段论法推理。”

但是，尽管马基雅维利和蒙田这两位作家提出了不同观点，但直到19世纪的达尔文主义以及达尔文主义之后的生物学与心理学，是近代科学、近代生物学和近代心理学彻底地改变了我们对人类的观点。

弗洛伊德在这个问题上做出了经典的论述。他说，在现代社会进程中，科学理论的发展让人类的自负遭到了三次残酷的打击。“第一个改变人类观念的伟大科学家，是哥白尼。”哥白尼和他的伟大著作《天体运行论》（*The Revolution of the Heavenly Spheres*）认为，人类所居住的地球并非宇宙的中心。第二位打击人类自负之人是查尔斯·达尔文，凭借《人类的由来》（*The Descent of Man*）与《物种起源》（*The Origin of Species*）两部著作，达尔文前所未有地改变了人类的概念。

“第三位改变者，”弗洛伊德谦虚地说，“就是我自己。”我现在手上拿着弗洛伊德的书《精神分析引论》（*A General Introduction to Psychoanalysis*），我来读一段弗洛伊德本人对这个问题的论述：“人类幼稚的自恋曾先后两次受到来自科学的重创。”注意，我所说的人类自负被弗洛伊德称为“人类幼稚的自恋”。

第一次重创来自哥白尼，他让我们认识到地球并非宇宙的中心，仅是浩瀚宇宙体系中一个难以看清的小点而已。

第二次重创是生物学研究剥夺了人类特殊的优越感，即身为造物主杰作的优越感，让人类沦为动物界的一个分支，这也意味着人类具有一种无法根除的兽性。到了我们这个时代，在达尔文思想的鼓动下，我们完成了对人类的重新评估。

后来，弗洛伊德自言自语：“然而，人类的妄自尊大受到第三次也是有史以来最沉重打击的，是我们的现代心理学研究。它意欲证明，就算是本人也无法控制‘自我’，它取决于一个人潜意识中零散的信息。”

劳埃德 · 卢克曼：在您评论弗洛伊德之前，请允许我打断一下，关于人类这个大问题，您是否打算谈谈哥白尼和弗洛伊德的影响呢？因为在我的印象中，讨论重点一直围绕着达尔文。所以，我在想对于重点解释达尔文，您是否有什么特殊的理由？

莫提默 · J. 艾德勒：你说得很对，我的确打算把达尔文当作这次讨论的重点，不是弗洛伊德，也不是哥白尼。因为，我更倾向于，对人类应有的自负最为严重的、也许是唯一严重的打击，来自达尔文。

人类与其他动物有何不同

关于对人类的认识，如果我们的观众有谁认为哥白尼的打击更严重，或者弗洛伊德的威胁更严重，我希望你能让我知道。但我认为他们的威胁都不及达尔文。我之所以这么认为，是因为只有达尔文触动了问题的根本，即人类是在本质上有别于其他动物呢，还是只是程度上的区别？哥白尼没有做到这一点。至于弗洛伊德，他倒是这么做了，因为他是一个达尔文主义者、达尔文的追随者，他沿着达尔文的道路，稍稍往前走了几步。

我想用达尔文自己的话给大家说说，他是如何提出这个议题的。在引起思想震动的著作《人类的由来》中，达尔文说：“人和高等动物之间的心理差异是巨大的，然而这种差异只是程度上的。”注意他的用词，是程度上的区别，而不是本质区别。达尔文的原话是：“我们已经看到，人类所自夸的感觉和直觉，各种情感和心理能力，如爱、记忆、注意、好奇、模仿、推理等等，在更低等的动物中都处于一种萌芽状态，有时甚至处于一种十分发达的状态。”他接着说：“这种情感和心理能力像我们在对比家狗和狼或豺时所看到的那样，也能通过遗传而进步。”他说，如果能证明某些高等心理能力，比如一般概念的形成，是为人类所特有（这是他质疑的），那也仅仅因为人类比其他动物拥有更完善的语言。

达尔文直接地提出了这一尖锐的议题，我认为它很重要，但关于人类的本质及起源，我想还有一个问题——上帝是否存在？这是我们无法避开的关键问题，它涉及人类一切科学、哲学和宗教。

正如我之前所说，在进行这些话题讨论时，我不打算从宗教的角度进行论证，也不会借助信仰来论证，而是完全从科学和哲学的角度，从事实和对事实解释的角度进行论证。然而，我们试图回答的重要事实问题，也对道德、政治和宗教有着极为深远的影响。更为重要的是，在我看来，东西方文化之间的巨大差异，就是因为这一问题。

在西方文化语境中，人是唯一神圣的动物，人的生命是唯一神圣的生命，对吗？我们再来想想东方，想想印度，对那里的人们来说猴子和牛是神圣的动物，在印度，猴子和牛的生命比人的生命更神圣。即便人类忍饥挨饿而死，也不能对猴子和牛碰一指头。可见东西方在这一问题上，存在着一个非常深刻的分歧。

最近，一位非常睿智的法国小说家维尔高尔①，他写了一部极具讽刺意味的小说《你应该认识他们》（*You Shall Know Them*）。我觉得这部小说非常不错，讲的是一队科学家去马来丛林探险，结果遇到了一些看起来像猿，但举止像人的动物。他们仔细地观察这些动物，但怎么也看不出它们是猿还是人。科学家们甚至开始认为，它们应该是猿类发展到人类之间的过渡物种。在这次探险中，一位名叫道格拉斯·坦普尔莫尔的年轻作家比科学家们更感不安。他发现一些澳大利亚的资本家、实业家准备把这些动物带回澳大利亚的工厂，让它们成为免费劳动力，理由是它们不是人，所以无需支付任何工资。这让道

---

① 维尔高尔（Vercors，1902—1991），法国作家和插图画家。

格拉斯非常不安。因此，他提出了这个疑问：它们是人还是动物？他做了一件事，通过人工授精，让自己和这些动物中的一个雌体杂交。当雌性动物和坦普尔莫尔杂交的后代在伦敦出生后，坦普尔莫尔杀死了这个孩子。杀死孩子后，他报警叫来了验尸官，并按照英国法律指控自己犯了谋杀罪。那么，他是谋杀犯吗？显然，他是不是谋杀犯取决于他是否杀了人。所以这个案子递交给了高等法院。

我不打算告诉大家结局如何，你们应该自己读完这本小说。但我想借小说讨论一个问题，小说的结局全取决于你如何定义谋杀还是杀死。据我对这部小说的理解，如果那个后代是人，就是谋杀，而不是杀了它。如果它是人，而你让它干活，却不给合理的报酬，那你就是在奴役它。但如果它只是另一种动物，而不是人类，那么你可以杀死它，而且不能算谋杀，你也可以把它当作力畜使唤，且不能称之为奴役。

注意这里的区别非常重要。如果它是人，杀死它就是谋杀，让它免费干活就叫奴役。如果它不是人，杀了就杀了，使唤它是正当的。按照这个区分标准，只有人类才有尊严，尊严让人不能被当作手段来利用。而除人类以外的动物是没有尊严的。有无尊严可以归结为人类与其他动物的区别是质的区别，而非程度上的区别。关于这个问题，我们将在未来几周的节目中重点关注。

人类的本质和起源不可分

劳埃德·卢克曼：好的，艾德勒博士，我想我理解您的意思了。但有一件事一直困扰我，相信也困扰着一些观众。您似乎只在谈论一个议题。但我们问题似乎有两个，就是人类的起源和人的本质，对吗？

莫提默·J. 艾德勒：对。

劳埃德 · 卢克曼： 那么，这两个问题是相互独立的吗？如果是，哪一个更重要？或者，它们是密不可分的吗？

莫提默 · J. 艾德勒： 我认为这两个问题是密不可分的。如果有人回答关于人类起源的问题，例如，假如有人认为猿类是人类的祖先，人类是通过自然进化出现在地球上的，那么他们也得回答另一个问题，人类的本质。但是，如果他们的答案是人与其他动物有着质的区别，那么他们就无法接受自己关于第一个问题的答案，转而承认人类不是进化而来的。所以，这两个问题是密不可分的，回答了一个问题，就不得不回答另一个。但是，尽管这两个问题密不可分，但我认为它们绝非同等重要。在我看来，关于人类本质的问题，比人类的起源问题更重要。

尽管我认为现代论证方法是从人类的起源出发推演出人类的本质，而旧的观点则是从人类的本质出发，得出关于人类起源的假设，我更倾向于后一种方法。因为关于人类本质，我们可以观察到事实证据，要比推测人类起源更清晰可靠。而从关于人类起源的问题出发，得出关于人类本质问题的结论，从科学的角度来说这是从假设出发反向论证整个问题。

这两个问题的顺序关系重大。大家会在未来几周的节目里明白，先从与人类的本质相关的事实出发，然后再问："人类的起源是什么？"或者先假设人类的起源，并从这种假设得出一个关于人类本质的结论，以上两种探究路径孰先孰后，差别很大。

依我之见，这两种推理模式和推理方法上的不同，背后是两种观念的不同。当代有一种生物学的观点，倾向于把重点放在人类起源上，从人类起源中归结出人类的本质；然而，之前的观点，即达尔文摒弃的传统观点，它通过人的本质推导人类起源。

接下来的内容中，我将继续讨论这个议题的逻辑。首先，我将尽力厘清人与动物的区别究竟是质的区别，还是量的区别。接下来，按照顺序，我会介绍达尔文对人类本质和起源的观点及与之对立的观点。最后，在收尾环节，如果可能的话，我想解释一下这一问题的理论意义与现实意义，试着告诉大家，在这个问题上，为什么每个人都必须选择立场，并且面对选择立场的后果。

而我的立场就是反对达尔文的观点。我会解释为什么我反对达尔文，并尽可能公平、公正地论辩此事。我希望大家能把自己的反对意见和疑问发给我，这样就可以在接下来的讨论中，根据大家的想法和我的想法来把控讨论的方向。

7 人类有何不同

人类这一大问题可以分为两个方面：人类的本质与人类的起源。

前面的讨论中，我向大家说明了关于这两个疑问的两组对立答案。一方面，在达尔文之前流行的说法是，人类与其他动物具有质的区别，因此，人类必有一个特殊的起源。与此相反的是达尔文之后的观点，认为人这个物种，与所有其他动物起源相同，因此，人类与其他动物只是程度上的区别。这场质和量之争触及了问题的核心。

上次我读了达尔文写在《人类的由来》里的一段话："人和高等动物之间的心理差异是巨大的，然而这种差异只是程度上的。"笛卡尔对此提出了相反的观点，他在17世纪曾说过："仅仅是量的差别对本质没有影响。因此认为兽与人唯一的区别是兽的理性更少的人们，会得出这样一个结论：人类的心智和野兽的心智属于同一类。"笛卡尔清楚表明他与他们的观点为何不同。

那么，我们就从逻辑角度上来谈谈这个问题。如果没有透彻地理解这个问题的话，很可能无法理解对立双方的论点。

劳埃德·卢克曼：当您在说的时候，给我的印象是您只是提出一个论点，而不是站在一方与另一方争辩。在读上周的来信时，我注意到有些观点好像认为您已经选择了一个立场。特别是有两封信认为您是达尔文支持者。

莫提默·J. 艾德勒：我认为那很好，劳埃德。我记得，我很坦率地说过，我不赞同达尔文关于人类的起源和本质的观点。因此，尽管观众误解了我的观点，但我还是为这些误解感到非常高兴，这说明了我对这个问题的阐释相当公平。不过，为了预防类似的误会发生，我还是重申一下，上周我并没有为任何一方辩护，本周我也不打算这样做。

在接下来的节目中我会介绍这两种对立的观点。但现在我只想尽可能地把这个议题的逻辑说明白。要想做到这一点，需要我们在三个方面下功夫。这个问题要比我在这个节目上回答的大多数问题难许多，也更抽象一些，但如果能仔细地跟着我的思路，我相信大家都能理解。

人与动物质的区别与量的区别

我先从人的定义开始，试着阐释清楚这个问题。对人的定义有许多，有人说，人是一种没有羽毛的两足动物，是唯一会笑的动物，唯一会说话的动物，唯一会使用工具的动物。有时，人又被说成是理性的动物。注意最后一个定义，“理性的动物”，这是最好的、最精确的定义。因为，这一点是其他一切的基础。但这个定义之所以好，不是因为这个定义本身，而是加在这个定义之上的解释，即人类且只有人类是理性的动物，其他任何动物不论从何种程度上来讲，都是非理性的，因此人与其他一切动物之间存在着非常清晰的、质的区别。

我相信大家都说过“哦，那是质的区别，不是量的区别”，或反过来想，“那是量的区别，不是质的区别”。但我们很少有人静下来思考，我们所说的“质的区别”或“量的区别”具体涉及哪些问题。那么现在我们试着简单理解一下，当我们说“质的区别”或“量的区别”时，我们究竟在说什么?

首先，假设这里有两条线段，一条线段比另一条短。那么，我们可以说这条线段和那条线段只有量的区别，因为它们具有相同的特点，即都有一定的长度，只不过其中一条长一些，另一条短一些。

但如果对比一个圆和一个正方形。正方形有四个角，圆根本没有角，不是少几个角，也不是角的度数小一些的问题，而是根本没有角。那么因为正方形有角，圆没有角，所以它们之间是质的区别。

劳埃德 · 卢克曼：那么，质的区别和量的区别之间本身是量的区别还是质的区别呢？我提出这个问题是因为与许多科学家讨论这个问题时，我发现他们有这样的感觉，即量的区别最终会演变成质的区别。比如有个多边形，当它的边数足够多时，看起来就会像一个圆。

莫提默 · J. 艾德勒：劳埃德，我觉得这个例子非常好。当然，多边形的边越多，比如一千条、一万条、五万条，边越多就越接近一个圆。但它只是接近圆，而永远不会变成圆。量的区别绝对不会变成质的区别，反之亦然。

就像两条线段，它们是量的区别，一条线段长，另一条短，两者之间总是会有其他长度存在。也就是可以有第三条线段，它在长度上介于前两条线段之间。

但是在三角形和正方形之间有中间形态吗？三角形是具有三个边的图形，而正方形有四个边。有谁能想象一个有三个半边的图形吗？能想到有三又四分之三个边的图形吗？没有。在三角形和四边形之间不可能有中间形态。这一事实正是区分质的区别和量的区别的关键。

因此，无论量的区别有多大，它永远不会真正变成质的区别。然而，有些属于量的区别，但因为各种现实的目的，被当作质的区别来对待。我必须强调一下，那是因为“各种现实的目的”。另一方面，有些看起来是表面上的质的区别，但实际上却只是量的区别。

但如果两种事物真正属于质的区别时，它们之间是不可能有中间形态的，而且不论它们有多少共同点，但其中一种事物一定会具有另一事物完全不具备的特点。基于这一事实，我们可以得出一个结论，具有额外特性的事物会比另一种的层级更高，即这两类或者说这两个等级的事物之间是有一种层级之分的。

劳埃德 · 卢克曼：我不确定我是否完全地理解了您的意思，所以如果可以的话，我想问您几个问题。

莫提默 · J. 艾德勒：请问。

劳埃德 · 卢克曼：动物有很多物种，对不对?

莫提默 · J. 艾德勒：对，事实上，据当代生物科学的估计有八十多万种动物。

劳埃德 · 卢克曼：这八十万种动物都有质的区别，对吗?

莫提默 · J. 艾德勒：对。

劳埃德 · 卢克曼：据我所知，进化论承认它们具有本质上的区别，对吗?

莫提默 · J. 艾德勒：对。

劳埃德 · 卢克曼：此外，进化论认为有些物种是低等生命形式，而另一些物种是高级生命形式，我这样理解对吗?

莫提默 · J. 艾德勒：是的，关于进化论，有一张为大家熟知的图——生命之树，它体现了生物体从低级到高级的排列。这是进化论者所宣扬的。

劳埃德 · 卢克曼：好的，如果是这样的话，在我看来好像进化论者也接受了您所说的人与动物之间有着质的区别。那么我想知道，进化论者是如何与那些认为人与其他的动物有本质区别的人产生观点分歧的。比如进化论者认为猿和马存在质的区别，对吧?

莫提默 · J. 艾德勒：对。

劳埃德 · 卢克曼：那就是说马有别于鸟，鸟有别于青蛙，等等。如果进化论适用于这些情况，为什么它无法适用于人类呢? 这就是我的问题。

莫提默 · J. 艾德勒：好的，劳埃德，这个问题很重要。但我们并不是在争论，就哪方正确而言，你和我从来没有分歧。

劳埃德 · 卢克曼：没有。

莫提默 · J. 艾德勒：但你还是不能明白这个问题？好，我看看能不能把这个问题解释清楚。

不同物种之间不存在中间变种

要把这个问题解释清楚，劳埃德，我想，我得先纠正你一个小小的误解。我觉得你刚才的说法有点问题。如果把那个错误的说法纠正了，我想这个问题会变得很清楚了。你说进化论者认为有些生命形式高级，有些低级，这么说是对的。但进化论者认为，那只是程度的高低之分。我之所以知道这一点，是因为进化论者主张大自然存在一种内在的连续性。除非不同物种之间存在中间变种，否则自然就不存在连续性。我强调一下，在任意两个物种之间必须要有中间变种，即中间变种必须是可能存在的，即便是“缺失的一环”。“缺失的一环”指可能存在但我们目前尚未发现的中间变种。因此，我会说生物学家们称之为种的物种，只是具有表征性的物种。而关于人之定义的争论焦点，并不是具有表征性的物种，而是物种本质起源。

为了解释清楚这个问题，我们必须提到物种的两个概念：一个是有缺失的一环，即有中间形态的物种；另一个即没有任何中间变种的物种。

按照当代生物学的概念来说，物种仅仅是具有表征性的物种，物种之间存在中间变种。既然如此，这两个物种之间可能存在量的区别。

我需要暂停一下来补充一个事实。自达尔文时代以来，遗传学在已完成的重大研究中，有一条非同寻常的假说证实了我上面所说的。这个假说是：如果所有可以繁衍的生物体同时存在于地球上，那么就不存在物种这个概念，只存在个体的区别，即程度的区别。当然，事实上，上述的那个假说与事实正好相反，因为所有生物体并没有同时存活于地球上。这就是为什么我说生物学将物种视为只在程度上有所区别的具有表征性的物种。

好的，现在我们来看另一个关于物种的概念，即哲学概念中的真实的物种。现代生物学通过是否存在中间变种来划分物种。而哲学则认为两个物种之间如果不存在中间物种，它们就是不同物种。

我尽可能清晰地解释一下这个问题。如果人不同于猿，就如猿不同于马、马不同于鸟一样，那么进化论者的假说也同样适用于人类起源这个问题，就如它显然适用于所有物种的起源问题。但是，如果人类不同于其他动物，即人类不具有显著的连续性，那么我认为进化论者的假说并不适用于人类。

所以，整个问题的核心在于一个疑问：人类与其他动物具有怎样的区别，是质的区别还是程度上的区别？当我们说有质的区别时，意思是人类与动物之间具有本质上的区别，不存在中间变种。如果我们说有程度上的差别时，我们承认表征不同的物种的可能性，所以相当于承认了存在中间变种的可能性。那么问题是，人与其他动物在本质上有区别？或只在程度上、表面特征上的区别，一如猿有别于马，马有别于鸟？

再次重申，我希望我的解释是公允的，并没有支持或反对哪一方，只是尽可能地解释清楚各方观点。

在接下来的内容中，我打算讲讲能够支持进化论者观点的论述，这些观点说明了人类与其他动物仅仅是程度上的区别；如果真是这样的话，那么可能会得出这样的结论：人类通过自然进化而来，就像其他物种的动物一样，生命的起源是一个自然演进的过程。然后，我打算找出与之相左的论点和证据，这些论述往往表明人类与其他动物存在本质区别，从而无法证明人类是进化的结果。因为如果人类与其他动物具有本质区别，而这种区别又不允许有中间变种，那么进化论者的假设就不适用于人类的起源问题。

达尔文的人类起源论

在1859年出版的《物种起源》中，达尔文并没有提及人类起源与本质。直到1871年，达尔文围绕这一问题完成了第二本书《人类的由来》，而这本书的理论基础，就是《物种起源》中提出的“进化论”。

大家可以看一下达尔文《人类的由来》的论证结构，他的论证分三步：一是人类与其他动物只有程度上的区别；二是人类的起源与其他物种的起源相似；三是如果人类的起源和其他物种类似，那么必定存在可被发现的缺失的一环。

这三个论点中，第一点至关重要。整个论证都是基于第一个假设的，即人类与其他动物只有程度上的区别。尽管化石遗存能证明缺失的一环的确存在，但很多人认为，化石遗存并不能证明这一说法。因为如果人类与类人猿或其他哺乳动物之间不存在中间变种，那么自然也不存在缺失的一环。这反而证明了人类与类人猿和其他哺乳动物之间有着本质上的区别，所以才不存在纯粹的中间物种。而这才是论证的关键。

劳埃德·卢克曼：艾德勒博士，您刚才所说的这些，相当于在一大群科学家面前，摇着红旗激怒他们，尤其会惹怒那些受过现代教育的人。之前我们在讨论物种之间程度和本质之分时说到，接受过现代科学教育的人，只能从以下两种观点中选择一个，一种是人类和类人猿及其他哺乳动物只是程度之分，另一种是物种之间显现出的本质区别可归结为程度上的区别。而您所说的与这些观点截然相反，您认为没有中间物种就可以证明是质的差异。他们认为用程度来区分本质上的差异是不可靠的。他们甚至认为，关于本质与程度的区分同样难以理解。

莫提默·J. 艾德勒： 在我看来，劳埃德，他们在回避这个问题。当然，如果他们是对的，物种之间的确只是程度上的区别，那么关于人类的起源和本质问题，根本不是什么问题。而我们这次的任务也恰巧是论证这一观点的正确性。但他们不能说无法理解本质与程度的区别。因为当他们说本质上的差异有时可归为程度上的差异，或量变导致了质变，如果说不理解本质与程度的差异，那么他们自己的观点也不能成立。我们收到了大量关于这个问题的来信，其中一封信来自旧金山的刘易斯·诺布尔先生，他问：量有时不也是质的区别吗？量变有时不也会产生质变吗？

诺布尔先生，如果你强调“有时”，那么没错。有时物种之间的明显差异其实是程度上的区别，且只能是度的区别。

接下来的一封信来自加州伯克利的多萝西和伊拉·杰诺罗蒙。他们提出一种看法，质通常是由量从一个等级不知不觉过渡到另一个等级，他们列举了许多中间物种，这些例证中，许多都是人们认为有本质区别的物种。但他们是对的。当质仅仅是偶然的或显性的，而不是根本性的、真实的质时，则有连接它们的中间变种，因为它们最终可缩小为量的区别。

最后还有这封信写得很好，是帕洛阿尔托的罗杰·吉列特先生写的。吉列特先生指出，我上周节目中举的数学案例，三角形和正方形本质不同，他觉得也可以将三角形和正方形理解为存在量的区别，因为正方形比三角形多一条边。没错，任何两个数学图形看起来既有量的区别，又有质的区别。但我用正方形和三角形这两个图形，只是为了说明整体的差异，即它们之间不可能存在中间形态。

这正是问题的关键，是否存在中间形态？显然，在数学中是不存在的，因为正方形和圆形、三角形和正方形之间是没有中间形态的。但问题是，世界上有这样的生物吗？因为如果有的话，那它并不存在于生物链中。这个问题又让我们回到了关于人类的问题——人类与其他动物之间有或没有中间形态、中间变种，人类与动物有何差异？

达尔文理论的要点

达尔文并不是第一个提出人类与其他动物仅是程度上有差别且有中间变种的人。比他早一百年的休谟和康德也曾提出过类似的观点。休谟指出，动物和人类的思考方式相同，即通过类比、习惯和本能。人类在思维过程中超越其他动物，就像一个人超越了另一个人，但仅仅是程度上的超越。康德着重强调了自然界中的连续性，后来被威廉·詹姆斯称为“进化理论的基本假设”，他将自然界中的连续性原则解释为，在任何两个物种之间总是存在中间变种或亚变种。“一个物种和另一个物种之间的差别，总是程度上的差别。”

达尔文又有什么理论贡献呢？对于这种程度区别的主张，达尔文又有什么创新呢？达尔文将其作为理论支点，把它与进化论中人类起源的假说联系了起来，形成了新的进化论。

达尔文的进化论有三个要点。首先，生物体代际之间存在变异，这种变异是因为遗传、基因的构成导致一代与一代有所变化；其次，物种起源是一场经年累月不断持续的进化过程；第三，进化时持续伴随着中间变种的灭绝，否则就不存在物种的起源之说。

最后这两点值得我们好好理解一下。如果只知道第一点，就无法探讨物种的起源。新物种出现的前提是，进化过程持续进行，中间变种惨遭灭绝。

我给大家读一下达尔文的原话，他说：“根据自然选择理论，旧物种灭绝，新物种产生，这二者密切相关。”他还认为，“物种和有明显特征的变种之间，唯一的区别是，后者被认为是与当下有关的中间变种”。而物种之间原本是紧密联结的，但现在因为缺失了中间环节，所以联结也不复存在。假设这个理论是正确的，达尔文写道：“无数的中间变种，将同一族群中所有的物种紧密地联系在一起。而存在于所有现存的物种和过渡物种之间的中间变种，其数量一定大得难以想象。”达尔文补充道：“如果这一理论是正确的，那么它们一定与现存的物种变体一样，同时存活于地球上，并将每个种群中不同代的所有物种联结在一起。”

如果所有这些中间变种能与现在地球上的所有物种和谐共存，那么现在所谓的物种将不再是物种，因为所有物种都是一种彼此相互关联的连续体。而已灭绝的物种化石遗骸又在哪儿呢？达尔文的回答是，地质记录还不完备，“化石可以发现人类和类人猿祖先之间的联系，但发现这些化石是一个非常缓慢且充满偶然性的过程”。

现在，我们把达尔文的进化论用到人类身上看看。我们先假设人类与猿类只是程度上的区别。基于这一假设，进一步假设化石的发现可以填补人类和猿类之间缺失的一环。

几年前，《生命》（*Life*）杂志刊登了一张人类谱系树形图，树形图的最顶端是与现代人生活在同一时代的四种类人猿：红毛猩猩、长臂猿、黑猩猩和大猩猩。再往下看，大家会看到现代人最直接的祖先是克罗马侬人，他们生活在大约2.5万年前的法国南部。然后是一个新近发现的人种，那是一具新近发现的霍图人化石，他们是克罗马侬人的直系后裔。但再往后发展出其他的旁支，还有其他可能缺失的一环，如距今5万至10万年前的尼安德特人，或者更古老的生活在大约60万年前的海德堡人和斯旺斯科姆人。再往下是发现于爪哇的直立人和生活在100万年前的南非猿人，他们究竟是人类，还是类人猿确实有待论证。

猿和人之间的心理差异

树形图上所列出的这些人种，通常根据修复化石的头骨或下颚骨而推断出属于哪一类人种，与人类、猿类或其他灵长类动物相比，仅仅具有解剖学上的相似性。

劳埃德·卢克曼：按照我的理解，人类与类人猿和其他哺乳动物的相似性，不仅仅取决于解剖学上的相似性，还有生理上的相似性，尤其是胚胎学上的相似性。因为从解剖学或生理学角度观察人类胎儿发育阶段，与哺乳动物之间在进化过程中有着直接的、高度的相似性。

莫提默·J. 艾德勒：你说得很对，劳埃德。然而，所有这些证据，生理学、胚胎学以及解剖学证据，我认为都只说明了两件事：第一，人类身体如何发育；第二，人类与灵长类，特别是类人猿有着非常密切的生理层面的联系。但我们千万不能忘了，人类与猿类在解剖学，甚至生理学上存在着巨大差异。

关于这个主题，阿什利·蒙塔古[①]曾写过一本入门著作《身体人类学导论》(*Introduction to Physical Anthology*)，书中蒙塔古教授列出了大约50个人类和猿类之间的解剖学意义上的差异，他强调还有许多其他生理上的差异。然而，所有这些差异并没有将人和猿区分开来。人与猿的区别并非在于身体方面，因为人类这一物种并非是由任何特定的肢体特征定义的。生物学家区分人科（对人的一种分类）与猩猩科（对类人猿的一种分类，属人形科）时，他们给人类这个物种起了什么名字？他们怎么做的呢？

他们将人定义为智人种，即唯一聪明甚至拥有智慧的物种。在我看来，这才是关键——精神上或心理上的差异才是最重要的。

我给大家讲一个故事，我觉得这个故事很好地说明了这一点。第

① 阿什利·蒙塔古（Ashley Montagu，1905—1999），美国人类学家、人文学者他提出的血统和性别的概念对政治产生了深远的影响。

二次世界大战初期，各地年轻人都被征召入伍。我和一个同事正在教授一门名为“经典名著”的课，课上我们遇到了一个关于人类本质的议题：人类和类人猿的区别是什么呢？我的同事对全班同学说，假设一个类人猿走进这个教室，它摆动着长臂，胸部长着长毛、下巴突出、眉骨粗大，尽管长成这样，但他看起来似乎是有思想的。说完我的同事给我看了一张黑猩猩的照片，看起来的确是在深思。“为什么这只类人猿甚至看起来像个哲学家，就像艾德勒博士。如果这个看起来像类人猿的动物，说话却像个哲学家一样的话，你们会称他为人吗？”

这个问题实际是在问人和猿之间的心理差异，而不是生理上的。所以这个问题的关键在于，人和猿之间的心理差异，是本质上的区别还是程度上的区别？这种差异可以弥合吗？人与猿之间的心理差异，是否存在中间形态？

因此，这个论点包含两个方面。如果人和猿之间的心理差异是可以弥合的，那么我提到的化石遗存的意义就很重大了，因为我们可以基于事实，想象这些中间变种其实是缺失的心理一环，并在心理上填补了解剖学意义上的缺失一环。我们可以想象，它们是人类和现存类人猿之间的心理中介。但是，如果人和猿之间心理上的差异无法弥合，那么化石遗存也证明不了什么，因为如果没有缺失的心理联系，即使进化论确实能解释人类生理层面的起源问题，却无法解释人类思想的起源问题。

劳埃德 · 卢克曼：艾德勒博士，您刚说的这些让我想听听您如何评价这封来信，这封信来自朱蒂丝 · 普尔博士。她在信中说：“艾德勒博士，我是一位生理学家，我发现我们可以确信人类在生理进化上与其他物种存在相似性。但另一方面，我也同样确信，人类所展现出的理性，他与其他物种有着本质上的区别。人类的理性必然有一个独特的起源，但从逻辑上讲，让人类这个物种全都拥有理性的起源是什么呢？为什么人类拥有理性？为什么其他物种在进化过程中没有与人类一样拥有理性呢？”

莫提默·J. 艾德勒：我想对普尔博士说的是，人类的进化论解释了人类与猿类在身体方面的相似性，甚至在胚胎发育时期就具有的相似性——这些事实与人类心智的进化并无矛盾。我们甚至可以说是神将具有理性的灵魂或心智注入到了类人猿的身体中，以这样的方式创造了人，而不是用尘土创造了人。

正如这封旧金山的罗伯特·库什先生写的信所说，在人类起源的那一刻，可能某种新的东西介入，一种新的要素将人类与其他所有动物真正地、不可还原地分开了。

让我回到达尔文对人类的看法，他的观点并不是建立在解剖学和生理学的相似性上。在《人类的由来》的第三章和第四章中，他谈到了人类和动物的思维能力的比较。因为达尔文很清楚，如果在智力发展层面无法证明人类和其他动物之间具有延续性，那么他关于人的进化起源的假设就无法成立。

现在，我们用达尔文自己的话来理解一下他的论点。他说：“我们已经看到了，人的身体结构清楚地显示着人类具有从某些较低级的生命形式进化而来的痕迹。但需要注意的是，人类的智力不同于其他所有动物，所以这个结论肯定存在错误。”接下来他说：“我的目的是要表明，人类的智力与高等哺乳动物并没有太大的区别。动物就像人类一样拥有推理能力，甚至是抽象的能力。它们甚至拥有初步的语言能力。尽管高级哺乳动物不会说话，但它们能够听懂人类的语言。”他在书中还讨论了猴子以及比猴子高级的猿类的语言。

最后，他对这一证据做了总结，认为人与动物在这方面仅仅存在程度上的差异，“低级动物与人类的区别仅仅在于，人更擅长将各种声音、各种思绪联系在一起”。他还总结道：“无论人与动物在程度上的差异有多大，我们都没有理由将人类置于一个不同的国度。”

这里还有更多的证据阐释这一点，但我没有时间展示给各位。我想从下一节内容开始，首先给大家充分地展示达尔文的证据供大家思考：人类在智力和身体方面，与其他动物是否只是程度上的区别。然后再增加一些在过去50年间，关于动物学习、语言和思维的实验研究及结论，这些都可以为达尔文的论点提供更多的论据，也是对进化论强有力的佐证。

但想让这个结论站住脚，前提是这些证据无可争议的话，那么问题就解决了，达尔文的理论是唯一正确的，同时再无其他新学说产生的必要。但我要说的是，这些证据并不是无可争议的。下一节一开始，我就会证明这一点。

回应达尔文

在上期节目中，我还没有提供证据来证明达尔文关于人的本质和起源的观点。这次我想先解决那个问题，再拿出反方的依据。

我曾重点强调过，达尔文的论点不仅停留在人类和猿类在解剖学和生理学的相似性，也不仅仅依赖于胚胎学和化石提供的证据。他知道，即使证明了人与猿或其他动物在生理方面存在量的差异，如脑电波的数量，但这些证据还不足以完全证明他的观点是对的。达尔文认为，争论的关键就在于人类与其他动物在心智方面的异同。在《人类的由来》第三章的开头，达尔文说："我的目标是证明人与其他高等动物在智力上并没有本质上的区别。"他知道，只有建立起人和其他动物之间的心理连续性，人类起源才能成立。

在《人类的由来》第三章和第四章中达尔文提供了关键证据，他写道："人和高等动物之间的心智上的差异尽管很大，但肯定只是程度上的区别，而非本质不同。"

为了论证这个观点，达尔文找到了哪些证据？几乎全都是对人类和动物行为的对比，结果只是回答了人性与动物性之间的同与不同。例如，达尔文给出了这样一个证据：动物和人类一样拥有理性，只是程度较低；动物和人类一样可以使用工具，但只是方法更低级；动物也有语言和交流能力，但只是语言更原始。

自从达尔文时代以来，实验动物心理学家在实验室内进行的动物研究，其间收集到的所有证据都倾向于证实达尔文的结论。例如，所有这些关于动物学习能力的实验与研究表明，动物能非常聪明地解决心理学家给它们出的各种难题。

接着，人们对动物语言与交流能力进行了大量的研究。稍后我会提到耶基斯[①]做过的工作，他研究了黑猩猩的语言，表明黑猩猩的语言非常复杂。但第一次世界大战期间，德国伟大的心理学家沃尔夫冈·科勒[②]在特内里费岛上所做的研究更加可怕。他将一只黑猩猩关在笼子里，在笼子顶部挂了一些香蕉，又在笼子周围随意放了一些箱子。然而，这只黑猩猩先把这些箱子一个个摞起来，然后再爬到了箱子上，在箱子倒下之前它伸手够到了香蕉，扯了下来。

另一只黑猩猩也被关在笼子里，笼子外放了些香蕉，但它的胳膊够不着，与此同时有人往地上扔了两根竹竿。起初，它试着用一根竹竿去够香蕉，但失败了。接着，它又试着用另一根竹竿，结果还是失败了。黑猩猩退了回来，坐下后把两根竹竿都拿在手里盯着看，然后试着把竹竿并排放在了一起。在看到两根竹竿并排在一起时，它又发现可以把一根竹竿插进另一根竹竿里。最终，它做出了一根比两根竹竿中的任何一根都长的竹竿，并成功拿到了香蕉。

好了，如果我刚才给大家汇报的这类证据都是无可争议的，那么我认为从科学角度看，人类的本质和起源问题将会得到解答。但正如我上次告诉大家的那样，我并不认为它是无可辩驳的。事实上，我现在正打算就这个问题提出质疑。人类与猿类和其他所有动物在心智方面存在本质的区别。接下来，我会从三个方面论证这一说法。

---

① 罗伯特·耶基斯（Robert M.Yerkes，1876—1956），美国心理学家、行为学家、优生学和灵长类动物学家。他是人类和灵长类动物智力以及大猩猩和黑猩猩社会行为研究的先驱，与约翰·D.多德森一起研究并提出了耶基斯-多德森定律。

② 沃尔夫冈·科勒（Wolfgang Kohler，1887—1967），德国心理学家和现象学家，为格式塔心理学的创建做出了贡献。

只有人类才会做的三件事

我想请大家特别注意一下只有人类才会做的三件事：创造艺术、遐想、政治结盟。

好了，我将完全按照达尔文的方法，将人类行为和动物行为做一对比。但可能会得出相反的结果。因为我在对比人类和动物的行为时发现了三种有且只有人类才会做的事情，反向证明了人类有一种独特的心智，也就是理性推理能力。如果这一点能成立，那么人类是理性动物的说法也就成立了，这意味着只有人类是理性的，而不是人类比其他动物拥有更多的理性，以及更强的推理能力和更高的智力。

通过人类行为如何论证出不可见的理性其实是存在的？我们是否有权说这些证据可以证明人类具有理性？我想告诉大家，这些证据中有两个关键点能够表明人类具有理性。第一，人类的行为是否极难预测；第二，任何动物是否都不像人那样具备特殊的理解能力，也就是对万事万物普遍性的理解，以及对事物的普遍性方面的掌握。

只有人类才会创造艺术

我们先来讲第一点：只有人类才会创造艺术。

劳埃德 · 卢克曼：说到这一点时，大多数人的第一反应就会反驳您的看法，我们都知道蜘蛛结的网有多美，我们见过完美的蜂巢和海狸修建水坝时的卓越建造才能。那么，您怎么能说只有人类才能创造艺术美感呢？

莫提默 · J. 艾德勒：我对这个反对意见的回答是，首先我并不关心“美感”这两个被你说得很诗意的字眼，用来形容动物卓越的生产方式，因为蛛网通常比人类织造的任何花边都更加完美、更加精妙。然而，这是因为动物生产方式卓越。我是说，动物生产靠的是本能，而人类的生产可以靠艺术。靠本能还是靠艺术，这正是人与动物之间全部差异的关键，因为动物出于本能，而人类艺术则是理性思维的结果。

动物凭本能而人凭艺术，如何说明这一点？某些物种的动物，无论是海狸、蜜蜂还是鸟类，它们一代又一代生产的东西，都完全是一样的，因为本能不会发生任何变化。然而，在人类生产中，人类创造的艺术在不同的部落中呈现出不同的形态，在时代更迭中不断进步和完善。

我们上周收到的一封观众来信就说明了这一点。这封信来自托马斯·麦克格尼，他是圣马特奥的一名高中生，这封信写得非常棒。年轻的麦克格尼引用了法国博物学家、昆虫研究专家亨利·法布尔[①]的话，说："蜘蛛终其一生，都不会对结蛛网做任何的改进。此外，现在生活在地球上的蜘蛛，其织网方式与它的祖先，与一百年或一千年前织网的方式是相同的。与此形成对比的是，在一个人的一生中，他可以在任何艺术领域提升创作能力，而在历史进程中，人类的艺术造诣同样是不断进步的。这表明，"正如年轻的麦克格尼先生说，我同意他的看法，"这是人与动物之间不可逾越的鸿沟。"

但看待这个问题还有另外两种观点。首先是达尔文说，动物会使用最基本的工具，的确如此。在他的描述中，猴子会用石块作为武器或用石头来砸坚果。以及我之前提到的，黑猩猩将两根竹竿制作成工具，然后成功吃到了香蕉。这些都足以证明动物确实会使用工具，因此我们不应该说，人类是唯一会使用工具的动物。但是别忘了：人类是唯一会制造机械的动物。

什么是机械？想一想家具厂生产家具的情况，想一想生产汽车的流水装配线。人类制造了一种机器，并将设计蓝图上标注的机器参数

---

① 亨利·法布尔（Henri Fabre，1823—1915），法国博物学家、昆虫学家、科普作家，以膜翅目、鞘翅目、直翅目的研究而闻名。

输入到机器中，这台机器就能无限地生产出大量相同类型的零件、家具，甚至是汽车。这表明，人类能够区分个体生产与集体生产，人类不光能生产满足个体所需的物料，他们把物料放进机器，机器就会批量生产。这显示了人类创造的艺术性，在这一过程中可以看到人类可以掌握普遍规律，制订生产计划，想出各种创意，而不仅仅是完成单个任务。

关于人类创造的另一个观点是，只有人类才能制造出精美的艺术品。卢克曼提到的那些东西，如海狸的水坝、鸟窝、蜂巢，都是能够满足生理需要的东西。只有人类才会制造完全不是用来满足生理需要的东西。这些东西是为愉悦或享乐而造的。大约2.5万年前生活在法国南部洞穴里的克罗马侬人，他们在洞穴墙壁上用木炭画了驯鹿，在我看来他们是真正的人类，因为克罗马侬人在那里所做的事情，完全是为了乐趣而不是为了生存斗争中的任何生理需要。所以，人类制造有别于动物制造。

只有人类才会遐想

现在我将拿出第二份证据——只有人类才会遐想。

劳埃德·卢克曼： 虽然您刚刚已经给我们列出了许多非常有说服力的证据，但您刚刚提及的几位学者，在我看来他们着重强调：动物的确会解决问题，而解决问题是智力的另一种表现。在谈及智力时，您说道："一个学生或一个动物在解决问题时动用了哪种能力？"如果强调解决问题的能力等同于智力，而智力意味着思维，那么因此我认为动物也会遐想。

莫提默·J. 艾德勒： 请注意卢克曼先生刚才提到的"动物解决问题"，它们的确会这样做。事实上，所有的动物思维都在解决问题的过程中产生。

动物解决的所有问题，都是由于基本的生理需要而产生的问题，它们必须解决这些问题才能在生存竞争中存活下来，它们可能会反复试错或像科勒实验中的类人猿那样，通过观察来解决这些问题。

人类也用这种方法解决类似的问题。把一个人关在一个房间里，有人锁上门，封住窗户，从门缝把烟灌进屋内并大喊“着火了”，被锁住的人则会惊慌失措，拼命摸索然后像动物一样从房间里爬出来。

但重点是人类还会用另一种方式思考。

人类会思考一些无关生存的问题，比如数学问题、哲学问题，以及任何理论科学或思辨科学的问题。

人类在思考这些问题使用的是另一种思维模式。动物在解决问题时会动用各种感官和四肢，跑来跑去。但是人类的思维方式是不同的。相信说到思考，大家会想起罗丹的雕像。这是人类思考时的姿态，他的身体是完全静止的，因为只有人类才会坐下来思考轻重缓急。

我一开始就说过，只有人类才会遐想。为什么我说“遐想”（discursively）呢？因为这个词与“话语”（discourse）有相同的词根。我的意思是，只有人类的思维是以语言为主的抽象思维。现在，你可能会联想到我前面说过的，耶基斯发现黑猩猩拥有一种相当复杂的语言。猴子之间的确会聊天，而作为最高级形态的猴类，黑猩猩之间必然也会聊天。但猴子们叽叽喳喳聊了些什么呢？耶基斯教授发现黑猩猩的语言中，词语主要用来宣泄情感，表达需要、痛苦、快乐、愤怒、仇恨、饥饿和性欲。人类也有类似的叫声“噢、啊、哎呦”。但我们还有一种有语法的语言，它通常以抽象的形式存在于我们的思考过程中，无法眼观手摸，只能心领神会。人类的语言是唯一有语法的语言，其中包括词性和句式。所以，如果有朝一日，一只猴子或黑猩猩开始说话，哪怕只说了一句，我也会心甘情愿地承认人和猿之间只是程度上的区别。

只有人类才会政治结盟

现在，我来谈谈我的第三个主要证据——只有人类才会政治结盟。

劳埃德·卢克曼： 当您说出这句话时，我的第一反应是强烈反对这句话背后的意思——动物不会结盟。在昆虫当中，不管你想到的是黄蜂，还是白蚁，抑或是蚂蚁，它们不仅具有群居本能，还在群体内部形成了庞大的、有等级之分的威权结构。这再次证明，动物与人类行为有直接的相似之处。因此，我的问题是，您将如何应对反对意见，从而证明自己的观点，即只有人类才能结盟?

莫提默·J. 艾德勒： 我说的并不是只有人类才能结盟。我也没有说过只有人类才是群居动物。你说的也没错，还有许多其他动物具有社群性和群居性。但我说的是，“只有人类才会政治结盟”，人类是唯一的政治动物。

我来解释一下，除人以外的所有动物都是出于本能在社交或群居。蜂巢或蚁群都是依赖于本能集结成群，这一点无论经历多少代都不会发生改变。但人类靠理性制定了各种公约、宪法、法律、规范，并在生活中遵循这些规则。这也导致了人类的家庭或国家、政治社会、不同部落、不同文化、不同时代之间存在着巨大的差异。

没有任何动物能像人类这样，既能制定宪法和法律，还能依照宪法和法律生活。这就是人类理性和自由的证据。事实上，我不应该说人类是唯一懂政治的动物，而应该更准确一些，人类是唯一受法律制约的动物。

有什么反对意见吗，劳埃德?

劳埃德·卢克曼： 我还有一两个不同意见。以婴儿为例。人在婴儿时期并不是理性的，但婴儿仍然是人类。进而延伸出另一个问题，有些人很不幸，他们有智力障碍等问题，因此处于一种非理性的植物状态，并被称为植物人。那么我们还能将他们称为人或理性的人吗?

莫提默·J.艾德勒：我确信很多人会提出类似的反对意见，我的答案是，婴儿和智力障碍者显然是人类，我们应该像法律界定何为谋杀那样将他们视为人类。尽管理性思维在婴儿身上尚未达到可用的程度，即便智力障碍者因为病理障碍无法正常使用理性，但婴儿和智力障碍者都拥有理性的潜能。

请大家设想一个婴儿和一头猪。在婴儿身上看不到比在猪身上更多的理性，他们的行为方式非常相似。但他们之间有一个非常重要的区别：婴儿通常会成长为一个理性的人，但那头猪却绝对不会。或者以智力障碍者和动物为例，现代医学已经能够治愈智障者——例如，我们能够治愈蠕变白痴，也许有一天我们也能治愈小儿唐氏综合征。但猪这种愚蠢的动物是不会被治愈的。这表明婴儿和智力障碍者身上存在理性的潜力，而动物身上是不存在这种潜质的。

最后我想再补充一下，当我们说人是理性的动物，并不是说人总是理性的，也不是说人的行为总是理性的。然而有趣的是，只有在形容人类时我们才会说不理性或不可理喻，因为只有人类才可能发疯或变成神经质。

劳埃德·卢克曼：稍等一下，我们有证据表明，心理学家能够使迷宫中的老鼠感到沮丧和神经质，所以这并非人类独有的精神症状。

莫提默·J.艾德勒：你提到的实验非常有趣。的确，近年来，心理学家用动物做实验，通常是老鼠，有时是猫，通过折磨它们使其出现了心理学家所说的精神问题。事实上，在人为制造的强烈冲突下，动物因为条件反射在冲突的高压下崩溃，从而产生了一种严重的挫败感，我承认这看起来的确像是应激障碍症。但想想其中的区别，只有心理学家才能让老鼠得上某种类似的精神疾病。老鼠、猫和其他动物自己就不会这样。但没有精神科医生的辅助，人类也会变成神经质。我认为这非常明显地证明了理性动物和老鼠或猫之间的差异，理性动物会变得非理性、不理性、疯狂、神经质，而可怜的老鼠或猫则需要一位心理学家干预才会感到心烦意乱。

在接下来的讨论中，我将对这些问题做个小结并尽可能谨慎地论证双方的证据。

10 人类的独特性

上次节目中，我给大家说到了关于动物智力，尤其是关于黑猩猩的观察力的实验证据。之后，我接着提出了三点证据，证明有且只有人类具有理性，它们分别是：只有人类才会创造艺术；只有人类才会遐想；只有人类才会政治结盟。

只有人类拥有历史

关于这第三个证据，我还需要补充两点。首先，只有人类才拥有不断延续、不断变革的历史。我来解释一下这个观点。除人以外的所有动物，它们的传承主要是生物遗传，是一种包含在精血中的生理性遗传。但是人类，除了继承祖先的生物遗传外，还继承前人留下的文化、思想和制度等宝贵遗产。

米尔谷的波斯特尔夫人在寄给我们的信中提出了这样一个问题：“人类能够记录下各种人类活动中所产生的一系列思想和实验，并留给后代，这个事实难道不能说明人与动物具有类的区别吗？”

波斯特尔夫人说到了关键。没有思想和制度的传承，就不可能有历史，所以在万物之中，只有人类才是历史性动物。这又指向了我的第二个附加观点，那就是只有人类具有生存和生活之分。就所有现存动物来说，它们在生存竞争中活了下来。因为，它们在一定程度上或多或少成功地满足了自己的生理需要。但只有人类才过着两种不同的生活。事实上，地球上只有人类拥有两种不同的生活——史前人类过着与野兽或牲畜一般的原始生活，而拥有了历史的人类过上了文明的生活。

人类之所以能够过上两种不同的生活，是因为自然界由两个不同的原则组成：兽性与理性。我认为人拥有两种生活方式这一事实恰巧回答了约翰·马洛先生的来信。住在旧金山的马洛先生说，史前人类虽然没有做现代文明人所做的一些事情，却仍然属于人类。但史前人具备做这些事情的潜能，就像婴儿具备理性的潜能一样。然而潜能的发展或成熟并不能算作是进化。

只有人类是理性的

上次给大家摆出的三条证据和刚刚补充的证据，都证明了有且只有人类是理性的。

劳埃德·卢克曼：艾德勒博士，在我看来您一直在片面地论证一个观点。就像在人类与动物做对比的时候，您允许人类为自己辩护，提供证据证明自己，但从未问过动物们对这件事有什么看法。这让我想起伯特兰·罗素[①]评论穆勒《功利主义》（*Utilitarianism*）一书中的一句名言，穆勒写道："做一个不满足的人比做一个满足的猪好；做一个不满足的苏格拉底比做一个满足的傻子好。如果说傻子和猪有不同的看法，那是因为他们能看到问题的一面。"而伯特兰·罗素对这个问题的评论是，"没人问过猪对这个问题的意见"。所以，您看，就像我说的没人问过动物对自己和人类之间的差异有什么看法。

莫提默·J. 艾德勒：这个观点很棒，可以同时解决两个问题。就在这个星期，伯林盖姆的比科尔先生给我们寄来了一份《时代》

① 伯特兰·罗素（Bertrand Russell，1872—1970），英国哲学家、数学家和逻辑学家，他一生致力于哲学的大众化，曾在三一学院、剑桥大学担任哲学教授。

（*Time*）杂志的剪报，报道说澳大利亚的花亭鸟正在装饰自己的鸟巢。你还记得吗？我上周说过只有人类才会创造艺术，制造物件只为享乐而不是为了使用。但根据《时代》杂志的这段剪报，花亭鸟研究人员说：“有时你可以看到花亭鸟完全沉迷于装饰艺术，仅仅是为了娱乐和招待朋友。”我希望我们能问问那些花亭鸟，对自己的巢这么小题大做是为什么。我敢打赌，如果花亭鸟会说话，它们对这个问题的答案，可能会站在我这边，而不是站在认为花亭鸟是优秀艺术家的一边。

在我看来，劳埃德，问题的关键并不在于我们在对人提问还是对动物提问，它完全取决于观察研究对象的行为，无论是我们的行为或鸟儿的行为。最终由行为得出结论，人类做什么，动物不做什么，而不是人类说自己做什么，动物不会说这些。

但你的反对意见，为所有人展示了一个非常重要的逻辑问题——反对意见无法成为最终结论，因为我们永远无法验证所谓的反对意见是否出自失败的观察或实验。幸运的是，我们可以从观察到的人类的行为中推断出人类的能力。不幸的是，我们无法观察到所有动物的行为，但我们不能因此就断定，动物不具备人类的某些能力。

请注意，我说的是我们无法断定。但在科学研究中，我们从不期待得出任何百分百确定的结论，我们能得到的只有可能性。所以，接下来我将从可能性与确定性的关系出发，通过两边给出的证据来总结这个意义重大的问题。

首先，从生理层面看，这些证据似乎是压倒性地相信或认为，人类的身体与其他动物的身体只是程度上的区别。这一点得到了来自胚胎学或考古学的支持，我认为这些证据都让达尔文的人类进化论变得更加可信。但就人类的心智而言，我认为同样有大量证据表明人类与动物的智力存在本质上的区别。

动物的智力是一种感性智力，在知觉、记忆和想象方面很活跃。人类也具有这方面的智力，但事实上动物通常具有比人类更强、更敏锐的知觉能力或更长久的记忆力。可即便如此，动物仍不具备人类独有的抽象的或理性的能力。

劳埃德 · 卢克曼： 就您刚才所说的，我想问两个问题。首先，关于人类的身体，您说人类与动物仅仅是程度上的生理差异，这种说法等于在支持达尔文的进化论。如果人类与动物在智力方面存在本质上的差异，这对于达尔文的假说有什么影响？然后，我的第二个问题是，人类只能有一种本质，不可能有两种，那么人类又怎么可能有一种以上的起源？

莫提默 · J. 艾德勒： 我来按顺序回答这两个问题。首先，如果自然界中不存在与人的心智本质相同但程度不同的东西，那么在我看来，人的心智并不是自然进化来的。

在《物种起源》的最后一章中，达尔文说："本书所提出的观点何以震撼了任何人的宗教情感，我却看不出任何合适的理由。"[①] 他还提出了一个没有正确答案的问题：所有生命是以某种独特的原始形态衍生而来，还是由神创造的呢？在他的最后一段，事实上，是最后一句，他说："生命及其蕴含之力能，最初由造物主注入到寥寥几个或单个类型之中；当这一行星按照固定的引力法则持续运行之时，无数最美丽与最奇异的类型，即是从如此简单的开端演化而来并依然在演化之中；生命如是之观，何等壮丽恢弘！"[②]

如果按照达尔文的说法，神能够创造出有别于无机物的有机的生命，那么神也能够创造出人类的心智和理性的灵魂，这种心智和灵魂也称为人类所特有的，将人类与其他生命形态区别开来。

我现在回到人类这个大问题的意义，即它的理论意义，以及它如何影响你的思维。我想直截了当地问你，关于人类的大问题，你认为是否有确定答案？还是说可以开放讨论？以我的经验，大多数受过教

---

① 引文参照苗德岁翻译的《物种起源》，译林出版社，2013年版。
② 同上。

育的人都确信自己是正确的。

一种关于人类本质与起源的固化思维

记得在芝加哥大学任教师时，我向生物系的许多学生和教员做过这一主题的报告。我在讲座结束时发现，大多数高年级学生与生物学和进化论领域的科学家，他们竟然从未听说过任何反对达尔文学说的观点，这让我感到震惊。

而最近几周，我再次听到收看节目的观众说，无论是上学期间还是和他人的讨论，他们也没有听说过任何反对达尔文的证据。在我看来，这是一种非常可悲的状况。这种片面性和封闭性，是一种毫无根据的教条主义。按照已故的阿尔弗雷德·诺斯·怀特海[①]的说法，这种教条主义完全违背了真正的科学精神。

怀特海告诉我们，他的一生都在极力避免这种教条主义。在他年轻时，也就是19世纪末20世纪初，他也曾对牛顿的理论被推翻而感到震惊。因为在此之前的几个世纪，人们一直认为牛顿的运动定律就是关于物理宇宙结构的最终答案。然而到了20世纪，现代物理学推翻了这种说法。这件事也让怀特海从教条式的麻木状态中幡然醒悟。他说："每一历史时期的人类都幻想着他们这个时代的信仰就是最终定论，无论他们是信仰的支持者或反对者。没有什么比这更让人感到奇怪的了。"然后他补充说："此时科学家和怀疑论者就是教条主义者的主力军。然而，这种教条主义也是哲学探索的终结者，因为关于基本问题的讨论永无尽头。"这段话同样适用于人的本质和起源的问题，不是吗？和牛顿一样，达尔文也有可能是错的。

我并不希望说服大家，我也不期待通过几场简单的系列讨论就能

---

① 阿尔弗雷德·诺斯·怀特海（Alfred North Whitehead，1861—1947），英国数学家、哲学家，提出了"过程哲学"。

让大家相信达尔文是错的。但我想让你们相信，这个问题本身远未结束，双方都有证据，但我们更有理由去论证各方提出的证据。我一直在反思自己，同时也想问大家，我们是否陷入了教条主义？我认为部分原因在于，我们在学校里接受着相当刻板的科学教育。另一个原因是，进化论帮助人们从宗教束缚中解放出来，使人有理由不再相信上帝以自己的形象创造了人类并赋予人类尊严与特殊的命运，比如接受神的赏罚。

劳埃德 · 卢克曼： 您刚才提出的这个问题仅仅是理论上的，还是说它也与现实层面有关？实际上，它的现实意义比理论意义更重大，不是吗？因为它对人类行为和感情的影响，不比它对思想的影响少。

莫提默 · J. 艾德勒： 不管是否相信上帝创造了人并赋予人特殊命运，这个说法都对人的生活行为产生实际且深远的后果，这是许多人希望避免的。但这种说法也产生了另一种许多人希望的后果。这使我想从实际角度来考虑这个问题，从某种意义上说，这正是我现在主要的兴趣。

达尔文主义与人类尊严不相容

接下来，我们开始从现实的角度思考这个问题。请大家与我一起面对一个事实，西方文明中的道德、政治、司法和宗教，它们都建立在人有别于动物的基础上，这是所有人都知道并且每天都在遵循的。我们对此毫不怀疑，我们绝对不会把鞋子称为人，哪怕是我们心爱的家畜或宠物也不会将它们称为人类。因为我们知道人与物是有区别的。而且，我们承认的这种区别不仅仅是程度上的，而是本质区别，因为我们不会形容某个对象可能是个人也可能是个物品。人与物之间有着明显的界限，就像人作为理性动物有别于其他动物一样，两者之间存在本质的区别。

从人不是物这一事实可以发现，人之所以为人的根本属性在于人具有尊严。如果人不是人，他就不会在世界上有特殊的尊严或特殊的地位，不论是社会地位还是政治地位。物就没有这样的尊严，也没有这样的地位。此外，我们所要求的人的权利和自由，自然权利和法律权利，自然自由和法律自由，这些都不属于任何物体，只属于身为人的人类。只有人才需要负道德责任，但物体不需要。总之，人格是人人平等的本质，也是优于其他动物的本质。

当《独立宣言》说“人生而平等”时，更深层次的含义是指所有的人都拥有平等或相似的作为人的品质或特征。人的平等是作为人的平等，只有人才能获得权利、优待和自由。这一点不仅是我们理解人人平等的基础，它也是我们理解人比其他动物高级的理论基础。

公平要求我们平等地对待同类，有区别地对待非同类。当一类比另一类优越，或一类比另一类低等，公平会要求我们区别对待非同类。现在我要说的是，如果人类并不是本质上优越于其他动物，那么我们区别对待人与动物的正义原则，则变成了错误的标准。那么，我们不得不修改对待人类与动物的标准。

现在，我们总说人类是一种高级物种，这一说法进一步验证我们将人类视为生命进化的终端，而其他动物或别的什么东西仅仅是为人所用的“手段”而已。而人与人之间，因为所有人都平等地属于人类这个范畴，所以每个人都必须将其他所有人视为与自己同等高级的物种。

但假设人类只是在程度上比其他动物高级，人类是高等动物，而其他动物则是低等动物。与此同时也证明了高等动物可以将低等动物当成一种手段充分利用，那么按照这个标准，压榨、奴役甚至杀戮也变得无罪了。

最后，我要谈谈具有现实意义的一个观点，西方三大宗教的正当性。西方有三大宗教，犹太教、伊斯兰教和基督教（天主教和新教是基督教的两大形式，凡是信仰耶稣的教派都称为基督教），它们的正当性取决于上帝是否真的按照自己的形象创造了人类，并赋予人类尊严和特殊命运。如果这个命题不成立，那么我们应该抵制犹太教、伊斯兰教和基督教，将其视为无聊的神话。

我并不是要求大家接受我所说的西方道德、政治、法律和宗教信仰是真理，从而断定达尔文对人类起源和本质的理论是谬论。而是希望告诉大家我们要在这两点间反复论证。两者不可能都是真理，你无法在坚守宗教、政治和道德信仰的同时，又支持达尔文关于人类的起源和本质的学说。

我认为人的行为应该与他所相信的保持一致。我们不该一边支持达尔文的学说，但实际行为却在证明达尔文错了，一边享受着生而为人的尊严和优待，但同时却否认拥有这些尊严及优待的事实。如果我们真的这样做了，那么我们该为自己的虚伪感到羞愧。

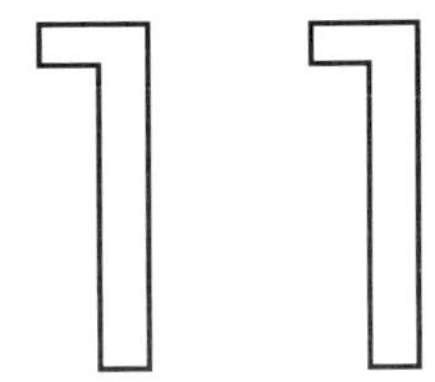

如何思考情绪

我们将思考情绪这一大问题。

关于情绪，有时我们称其为激情，有时又会用其他词代替，如情感或感觉。但说到情绪时，我们往往指的是如愤怒、恐惧、爱、喜悦和悲伤之类的东西。

现代研究情绪的方法与古代大有不同。在现代，情绪是心理学和生理学的研究主题。生理学家和心理学家关注的，主要是描述人和动物具有的各种情绪，以及唤起情绪的各种条件和情绪变化的过程。但在古代，关注情绪问题的不是心理学或生理学，而是另外两个学科：伦理学和政治学。因为在古代和中世纪，事实上，差不多直到现代，对情绪问题的关注主要是对道德的关注，而不是与情绪相关的事实、如何控制、应对情绪。

情绪是蔓延在身体里的不安

我们暂且不提道德的情绪，而是从心理学角度来讨论或描述情绪问题。从古至今凡是学习这门功课的学生都认同这一事实：情绪或感情并不像快乐和痛苦这样简单，而是非常复杂的器质性干扰，一种在身体里蔓延的不安。我认为虽然说情绪就是不安，这听起来有点奇怪，但的确如此，它会引起人的内部器官和外部体征的变化。

古人和现代人都知道这一点。亚里士多德在最开始研究情绪时，他就清楚地意识到，除非心动，否则人不会因某物而情绪起伏。然后到了中世纪，阿奎那的表述更加清晰，他发现人在产生激情时，身体也会随之变化。比亚里士多德稍晚些时候，研究了血液循环现象的英国内科医生兼生理学家哈维[①]说：“在经受情感、欲望、希望或恐惧时，我们的血液会四处流动，面部似乎也会跟着发生变化。愤怒时，我们的双眼发红，瞳孔缩小。”但哈维说错了，愤怒时瞳孔会放大，“害羞时脸颊绯红。恐惧和遭受屈辱时则会面色苍白”。

古人已经发现了情绪是一种身体上的紊乱，基于这一点，古人又有了另外两个新发现。他们把“激情”当作“情绪”的同义词来用，其中一个原因就是，激情与行为相对，是一种身体受到外部因素影响而被动产生的情绪，某些外因甚至会引起我们身体变化，使我们痛苦不安。所以我们情绪激动时，身体也会承受一些伤害。另一个事实是，情绪是一种对身体内部深层次的干扰，只有人和动物才会遭受情绪的折磨。所以也不应该把情绪和上帝联系起来。当有人说上帝震怒了时，还有一层意思是上帝受到了愤怒的情绪带来的伤害，但这是完全不可能发生的，因为情绪是对肉身的干扰，精神存在无法产生情绪。

现代人对这一事实的看法有点偏差，因为威廉·詹姆斯和欧洲心理学家C. G. 兰格[②]及所谓的詹姆斯-兰格情绪理论。威廉·詹姆斯在他的心理学巨著中说：“我们逃跑，不是因为感到害怕。相反是因为我们逃跑了，才产生了害怕的情绪。”我来给大家读一下詹姆斯的原话：“情绪体验不过是一种对身体变化的感觉，伴随着对身体外部刺激的知觉。”常识告诉我们，我们遇到一头熊后会感到害怕，然后选择逃跑。但根据威廉·詹姆斯的说法，我们不是因为害怕而奔逃，而是因为身体发颤和奔逃而感到恐惧。

---

① 威廉·哈维（William Harvey，1578—1657），英国医生，实验生理学的创始人之一。他根据实验，证实了动物体内的血液循环现象，并阐明了心脏在循环过程中的作用。

② C.G.兰格（Carl Georg Lange，1834—1900），丹麦籍医师。他为神经病学、精神病学和心理学领域做出了贡献。

无论是我们的常识还是詹姆斯的说法，从某种意义上看它们都没错。到了现代，人们在心理实验室和生理实验室中，通过技术精确地测量和记录了人在情绪激动时身体的变化情况，对这个问题进行了更深入的研究。

希望大家能允许我谈一谈自己在这方面所做过的工作。年轻时，我在心理学实验室花费了大量的时间从事心理和生理研究工作。其中一项工作就是研究情绪生理学。我简单描述一下我们做过的实验。在情绪发生变化或情绪激动时，人除了会心跳加速、呼吸加快，还会改变我们的血压、血液流动的速度、瞳孔大小，以及内、外分泌系统。例如，汗腺开始起作用时，大量血糖进入血液，肾上腺素从内分泌腺涌入血液。所有这些变化都是在情绪激动时发生的。在实验室的实验中，我们把各种仪器绑在了受试者身上，当他被一把左轮手枪抵住后脑勺，或被一条蟒蛇缠住了脖子，或有人踢了他的小腿让他发怒时，他的情绪反应和所有的身体变化情况都会立刻被记录下来。

接着，我们发现了一件神奇的事情——无论是恐惧、愤怒、爱还是震惊，生理变化完全相同。当情绪激动时，这些身体反应就会发生。那么你可能会问我，“为什么我们对愤怒、恐惧、爱的感受不同？”答案是，因为这些不是因为身体变化而产生的感觉，而是因不同外界刺激产生的不同情绪，是身体想要接近或远离刺激源时所产生的快乐和痛苦的感觉。正是这些原因使我们产生了愤怒、恐惧、爱、喜悦或悲伤等各种情绪，但这些并不是真正的内在的生理变化，

情绪是一种本能

情绪是三重本能反应模式的中间阶段，这种反应模式总是以感知某一客体为起点，以某种身体反应或外显的动作为终点。

比如，一个人感知到了某种客体，这个客体激发了他的愤怒情绪，

最终以打了一架而结束。从发现激怒他的客体开始，到通过打斗反击客体为终点，在这两者之间还有一个环节，就是人的内心产生了情绪。这种情绪反应有两个方面：一是冲动的方面，就是由这个客体在他身上激起的愤怒情绪往往会激发他的身体，使他想打架；二是，愤怒是由这些动作本身产生的感觉。

在我看来，情绪是一种本能。首先我希望大家能够明白“本能”的含义，它是我们与生俱来的。情绪和感觉一样，都不是后天习得的。例如，你不需要教小孩子甚至是婴儿如何看到蓝色。只要孩子的眼睛是睁开的，视力正常，这个孩子自然会在面对蓝色时看见蓝色。我们也没有必要教孩子如何感到恐惧，我们把恐怖之物拿到孩子面前，孩子无需学习就会感到害怕。

在动物身上，这些与情绪有关的本能模式相当复杂。想一想猫对老鼠的本能反应。这是一种非常精妙的反应模式。同样羊对狼的反应，即恐惧和奔逃的反应也是一样的。一想到狼或闻到狼的气味，羊就开始害怕、奔逃。

相比之下，人类则简单许多，我们只对个别几个客体产生本能的反应。例如，如果有人抓住一个婴儿不放，婴儿的本能情绪反应就是发怒，会因为身体受到了约束而疯狂地踢闹。婴儿也会在以下两种情况下感到恐惧。一种是比如听到很大的噪声，孩子会哭，会害怕。另一种情况就是缺乏安全感时。

人类情绪虽然是一种先天本能，但也很容易在后天发生改变。低级动物几乎不大可能有情绪方面的训练或学习，所以在动物个体成长和生命历程中，它们的情绪几乎没有变化。但人类不同，在情绪方面我们需要学习大量的东西。

成人通过经验和思考获得的某些东西会改变我们自婴儿期或童年时就有的情绪反应特征。例如，我们长大后，开始对某些事物产生恐惧，而这种恐惧并不是在我们出生时与生俱来的。人们对高处的恐惧、对特定气味的恐惧、由特定景象引起的恐惧等，这些因感知能力而不断累积的经验改变了我们的情绪反应，都不是与生俱来的，而是后天习得的。

但我们也在成长过程中，在家庭、社区、学校经历各种社会训练时，逐渐学会了控制情绪反应并改变了我们的行动方向。事实上，我们经常抑制这种行为，好让它不要像孩子那样轻易地表现出来。例如，我们不会像孩子那样哭闹，也不会像孩子那样发脾气。这是因为我们在成长和磨炼中学会了如何控制情绪。在知觉和行动两个方面，成人的情绪与儿童的情绪不同，而且因为每个人的人生经历不同，累积的经验与磨炼也不同，所以成人之间也有很大的个体差异。我们惊奇地发现，成人与其他成年的动物相比，在个性、情感强度、情感生活总体模式方面，不同人之间存在很大的个体差异。

两种对立的人类情绪观

人类的情绪生活受教育的影响，因经验而改变，这一事实引发了一个基本的道德问题。从精神分析学的角度而言，这是一个基本的医学问题，即如何解决情绪的问题？随着人的成长，我们应该如何处理情绪呢？如何进行有效的控制和训练？现在我们来谈谈这个问题。

关于如何解决情绪问题，有两种根本对立的观点。这两种观点的共同之处在于，它们都认为在人的身上存在理性和激情的冲突，有时也被称为人性的高级和初级、理性和兽性之间的矛盾。所以，其中一个观点认为情绪完全是坏的，因为情绪是人的动物性的体现，是人体内一种相当原始的表达，因此建议将情绪从人的生活中彻底抹去；而另一种观点则认为，情绪是人性中自然而然的部分，没有好坏之分，主要根据控制或利用情绪的方式而变好或变坏。

第一个观点认为情绪是坏的，所以人类的美好生活是纯理性的生活。要想过上一种纯粹理性的生活，就必须消除或避免情绪。这种观点在某些东方神秘宗教中非常普遍，但不常见于西方，主要有三个重要代表：罗马的斯多葛学派、巴鲁赫·斯宾诺莎和康德。

接下来给大家读一读他们在这个问题上是怎么说的。斯多葛学派劝诫我们，“不要顺从身体的诱惑，也不要听任感官和欲望的驱使。要想生活得好，就要承担责任，要把那些乖张的欲望或率性的情绪抛开”。

几个世纪后，哲学家斯宾诺莎说，“人屈从感情，有如套上了枷锁”。经典的说法“人性的枷锁”正出自于此。斯宾诺莎解释说枷锁就是被感性情绪奴役。他说：“我把人在控制和克制情感上的软弱无力称为奴役。因为一个人为情感所支配，行为便没有自主之权，而受命运的宰割。在命运的控制之下，有时他虽明知什么对他是善，但往往被迫而偏去做恶事。”[①]只有运用理智，人才自由。

康德则说：“出于责任的行为，必须完全摒弃一切身体或情绪偏好造成的影响。责任就是遵守道德法则，即使牺牲我的所有爱好也必须遵守。”

我做个小结。斯多葛学派、斯宾诺莎和康德，他们都提出应该对激情采取自然消减的策略。人类应该削弱甚至消灭生活中的感性从而释放理性，避免思维受到感性的诱惑。根据这些思想家的观点，即使情绪完全被消灭，人类也不会因此而损失什么。

另一派的观点则大相径庭。他们认为在人类生活中理性和感性应该并存。因此，人类生活的目标，不应该是摈弃或完全消除这些情绪，而是控制它们。可以通过抑制泛滥的感性，正确引导感性力量在道德生活中的作用，从而更大限度地发挥理性。

第二种观点同样承认，人身上存在理性与感性、高级与原始的对

① 引文参照贺麟翻译的《伦理学》，商务印书馆，1998年版。

立。但第二种观点认为，我们不必通过完全消除情绪来解决这种对立。相反，它认为美好的生活并非纯粹理性的生活，而是符合理性标准的生活，即情绪在人的生活中所起的作用，受到理性思维和理性原则的控制、调节或约束，这样一来情绪和情绪的能量，便会在人的道德生活中起到某种作用。

亚里士多德借助道德的理论解释了这个观点。他认为，道德或美德只不过是良好的情绪习惯的体现而已。根据亚里士多德的说法，我们的问题不在于恐惧，因为恐惧没有好坏之分，是错误的事物让我们恐惧，或错误的事物过多，在错误的时间和地点导致错误的事物发生，这些让我们感到恐惧。一个被情绪控制的人，即便在天时地利人和一切都对的情况下，也会感到恐惧，而勇者则是心有恐惧却也能控制恐惧。把勇者视为没有恐惧的人是错误的。相反，勇者也会恐惧，只不过他是在合适的情况下，适度地恐惧人类应该恐惧的事情。

真正的恶是什么呢？是怯懦和它的对立面，即恐惧错误的事情，什么都害怕或什么都不怕。同样的道理也适用于另一种基本的品德，即节制，节制食欲、情欲或贪欲。而与之对立的极端情况就是没有足够的欲望。这些都是恶，是缺乏控制能力的表现。

好了，我马上会告诉大家，这不仅是亚里士多德提出的古老观点，像弗洛伊德这样伟大的现代心理学家同样认同，尽管弗洛伊德是用医学术语来谈论这些事情。例如，亚里士多德谈到理性和感性时，弗洛伊德谈的是自我和本我。亚里士多德谈到美德和罪恶时，弗洛伊德谈到健康、健康人、正直的人格和神经质。在弗洛伊德看来，心智健康、成熟的个性是因为控制了情绪，而不是完全地放任情绪。

我刚说过，弗洛伊德用了“自我”和“本我”。“自我”指什么呢？他的原话是“自我代表理性和谨慎，承担着外部世界赋予个体的期待”。弗洛伊德说得很清楚，“毫无疑问，精神分析疗法的一部分应该包括建议自由地生活、表达自己的观点、尽情释放你自己的情绪”。

他指出："在不考虑社会或现实要求的情况下，宣泄所有的情绪，就是回归到婴儿时期。"

道德层面的讨论要求人们应该节制情绪、欲望，在弗洛伊德这里被称为"驯化"情绪。这就好像情绪是一头野兽，必须经过训练才能懂规矩。弗洛伊德提出的成长概念，本质是一种驯化感性的概念，如同人训练野兽来服务于人类生活的目的。

现在，还有一点我想提请大家注意。对弗洛伊德来说，当一个人运用理性（弗洛伊德称之为现实原则）来控制情绪时，他的行为是合理的。这时，理性、理性原则与感性或情绪的关系便是适宜的。但如果一个人的行为方式很幼稚，这对弗洛伊德来说，就意味着神经质，如果他不靠理性约束，放纵自己的情绪，即便他能为自己的行为找个合理的理由，其实只是行为披上理性的外衣，本质还是一种幼稚的神经质，不能算作弗洛伊德所说的成年人或理性生活的理想状态。

激情与原罪

我们总在思考一个与情绪有关的重要道德问题：在我们的生活中如何训练和控制各种情绪。而这个道德问题涉及神学与基督教的原罪说。我先大概说一下基督教原罪说的要点。

这与亚当在创世之初所犯的罪过有关，亚当违背了上帝禁令，偷吃了能识善恶的智慧树果子。由于亚当的罪过，按照基督教的原罪说，所有人类都继承了亚当的罪过，所以人类天生具有堕落和罪恶的本性。

但真正重要的问题是亚当的本性，也就是他犯罪前的本性与神学中所说的人类堕落、罪恶的本性，这两者之间有什么区别呢？我现在只从基督教教义方面来讲，亚当的本性和人堕落的本性之间最重要的区别在于，人类生活和人类身体中理性和感性之间关系的改变。

在亚当犯罪之前，原始欲望完全服从于高级的品性，感性情绪得到了控制。那时的人类天真无邪，人性处于一种完美的和谐状态，不存在任何冲突，正如神学家所说，当时的人类拥有超自然的荣耀。但人类堕落后，根据基督教教义记载，现世的人类承受着原罪带来的后果，理性和感性之间出现了冲突。感性不再完全服从于理性，也不再与理性完美地统一。感性失控了，人也失去了对自身的掌控。这就是为什么我们需要培养道德品质，以形成良好的情感习惯和情绪习惯，学会控制情绪，正如弗洛伊德所说，就是要驯化激情。

阿奎那的一段话概括了这个观点，他说："人类从诞生之初就被规定为，只要他的理性服从上帝，他的低级能力不仅可以毫无阻碍地为他所用，他的体内也没有任何东西可以阻止身体皈依灵魂。但他违背了命运，他的原始欲望背叛了理性，理性背离了上帝，身体因此遭受了痛苦，损害了原本充满灵性的生命。"

12 如何思考爱

接下来，我们将讨论“爱”这一大问题。“爱”可以被分为四类来讨论：爱的种类、友谊之爱、性爱与爱的伦理。

我们可以思考一下这些问题：爱和欲望是同一件事，还是有区别的呢？脱离了欲望，爱是否存在呢？是欲望激发了爱，还是因为爱才会有欲望？

劳埃德·卢克曼：艾德勒博士，我还有一个问题，也许有点离题。上周有些观众告诉我，把爱视为一个“大问题”，这让人感到非常困惑。他们更愿意把爱看作是一种体验或感受，而不是一个议题。那么，如果他们不想把爱当成一个哲学命题来思考，您会如何回答呢？

莫提默·J. 艾德勒：好的，劳埃德，在我看来，爱是两者兼而有之。毕竟，虽然税收是大家都得缴纳、忍受和抱怨的事情，但我们也总是在思考和讨论税收这个问题，创造了不少关于税收的理论。同理，我们也可以有一套爱的理论。

关于爱，有两类经典著作：科学家和哲学家写的理论著述；诗人和史学家所写的关于爱和爱人的故事。这两种著述中都饱含爱的体验或是间接体验。我选取几个有名的关于爱或痴情人的文学选段给大家读一下。

先从帕里斯[①]和海伦[②]的爱情故事开始。大家知道帕里斯从特洛伊来，拜见了梅涅劳斯国王，结果掳走了国王的妻子海伦，把她带回特洛伊，此后她就以特洛伊的海伦而闻名于世，一说到海伦被绑架的故事，我们立刻联想到特洛伊战争，荷马创作的史诗《伊利亚特》也描写了这场战争。

另一个与爱有关的场景是阿喀琉斯[③]的兄弟之爱。阿喀琉斯是个伟大的希腊战士，他非常爱自己也非常骄傲。九年的战争也伤害了他的自尊与骄傲，所以他的大部分时间里都待在营帐里郁郁寡欢。直到他亲爱的好友帕特洛克罗斯在战斗中被赫克托杀死，对朋友的爱战胜了他对自己的爱，战胜了他受伤的自尊。他决定与赫克托战斗，为帕特洛克罗斯复了仇。

好了，我们来比较一下这些爱，帕里斯和海伦的爱，或者阿喀琉斯和帕特洛克罗斯的爱，以及其他类型的爱，比如罗密欧和朱丽叶的爱。除了死亡没有什么能将他们分开。罗密欧曾对朱丽叶说："我的慷慨像海一样浩渺，我的爱也像海一样深沉；我给你的越多，我自己也越是富有。"

罗密欧与朱丽叶的爱可以与但丁对贝阿特丽切[④]的爱进行比较。传说现实生活中的但丁一生只见过贝阿特丽切一次。但仅此一面就让他永远爱上了她，把她视为值得崇敬的完美爱人。我们再来比较一下但丁对贝阿特丽切的爱，与奥赛罗[⑤]对苔丝狄蒙娜[⑥]的爱。奥赛罗因为

---

① 古希腊神话中的人物，特洛伊的小王子，他拐走了世间最美的女子，众神之主宙斯的女儿海伦，从而引起特洛伊战争。

② 古希腊神话中第三代众神之王宙斯跟勒达所生的女儿，在她的后父斯巴达国王廷达瑞俄斯的宫里长大。她是人间最漂亮的女人。在她出生时，神赋予她可以模仿任意一个女人的声音的能力。长大后，她和特洛伊王子帕里斯私奔，引发了著名的特洛伊战争。

③ 古希腊神话中屈指可数的大英雄，以无敌的力量和不死之身而闻名于世，当然更著名的是他的脚踝的致命弱点。

④ 《神曲》中的人物，书中她既是但丁的向导，也是他苦恋的恋人。

⑤ 《奥赛罗》中的人物，摩尔人（黑人）、威尼斯将军。

⑥ 《奥赛罗》中的人物，奥赛罗的妻子。

疯狂且充满嫉妒的爱，最终亲手掐死了苔丝狄蒙娜。这场爱情以苔丝狄蒙娜悲惨的命运而告终。奥赛罗杀了苔丝狄蒙娜后，他向所有人承认一切都是因为他太爱苔丝狄蒙娜了。

除了罗密欧和朱丽叶的爱，奥赛罗和苔丝狄蒙娜的爱，还有另一种爱是科迪莉娅①的爱，也就是李尔王孝顺的女儿对父亲的爱。孝顺的子女对父母的爱，当然是一种不同的爱。想到这种爱时，也会想到那些死而后已、为国捐躯的爱国志士对祖国的爱。还有为信仰献身之人的爱，他们为了爱耶稣基督，奉献出了他们对上帝的信念与爱，甘愿任人将自己抛向罗马竞技场上的猛兽。

劳埃德 · 卢克曼：艾德勒博士，您还记得您刚才说，我们关心的是爱和欲望的区别吗？您刚刚列举了一些经典的爱情故事，它们都是爱的例子，还是说其中一些是欲望而非爱的例子？

莫提默 · J. 艾德勒：这些都是爱，但并非所有的爱都属于同一种类型。事实上，在我所列举的这类爱中，主要的区别在于它们与欲望的关系。一种理论认为爱是欲望，另一种理论承认有些爱与欲望相似，或者说关系非常紧密，但还有一些爱与欲望是完全不同的。

爱是欲望

第一种理论认为，爱就是欲望或者说爱的根源在于欲望。根据这一理论，爱可能是爱欲、肉欲或性爱。

人们在古希腊和古罗马神话中都发现可以证明这种理论的证据。例如众所周知的爱神维纳斯②，她的故事告诉大家，她代表的正是性爱，即男女之爱。有一个重要的事实，维纳斯的儿子名叫丘比

① 《李尔王》中的人物，李尔王的女儿。

② 维纳斯（Venus），是古罗马神话里的爱神、美神，同时又是执掌生育与航海的女神。

特[1]。“丘比特”（Cupid）来自拉丁语词“cupiditas”，从中我们得到了“cupidity”这个英文词，意为“炽烈的欲望”。这一神话表明，古人认为爱情的根源在于炽烈的欲望。

现在我们来谈谈能够证明这一事实的另一个证据。伟大的罗马诗人卢克莱修[2]认为，维纳斯和她所代表的爱是一种可怕的东西，男人们应该尽量避免。困扰男人的事情很多，但只有这种爱，最能摧毁男人们内心的平静。

我们来看一看，卢克莱修在他最著名的文章中是如何评论这一问题的，他在文章中对爱进行了猛烈的抨击、谩骂。卢克莱修说：“应该竭力避开维纳斯，因为她的箭一旦射中某人，就会吞噬被射中者的血肉精力，她的箭会在腐烂的肉身中获得更多力量。日复一日，被击中的男人会越来越疯狂，也越来越痛苦。拥有越多欲望，内心就越发煎熬。当欲望得到满足时，他们将再次陷入疯狂。”他最后说：“避免堕入情网并不困难，一旦落入维纳斯的陷阱，努力打破爱神的枷锁。”

这种爱情观影响了现代科学，尤其是现代心理学。我们可以从17世纪物理学家吉尔伯特[3]的一部著作中找到它的开端，他是历史上第一部磁学著作的作者。在那部磁学著作中，吉尔伯特谈到了铁或铁屑对磁石的爱。

我给大家解释一下吉尔伯特当时的想法。这有一些铁屑，如果我拿张纸，再拿块磁石，铁屑立刻被磁石吸住了，就像受到了强烈的磁力线的牵拉，因磁石动而动。有趣的是，几个世纪后，威廉·詹姆斯发表了一篇评论，将磁场中的铁屑和罗密欧与朱丽叶的故事联系在了一起。威廉·詹姆斯说：“罗密欧想要朱丽叶，就像铁屑需要磁石一

---

① 丘比特（Cupid），罗马神话中的小爱神，维纳斯的儿子。

② 提图斯·卢克莱修·卡鲁斯（Titus Lucretius Carus，约前99年—约前55年），罗马共和国末期的诗人和哲学家，以哲理长诗《物性论》著称于世。

③ 威廉·吉尔伯特（William Gilbert，1544—1603），英国伊丽莎白女王的御医、英国伦敦皇家内科医学院院长、物理学家。他在电学和磁学方面有很大贡献。

样。如果没有障碍阻隔，罗密欧就会像磁力线一样笔直地奔向朱丽叶。但是，如果在罗密欧与朱丽叶之间筑一堵墙，他们可不会傻乎乎地把脸紧贴在墙的两边，像铁屑追求磁铁一样。”

弗洛伊德将这种爱概括为，所有爱都是性爱或性爱的升华。我用弗洛伊德的原话给大家解释一下。他说：“爱情的核心是以性结合为目标的性爱。但我们的确很难将爱情与其他的爱区分开，一方面是自爱，另一方面是亲子之爱、友爱、普遍的人性之爱及对抽象思想的爱。”根据弗洛伊德的观点，“所有这些都是由本能驱使，而本能则是由性驱使”。

不受欲望支配的爱

第二种理论认为，有些类型的爱确实是性爱，也有些爱与性爱有显著的区别，是与性欲相分离的。比如亚里士多德在《伦理学》（*Ethics*）中有一篇关于友爱的讨论，他认为某些友爱会基于欲望。但是他说得很清楚，这种友爱不是真爱。但我想说，他是以父母对子女的爱或爱国志士对祖国的爱为标准，判断基于欲望的友爱不能算作真正的爱。

事实上，当你想到爱国者为国家献出生命所做的一切时，你就会明白这种爱与源于欲望的性爱是截然不同的。再举一个例子，想想上帝之爱，这种爱被称为基督之爱。例如《福音书》中圣约翰说：“神就是爱。住在爱里就是与神同在。”再想想基督教中两条爱的诫命：第一，全心全意地爱上帝；第二，爱你的邻居就像爱你自己一样。

各种各样的爱

劳埃德 · 卢克曼：艾德勒博士，我在听您说的同时也一直在想，为什么您要用“爱”这个词来指代那些截然不同的爱呢？这难道不会造成混乱吗？我想如果您用不同的名字指代不同的事物，我们就能立刻明白，这里不止一个概念，可能是两三个概念。

莫提默 · J. 艾德勒：在我看来，用哪个词解决不了这个问题，但用不同词语命名不同种类的爱的确很有趣。希腊人和罗马人，他们各用三个不同的词语，指代不同种类的爱。在希腊语中，第一种是“eros”，指的是情欲之爱，在拉丁语中，相对应的为amor这个词，形容年轻人脉脉含情、堕入爱河时，就会用到它。英语单词erotic（好色之徒）正来源于此。希腊人将第二种爱称为“phileo”，这个词是philanthropy（仁慈）或者philosophy（爱智）的词根，即对人类的爱和对智慧的爱，在拉丁语中，与phileo意义对应的词是amicitias，意为友爱。希腊语中指代爱的第三个词是“agape”，拉丁文中与之对应的词是“caritas”，这个词派生出了英语中的charity（仁爱）一词，意为“上帝的爱”。

关于以上三种爱，我们可以把第一种称为肉欲之爱或性爱，第二种爱称为友爱、兄弟之爱或博爱，第三种爱则为仁爱或神圣之爱。

但是用不同名称区分爱，并不能解决问题，反而让我们更注意到问题的存在——不同种类的爱相互之间有何关联？它们的区别是什么？第一种爱，即色欲之爱、肉欲之爱或性爱，与其他两种爱有什么差别？更难回答的一个问题是，如果说这三种爱是不同的，那么它们为何具有相同之处呢？它们本质都是爱，只是类型不同罢了，不是吗？

这是一个棘手的问题，我这里有一个解决方案。我们可以做一个有关爱的思考实验。这个实验需要大家和我一起构建一个假想的世界，一个没有性爱、没有性别、没有男人也没有女人、没有正常生殖过程的世界。这是一个除了无性之外，和我们现在的世界完全一样的世界。将它与我们生活的现实世界进行对比，或许能清楚地看到并理解爱和欲望的区别在哪里。

那么，请大家现在就在脑海中，构建一个无性世界。扪心自问，在这个世界中会有欲望吗？这个世界会有爱吗？如果那样的世界上既有爱又有欲求，这二者有什么区别呢？

我来回答第一个问题，在这个无性世界里会有欲望吗？当然，人还是会感到饥饿、口渴、寒冷，会产生情绪，感到激愤或恐惧，这些都是欲望。透过这些感受或情绪，我们可以窥见何为欲望。拿饥饿为例，在我看来，饥饿似乎是人最基本的欲望。当一个人饥饿时，他的肚子空空如也，饥饿感会驱使他寻找食物以填饱肚子，实际上是填补身体的空虚。欲望只有在被填补了身体的空虚时，才会被满足。在人空虚时填补欲望的对象，也是人消耗或使用的东西。

如果大家理解了这就是欲望的本质，特别是以饥饿为例时，也明白了为什么我们会说上帝是爱，而不是欲望。上帝不可能是欲望，也不可能有欲求，因为缺乏某物，或存在残缺，或有所需，才会产生欲望。这也是为什么我们认为，一个人不应该将另一个人视为满足欲望的对象，因为欲望的对象是一个可以使用、消耗的对象，但人不应该使用或消耗另一个人。

接着回答第二个和第三个问题。在这个与性无涉的、想象中的世界里，会不会有爱以及本能欲望，如饥饿、口渴、寒冷等？是的，有。在这个与性无涉的世界里，父母和孩子之间难道没有爱吗？难道没有朋友的爱吗？难道没有为国家献身的爱国志士吗？难道没有受上帝之爱感召的、虔诚的殉道者或坚定的信教者吗？当然，当你在这个虚构的无性世界中理解了爱和欲望时，你就会明白，这几种爱是有区别的。

真爱是无私的

既然已经知道了这几种爱是有区别的，下一步可以了解一下它们有什么不同。爱与欲望，恰如喜欢与占有、给予与索取。这意味着，爱的本质是利他的、慷慨的，而欲望本质上是自私的、贪婪的。

劳埃德·卢克曼：我能明白爱国主义与饥饿一类的欲望是完全不同的。不过，难道就没有一种欲望是与纯粹的友爱或博爱相关的吗？

莫提默·J. 艾德勒：我想是有的。我重复一下卢克曼先生的问题，这个问题问得非常好。他问，除了如饥饿、口渴这样的身体欲望外，有没有一种欲望与我刚才谈到的真实、纯粹的爱有关，？而且这种欲望区别于肉体欲望？答案是：有。

回到这个想象的无性世界中，你会看到，是真正的爱引导每个人为他人奉献。当你真正爱一个人时，你会希望那个人好。你想帮助那个人或给那个人带来利益，想对那个人做好事，这也是一种欲望，但不像因饥饿或口渴而产生的那种自私的欲望，这是一种爱的愿望，是善意的冲动。《圣经》中说："人为朋友舍命，人的爱心没有比这个大的。"我觉得这句话的意思大家都理解，身体的欲望与爱的愿望之间区别明显。身体的欲望是贪婪的，我尽力使自己受益，让自己更好，弥补自己的不足或需求。而爱的愿望是让他人受益，让他人更好。

举一个具体的例子，我们常说孩子在爱中才能茁壮成长，这么说的意思是，爱是养育孩子最基本的要素，儿童需要得到欣赏和尊重，应该得到成人世界的礼遇和关爱。只有通过这样的照顾和关爱，他们才会健康地成长，拥有足够的自尊。从这种意义来看，温情、关照和关爱，差不多就是孩子的精神食粮。

大家想想摩西十诫[①]，其中一条说"当孝敬父母"，虽然这条诫律没有说爱字，但我的理解是，孩子应该尊重父母，对他们表现出礼貌、关爱、从行动中表达善意。

---

① 摩西十诫，《圣经》记载的上帝（天主）借由以色列的先知和众部族首领摩西向以色列民族颁布的十条规定。

13 与性无关的朋友之爱

上次讨论中，我们已经明白，性爱（*即色欲之爱、肉欲之爱*）与友爱或兄弟之爱有区别，甚至是对立的。

但这两种爱往往是融合在一起的，很难把它们分开。所以我想再次提议像上次节目做的那样，通过想象构建一个无性的世界，方便我们理解爱和欲望之间的区别。

在构想的这个世界里，会有诸如饥饿、口渴之类的原始欲望，而另一方面，也有爱，就是存在于朋友之间的兄弟般的爱、爱国志士对祖国的爱、信徒对神的爱。爱和欲望不仅是完全分开的，而且我觉得存在明显的对立，恰如喜欢与占有、给予与索取。可以见得爱和欲望的动机是截然相反的，爱是慷慨的、仁爱的，意味着给予；而欲望是自私的、贪婪的，意味着索取。

这次我们集中讨论友爱，即兄弟姐妹般的爱，一种完全独立于贪婪欲望之外的爱。

亚里士多德：交友的三大动因

劳埃德 · 卢克曼：为了能跟上您的节奏，我需要弄清楚一个问题，相信其他人也想弄清楚这个问题，我们应该从哪个世界中继续讨论这个问题，是在现实世界，还是构想的世界?

莫提默 · J. 艾德勒：好的，卢克曼先生，先从我们真实存在的这个现实世界开始，必要时我会提醒大家进入构想的世界。好了，我想首先简单地给大家介绍一下，亚里士多德是如何解释人类交友的动机。他说人类交友注重以下三个方面：是否有用；是否能带来无尽的快乐；是否有值得仰慕的才华。因此，他总结出了三种人际关系。

有些人际交往是建立在功利基础上的，如商业合作、政治联盟、互惠的婚姻关系等等。还有些人际关系是建立在愉悦的基础上的，比如性爱慕、性迷恋，或所有给人带来欢愉的关系。第三种是基于个人优秀的才能，他们惺惺相惜，互相欣赏敬重，这也是真正的友爱。

亚里士多德的观点是，这三种人际关系的第一种根本就不是爱。第二种，如果它脱离第三种关系而独立存在，也算不上爱。只有第三种才是真实、深刻的爱。这是与第一、第二种人际关系无关的纯粹之爱。

亚里士多德的意思是，因为这两种关系的确是互利互惠的，所以它们与纯粹的爱有相似性。它们与只为满足个人私欲不同，因为个人欲望不存在互利互惠，比如，我想吃牛排，但反过来牛排并不想吃我。但以功利或愉悦为基础的人际关系则是互利互惠的。但随后他又指出，这种相似性只是表象，因为在这两种人际关系中，给予和获取都是有条件的，它更像一场公平交易，我给你这个，你给我那个，我取悦你，你取悦我。因此，与深沉持久的爱相比，这种关系很不稳定。正如莎士比亚那句经典的十四行诗，“爱并不因瞬息的改变而改变”。

最后，亚里士多德指出，前两种关系是基于功利和愉悦的目的，本质仍然是一种欲望，而第三种关系则是基于相互交往的人的卓越品质，与欲望无关。但这里还有一层含义，真正的友谊之爱源自另一种欲望，一种想要给予的欲望或善意的愿望，这也是爱的本质。虽然爱不只是拥有这些愿望和冲动，但如果一个人没有为对方着想或无条件付出的意愿，那么他一定没有置身爱中。

爱与公正

对这一观点的表述和讨论五花八门。但似乎所有说法都指向了同一个观点，在爱中，人们会产生一种善良无私的冲动，让所爱之人受益的愿望，渴望给予的欲望等等。但如果爱催生了善意，那么我们紧接着就会问，那公正难道不算一种善良吗？当一个人公平地对待他的同伴，我们总说这是一种善意，不是吗？所以还有一个问题是，爱产生的善意，与追求公平的意志，这两者之间有什么区别？

答案是，相爱时我们付出而不求回报，也不要求公平交易，我们给予不是因为欠了别人什么。这就是为什么我们认为爱过然后失去总比从未爱过要好。所以，即使爱得没有回报，但仍有很多人相信爱并勇敢地去爱。

所以，爱和公正的区别是什么？当有人不像我们希望的那样爱我们时，我们不会说“请公平公正地对待我们”，而是希望得到更多的关心。我们有权要求受到公平对待，这是我们的基本权利。虽然我们想要得到爱，但不是要求得到爱，我们只能乞求或祈祷得到爱。

现在，我们来总结一下爱与公正的区别。公正就是偿还债务，爱就是馈赠礼物。公正是各种义务行为，我们有义务做到公正；但爱却是无偿的行为，不是义务。我们因为爱而这样做，而且只因为爱。公正就是公平地做事，公平地对待其他人。我们可以列举一些英雄式的爱，看看它们与尽职尽责的公正行为有多大的不同。我以古罗马传奇英雄马库斯 · 柯蒂斯[①]的故事为例，他连人带马跃入了罗马广场中央的裂缝，用他的生命堵上了通向死亡的裂缝。因为有先知预言，除非将罗马最珍贵的财富扔进裂缝，否则永远不会填满。柯蒂斯认为优秀

① 公元前362年罗马发生地震，罗马广场裂开了一个巨大的深坑，罗马人得到的神谕是，想要填上这个深坑，就必须献上罗马最宝贵之物，否则罗马将会毁灭。一位名叫马库斯 · 柯蒂斯（Marcus Curtius）的年轻人为了拯救罗马，他全身披甲，跃马跳入深坑，深坑得到了它所想要的，罗马得到了拯救。

公民就是罗马最珍贵的财富。因此，他为国捐躯了。

再来想想一位美国英雄内森·黑尔[①]。大家记得，在黑尔雕像的底部写着他的遗言，“我唯一的遗憾是，一生只能为国家献出一次生命。”

我认为这两个例子清楚地表明了爱的行为和公正的行为之间的区别。要是人类社会是基于爱和友谊，而不是基于法律和公正，那么这个社会将会有多么大的不同。

“如果是朋友的话，人与人之间是不需讲公正的，就像朋友之间一样，不需要讲公正。”这是亚里士多德最深刻的见解之一，曾给我留下深刻的印象。当然，迄今存在的任何一个人类社会，都不是建立在爱和友谊之上。事实上，历史上的所有社会都用公正防止纷争，而非用爱营造和谐。

劳埃德·卢克曼：这是个很有意思的观点。您能否再深入解释一下。

莫提默·J. 艾德勒：我很乐意，劳埃德。要想知道我能不能把这有个问题解释得更深入一些、更明白一点，请允许我读一段阿奎那写在《神学大全》(*Summa Theologica*)中的话。《神学大全》是一部讨论慈善和爱的论文集，认为爱和公正创造了和平。当然，你知道，阿奎那在这里所说的和平是指公民社会的和平，所以爱和公正看作是社会和平的原因，是使人紧密团结在一起的原因。这段文字如下，他说：“和平是正义的间接产物，因为公正清除了和平之路上的绊脚石。但和平是爱的直接产物，因为爱本身就能缔造和平，爱是一种团结的力量。”

这段话是什么意思呢？首先，和平社会需要公正的政府。公正的执法机构能防止人们相互争斗与伤害。当然，事实是，如若没有公正，人类社会将无法长久存在。正如人们常说的那样，公正是人与国家之

① 内森·黑尔（Nathan Hale，1755—1776），美国历史上第一个间谍。

间的纽带。但我们必须补充的一点是，公正是否足以成就一个良好的社会呢？公正是否足以使社会服务于人民呢？一个公正占主流的社会是否足以实现人类所有的利益和目标？

爱的定义

这个问题的答案取决于你如何认识社会职能、社会起源，以及人类交际。如果你认为，人与人交往是因为彼此害怕，希望在社群的庇护下不会互相伤害，那么你会希望公正占据社会主流。你所期待的是一个建立在公正基础上的社会。但是，如果你相信人与人交往是为了完善自己，为了过上每个人都能拥有的最美好的人生，那么，这个社会如果仅仅拥有公正无法令你感到满意，你需要爱和友谊，因为这是人们因善意而互助互惠的必要条件。现在，公正与爱，这两个原则都是人类社会所需要的，只有天使的社会才能只依靠爱而存在。所以，所有人类社会都需要爱，也需要公正。但从比例上来讲，目前的主流观点认为我们更需要爱和友谊。

这有没有回答你的问题呢？

劳埃德 · 卢克曼： 是的，完全回答了我的问题。非常感谢。

莫提默 · J. 艾德勒： 好的。现在我们再回到爱的定义是什么。我想从书中选出两段非常有名的段落，我认为这两段简洁精准地解释了何谓爱或友谊。

第一段摘自蒙田的随笔《论友谊》(*Essay on Friendship*)。蒙田说："在真正的友谊中，我把自己奉献给朋友，而不是想方设法吸引他到我身边。我不但乐于为他效劳，而且我宁愿他为自己好，也不愿他为我牺牲。"这个说法非常清楚，不是吗？这是出于善意的爱，是为所爱之人着想，将对方的利益摆放在自身利益之上。

接下来，我们来谈谈亚里士多德的《伦理学》，在第九卷第四章，亚里士多德解释了朋友是什么，他说：“我们把朋友定义为：希望并为朋友的利益做事的人，希望朋友为自己而存在和生活的人，是与朋友同患难共欢乐的人。这点也体现在许多母亲身上。”在这里，亚里士多德将母爱当作人类最基本的爱，因为这种爱是善意的、友好的，需要关心和照顾对方。尽管我们对母爱并不陌生，但不得不承认这种爱相当特殊。

劳埃德 · 卢克曼：我们是否可以理解为，真爱是完全善意的、完全无私的，爱一个人时你不需要对方为自己做任何事情，不需要回报？如果答案是肯定的，那么您就是在思考、讨论并生活在一个虚构的无性世界里，甚至是没有人之本性的世界。

莫提默 · J. 艾德勒：不，我不会那么极端的。但我要说的是，爱可以无私，充满善意，但并非完全没有私心杂念。对一个情人或朋友来说，希望自己和他所爱的人都能得到一些好处，这似乎是很正当的。希望被爱的人获益，也希望自己能收获什么，这两种愿望在某些情况下是完全兼容的。

爱人如己

我试着解释一下，这两种愿望如何兼容。首先，我指出合理的自爱与真正爱一个人是分不开的。甚至可以说，一个人应当具有真正的、深刻的自尊，否则他也不知道该如何爱他人。我想，这就是基督教诫命中第二条——爱人如己。第二条诫命不是简单地说“爱你的邻居”，它强调“爱你的邻居就像爱你自己一样”。重点在于“像爱你自己一样”，这意味着一个人对自己的爱，他的自爱是真正爱别人的基础和尺度。更重要的是，为了建立爱的相互关系，我必须尊重我自己，重视自己的优点，就像我重视我的朋友或我所爱的人一样。

当我们爱另一个人时，我们希望他们过得好，希望他们能得到某些好处。因此，当我们爱别人的时候，我们也爱自己，同时在自爱中祝福自己。祝福些什么呢？我认为这个问题的答案是，被爱。因为这个愿望，我们期望从爱中得到快乐，和爱人在一起的快乐，相伴生活的快乐，以及完美结合的快乐。

爱的愿望是三重的。爱在最开始，希望能为他人谋利，这是表达善意的愿望。到了第二个阶段，我们希望收到爱的回报。这一愿望引出爱的结果，也是最深沉、终极的爱的愿望——与至爱的人亲密地结合。

劳埃德 · 卢克曼：非常抱歉，我不太明白“结合”这个词。我不得不再问您一遍，我们讨论的是真实世界，还是虚构的无性世界？

莫提默 · J. 艾德勒：我刚刚说的爱的结合与性完全没有关系。因此，请试着和我一起进入虚构的世界中，去理解与性和欲求无关的爱。在那样的世界里，在完全没有身体接触的情况下，我们能否问一问，当我们说爱的结合，或与爱人、与朋友完美结合时，指的是哪一类的结合？我想答案是，通过共情、善意，也通过同样的爱好、共同的生活习惯，以及通过相处与互相理解，通过充分认识和理解对方而实现的理想之爱。

在这里“认识”一词又给了我们一个新线索：与性无关的爱是种什么样的结合？因为人以两种方式满足占有欲：物理的和精神的。当我们消费或使用这些东西时，我们就是以物理的方式占有它们；当我们看到或认识这些东西时，我们就是以精神的方式占有它们。那么爱就像认识某个对象，当我们爱着时，是以精神的方式占有某物。和爱的客体结合在一起，就像求知者和知识结合在一起一样，但前者要比后者复杂许多，也深刻许多。我想，这就是为什么阿奎那在谈到人与上帝的关系时说：“爱上帝比认识上帝更好，认识一个事物比爱一个事物更好。”

最后，请允许我用一封来信结束讨论。这封信提出了一个值得讨论的问题，信中引用了一位当代作家的话。他说，爱只是一种文化积淀，它并不是人类生存的必需品，在未来某个恰当的时候，人类会学着抛弃爱。

我认为所引述的这个说法是相当错误的。因为在我看来，人对爱的需要是人性最深刻的需要，因为从本质上来讲，人类不仅喜欢群居，而且具有社会性。所以，如果只是像群居动物那样群居在一起，并不能使我们感到满足，但给予他人快乐可以。因为我们具有社会性，所以强烈地需要分享彼此的生活。

怎么才能做到这一点呢？只有一种方式，交谈。没有交谈，爱的结合是不可能的。我们每个人都很孤独。如果没有爱的交流，没有交谈，没有心与心的对话，即使我们的身体紧紧地贴在一起，但每个人都像动物一样孤立，彼此隔绝。只有通过爱人之间的交谈，通过爱的交流，才能克服我们人类的孤立感，战胜孤单和孤独。

最后总结一下，我认为爱可以存在于一个无性的世界里，友谊就说明了这一点。把交谈视为相爱之人结合的方式，进一步解释了这个问题。但我想，友爱存在于现实世界中中，它常常与肉欲、色欲或性爱混合或融合。所以接下来，我们将继续讨论如何理解爱既可以与性行为有关，同时又是真正的人类之爱。

性爱

接下来就来了解一下性爱的本质，并试着理解爱为何可以既是性爱也是真爱。

有人可能会对这个说法感到惊讶，说："什么？这是一个问题吗，爱怎么可能是与性有关，同时又是真爱呢？这个问题难道不应该反过来吗？如果与性爱无关，那么爱还能称之为爱吗？"

现在，有必要说一两句解释一下这个问题。我认为我们每个人，都在更宽泛的意义上使用"爱"这个词，而不是仅仅用它来指代性爱。当然，"爱"这个词出现在报纸头条或广告中时，通常与性爱或色欲之爱有关。同样，许多惊天动地的爱情故事讲述的都是男女之间的爱情故事。诚然，当这个词与诸如"初恋"或"一见钟情"这样的短语一起使用时，脑海中浮现的也是少男少女的形象。但是，不仅有哲学家和神学家对"爱"这个词赋予了更广泛的含义，我们也不例外。每个人都了解孩子对父母的爱，父母对孩子的爱，爱国志士对国家的爱，以及信徒对上帝的爱。

弗洛伊德与亚里士多德

劳埃德·卢克曼：艾德勒博士，虽然我不是弗洛伊德主义者，但我认为那些弗洛伊德的支持者们，肯定会反对您刚提到的那几种博爱。因为根据弗洛伊德的说法，一切爱都是性爱的延伸。我记得弗洛伊德用了个词“升华”，不是吗？

莫提默 · J. 艾德勒：没错，你的疑问正是我马上要解释的。

我们关注的这两种爱，理论上是对立的。弗洛伊德代表一个极端，亚里士多德则是极端的另一端。对弗洛伊德来说，所有的爱都源自性，性是基础，即便是与性无关的爱，也可能是性或性冲动的升华。然而亚里士多德认为，以追求性快感为基础的爱，不符合他对爱的判断和定义。在亚里士多德看来，爱的主要源泉是善意。而性欲望与善意的冲动达成一致时，才与爱的本质相关。

好了，这两种观点看来的确不可调和，但我认为还没有那么绝对。我想我可以证明，弗洛伊德和亚里士多德之间存在某种共识，至少在性爱的本质问题上，他们的观点是一致的。

我先试着给大家把问题梳理一下。相信包括亚里士多德和弗洛伊德在内的每个人都认同，想要将一段人际关系称之为爱的关系，必须具备某些特质。

一是善意的愿望，也就是为爱人无私付出的冲动；二是结合的愿望，也就是与爱人长相厮守的愿望。没有这两个基本特征，那么一段爱的关系里可能只有性，没有爱。

所谓只有性，我的意思是满足了性冲动或性冲动的欲求，满足了性本能或生殖的本能。我们只有在交配的动物身上，才发现这种纯粹的性。在非人类动物的行为中没有任何爱的证据，动物之间的结合是一种完全没有感情的交配行为。

劳埃德 · 卢克曼：您稍等一下，艾德勒博士。我觉得许多养宠物的人都相信，他们的狗、猫是爱他们的。事实上，他们会说宠物有时比人类更爱他们。更重要的是，您刚才说结合的欲望是爱的体现之一，对吧？那动物交配也是欲望，对吗？如果是的话，这为什么不是爱呢？

莫提默 · J. 艾德勒：我先回答你的第一个问题。我必须坦率地说，我认为被驯养的动物或宠物，它们爱的不是其主人。但这个观点我不想深入讨论，因为我无法说服人们认同这个观点，曾经试过但失败了。

关于第二个问题，我想从它切入到我们关心的这个问题。现在，我们关心的既不是与爱无关的性，也不是与性无关的爱。我们关心的是那些与性和爱有关的种种人际关系。两者结合在一起，就是我们所谓的性爱或性欲，这种融合非同寻常，因为这种融合既需要人的兽性、肉体，也需要理性与灵性的一面。

性与爱的融合产生性爱，对这一过程的理解，我认为弗洛伊德和亚里士多德的观点是倾向于一致的。也许这也是他们唯一能达成共识的地方。因为，亚里士多德说，性爱的前提即欲望是真实之爱的一部分，对性快感的欲求必须升华为对他人的关心、欣赏和尊重。

弗洛伊德对性与爱的观点

来听听弗洛伊德的观点，弗洛伊德说无节制的性行为，不加约束和节制的性冲动，以及没有得到升华的爱，最终的结果就是纯粹的性，即动物层面上的性。尽管弗洛伊德使用了与亚里士多德不同的术语，但弗洛伊德认为，只有当性冲动受到充分约束，产生柔情和温和的冲动时，爱情才会产生。弗洛伊德甚至说过，当纯粹的性受到约束，柔情就会占据上风，属于人类特有的那种爱就会越来越浓，而纯粹的禽兽之性就会越来越少。

现在我可以很容易感觉到，你们当中许多人认为我拿弗洛伊德做幌子胡编乱造。不如看看弗洛伊德本人怎么说的："恋爱建立在直接性冲动与受压抑性冲动同时存在的基础上，所以被爱对象本身也会沾染到一些来自恋爱主体的力比多。"弗洛伊德最后这句话是什么意思呢?首先，当一个人恋爱后，这个人就不再只爱他自己了，也就是说他的自恋力比多会转移到被爱之人身上。

但更重要的是这一句“受压抑的性冲动”，这又是什么意思呢？在弗洛伊德看来，这就是使原始兽欲转变为爱的原因。为了理解这一点，我们需要参考弗洛伊德的其他说法。他认为，当性本能受到约束时，“我们可以感受到对某人的性欲逐渐转变为一种柔情。这种柔情在爱中所占的比例可以测量爱的深度，测量那种与原始兽欲截然不同的爱”。

性与爱如何融合

关于两者如何融合的问题，我们可以通过以下几个步骤解决。一方面，性与纯粹的爱如何和谐统一并形成一种关系？我认为解决这一问题的第一步，是了解性欲与所有其他生理欲望，如饥饿和口渴之间有何不同。

我们可以从以下三个方面入手。首先，所有其他生理欲望都是使用或享用事物的欲望；而性欲，就像爱本身一样，是对另一个人的欲求。其次，性欲绝不是单纯的享乐，它还与生殖本能有关。出于这个原因，性欲还有一个超越享乐的目的：繁殖或生殖的目的。性欲希望产生一个形象。什么形象？不是每个人的自身形象，而是男女二者结合的形象。由此引出第三个方面，也可以称作性欲最深刻的一点，性欲的目的是为了结合。

我来总结一下性欲的这三个方面。首先，这种欲望得由一个人来满足，而不能由某事来满足；第二，它是一种与生殖有关的欲望，在某种意义上是一种具有创造性的活动；第三，也是最重要的一点，这种欲望在肉体交合中达到了顶峰。

劳埃德·卢克曼：艾德勒博士，我好像开始明白您想说的是什么了。首先，您把欲望当成了结合的原因，正如我在另一个问题中强调的，欲望是爱的基本要素。现在您把结合作为性欲的主要目的。这就是您认为性和爱可以融合的原因吗？

莫提默 · J. 艾德勒：是的。但我好像没有讲明白什么是结合，如你所说这个问题非常重要。

为了搞清楚性与爱都以结合作为目的意味着什么，我们可以问自己一个问题，除去性，情侣们寻求结合的本质是什么？答案是，它必须是一种精神上的结合，一种因为拥有共同的志趣爱好，通过认识、交谈相互了解和理解，而实现的精神上的结合。没有这些，两个人就不能从精神上进入彼此的生命。

结合是对彼此的了解

我要提醒大家注意一个非常重要的事实。英语中哪个词用来指代性结合呢？英文版《圣经》里用了什么词？英国和美国法律传统中又是用哪个词呢？

《圣经》用的是“known”（知道）这个词。据说，亚伯拉罕与撒拉同房（know），生以撒[①]。但在法律中，令人非常惊讶的是，这个词竟然是“conversation”（交谈）。当性结合是非法的时候，我们会形容为肉体交谈（carnal conversation），或犯罪交谈（criminal conversation）。我并不是在夸张，这些证明意义重大，它们都说明了性爱是精神结合的具体行为表现。或者你可以反过来说，精神结合的欲望是肉欲的升华。在这两种情况下，我们所看到的是，身体上的结合和精神的结合，构成了性爱或色欲之爱。

我试着更为全面地总结一下。在人类生活中，性行为似乎可以朝着两个方向发展：与爱有关的性，符合人之理性更高尚的性；与爱无关的性，属于动物的原始兽性。性与爱分离时，得到的只是性、贪婪

---

① 亚伯拉罕原名亚伯兰，古希伯来人祖先，被神赐名“亚伯拉罕”，意为“多国之父”；他的妻子“撒莱”，神赐名“撒拉”，意为“多国之母”。在亚伯拉罕100岁，撒拉90岁时，他们的嫡子以撒出生。

的欲望，与动物一样低等的原始欲望。事实上，这与爱正好相反，因为它是自私的，因为那完全是贪婪的，甚至有些残忍。但是为爱而性时，拥有的是真正的性爱，是性与爱的结合，是情欲之爱。

在我看来，这种结合可由以下三个方面界定：取悦以及被取悦；共情和同情；一种通过理解或交谈而实现的结合。

现在，我们可以思考一个必须面对的问题，弗洛伊德和亚里士多德都给出了答案。但他们的答案截然相反，我也很难断定哪一个是正确的。

这个问题是：爱的源头是性欲，还是善意的冲动?

我把这个问题解释得再具体一点。男女相爱时会先说“我想要你”还是“我喜欢你”？我们知道，男人爱上女人时，他会说“我喜欢你”或“我想要你”或这两句话都说。但他会先说哪一句呢?

看了亚里士多德和弗洛伊德的著作就会发现，他们在这个问题上的答案是相对立的。因为如果先说性，他会先说“我想要你”，并且将它一直作为首要目的，那么这种爱很可能是易变的且短暂的，就像性本身一样无常。但是如果先说爱，也就是先说喜欢对方，那么这种关系极可能会很稳定，经得住爱情的波折，甚至在性趣完全消散后也能长久存在。

好了，关于这一问题的讨论到此为止。我们下次要讨论的是爱的道德问题，关于道德的爱和不道德的爱之间的区别，合法的爱和非法的爱之间的区别，好的爱与坏的爱的区别。显然最后一条区别更深刻也更难理解。

15 爱的道德

当我们把“爱”和“道德”这两个词，拼凑成“爱的道德”时，人们往往会想到一种类型的爱，即情欲之爱。因为大多数人思考的、唯一与爱的道德相关的问题，就是区分正当和不正当性行为。在这种情况下，“道德的”和“品德高尚的”这两个词，正逐渐变成了“正当性行为”的代名词。

当我们谈到一个人，更多的时候指女人，夸这个人有德或品德高尚时，我们通常会说，他或她洁身自好，而不是英勇无畏、性情温和，也不是指待人接物公平守正。毫无疑问，洁身自好是一种美德。但肯定不是唯一的，也不是主要的美德。更遗憾的是，我们指的往往是合法和非法的爱，或者是被允许和禁止的爱。之所以说这是令人遗憾的是因为它往往掩盖或混淆了爱的道德问题。因为这些词句区分出的，合法与非法、允许与禁止，实际上只适用于男女之爱的结果，并不适用于爱本身。

毫无疑问，某些性行为是合法的，有些则是不合法的，我们都知道事实就是如此。但为什么如此，以及为什么应该禁止某种性行为？背后留给我们的似乎是一个更深刻、更有趣的问题，我觉得，也是一个更难回答的问题。这个问题就是：如何区别美好的爱和罪恶的爱，如何区别作为善的爱和作为恶的爱。

劳埃德 · 卢克曼： 您的意思是关我们经常把爱的道德问题和性的道德问题混为一谈？

莫提默 · J. 艾德勒：我希望讨论的是爱的道德问题，因为它是一个更为宽泛的问题，比性行为的道德问题更难回答。

例如，我们先来看看能否为大家区分一下这两个问题。挪用卢克曼先生刚刚的说法，我们可以把第一个问题当作性行为的道德问题，第二个是爱的道德问题。鉴于大多数人常常把第一个问题和第二个问题混淆在一起，所以我不仅要对它进行区分，还要把它解释清楚。

首先回答性行为的道德问题，在我看来，这是一个关于合法性的问题，而不是爱的问题。在所有社会中，某些类型的性行为是被禁止的。但某些类型的性行为，只是被西方社会中的宗教习俗和人类法律所禁止。正是通过这些具有地域差异的禁令，定义了哪些性行为是合法的，哪些是非法的，哪些是得到批准的，哪些是被禁止的。

到了现在，这些禁令与禁止杀人和偷窃一样。禁止某些类型的性行为，就是禁止伤害他人，禁止掠夺不属于自己的东西，禁止自轻自贱。此外，为了保护社会的基本结构，法律禁止谋杀和偷窃等，为了保护家庭这种社会结构的稳定，我们也会禁止某些类型的性行为。

离经叛道的情人被视为英雄

我可以拿出证据证明这样的禁令无法回答以下这些问题：什么使爱成为美好的爱或罪恶的爱？即便这些爱涉及明令禁止的性行为。关于这个观点，我的证据全部来自伟大的小说家、剧作家和诗人，他们都是擅长讲爱情故事的高手。但是，我觉得这些证据，可以通过我们自己的情感经历得到验证，可以用自己的道德判断来检验。擅长讲故事的诗人告诉我们，爱情具有某种特权，即便违背了禁令，即使违背了道德规范，也能为人称道。虚构故事中的许多偷情者们，都成了名垂青史的大英雄。

但是，对于那些未能控制住其他冲动违反了道德规范的人，我们往往称其野蛮、幼稚、放荡，将其比喻为禽兽。因此，举个例子，当一个人因为不能控制恐惧而成为懦夫，我们该如何评价他呢？我们说他是一条走狗，一只胆小的猫咪。如果一个人控制不住他对食物的欲望，我们说他是个饕餮之徒——或者如果一个人控制不住对酒精的渴求，我们称他为什么呢？酒鬼？或者饭桶。如果一个人非常好色，不是多情，只是想着发泄性欲的话，我们该如何评价这样的人呢？用现在的俗话讲是色狼。

但是，如果人因为相爱，而未能控制住自己的性行为，我们将他们视为有血有肉的人。我们不会将他们视为野蛮、幼稚的人，甚至会赞美他们是富有人性的人。我们不仅会原谅他们，甚至会钦佩他们。文学作品常常把这样的人描写为英雄。

好了，我们一起来想想兰斯洛特和圭尼维尔、特里斯坦和伊索尔德、阿贝拉尔和赫洛伊斯、浮士德和玛格丽特，或安娜·卡列尼娜的故事。正如文学作品所描绘的，尽管他们爱得离经叛道，但他们都被称为英雄，也许正因为离经叛道，他们才会成为悲情的英雄。他们无论做出什么行为都是正当的，就连他们的爱情好像也变成了金科玉律。正如乔叟笔下最伟大的情人之一，《骑士的故事》中的那位骑士所说：“爱情之法，是高于人世间存在的一切法律。”①

基督教对三种罪恶之爱的观点

劳埃德·卢克曼： 稍等一下，艾德勒博士。乔叟笔下的那位骑士也许是对的，爱情是高于一切的律法，但在基督教传统中，上帝也赋予了人类爱情的律法。而且您在过去的讨论中曾说过，博爱的两条法则是基督教基本教义中的神圣法则，您没有忘记吧？这些难道不能算

① 引文参照黄杲炘翻译的《坎特伯雷故事集》，上海译文出版社，2013年版。

作神对爱的约束吗？我的确指的是爱的道德，而不是性行为的道德。

莫提默 · J. 艾德勒：这些戒律的确有约束作用。我不妨从这些戒律的角度，理解美好的爱和罪恶的爱之间有何不同，它们不只是能区分出正当的或错误的性行为。例如，基督教教义说，贪恋财物乃万恶之源。《圣经》也说，你不能既侍奉、热爱上帝，又把财神当作主子。贪财就是一种罪恶之爱，除此以外还有两种。

另外两种是：骄傲和痴迷的爱。你可能感到困惑，我们可以理解禁止贪恋金钱和骄傲的原因，贪婪与骄傲都是基督教所反对的罪恶之源。但深爱一个人也是罪吗？痴迷的爱与其他两类——贪财和骄傲——怎么会是一样的罪恶呢？

因为从三者的内在联系看，都属于罪恶之爱。贪财是一种罪恶之爱，因为爱错了对象。骄傲和痴迷的爱，虽然爱对了对象但方式错了。

为了更清楚地解释这三种爱如何违背了基督教教义，我想重申一下基督教中三条爱的戒律。第一，爱神，而非世俗的东西。第二，爱神如己，像爱自己那样爱上帝。第三，爱他人，因为他们也是由上帝创造的。

而贪财、骄傲和痴迷，这三种罪恶之爱都违反了戒律。贪恋金钱，爱的是世俗之物。骄傲就是对自己的爱超过了对上帝的爱。痴迷的爱，则是将所爱之人，当成了上帝来爱，甚至以对待神的方式敬拜他们。

劳埃德 · 卢克曼：除了这些爱的戒律和基督教教义之外，是否还有其他道德呢？除了宗教之外，还有什么办法可以区分美好的爱和罪恶的爱呢？

莫提默 · J. 艾德勒：我很高兴你问这个问题。因为我相信还有很多人和你一样想知道答案。

卢克曼先生问，我们是否可以不参考上帝和神的法则，而以纯粹的自然主义方式来区分爱是美好的还是邪恶的？当然可以。当我们区别这三种类型的爱时，就会发现它们只是换了个名字而已。

弗洛伊德论三种罪恶之爱

想要解答这个问题，我们可以在弗洛伊德那里找到答案。大家不要以为弗洛伊德只是对性感兴趣，他对于爱这个话题也很有兴趣。弗洛伊德确实是以科学而非宗教的方式来研究了爱的问题。找到弗洛伊德的著作后，我们会发现他重新命名了基督教中的三种罪恶之爱。虽然名字换了，但本质没有变化，所以你也可以通过弗洛伊德的学说明白这三种爱为什么罪恶。

根据弗洛伊德的说法，这三种罪恶之爱如下。一是贪财，对弗洛伊德来说，这是基督教的说法，他将贪恋金钱称作是一种神经质式的恋物癖。弗洛伊德常说，只有神经症很严重的人，才会使他的欲望、他的力比多固着在类似金钱之类的物品上。第二种是基督教传统称之为骄傲、自负、过度自恋的东西，弗洛伊德换成了神经质。神经质是不正常、不健康的，它会导致我们对自我产生依恋，因此自恋是神经质严重的表现之一。第三种是痴迷的爱，被弗洛伊德形容为青少年过高估计了理想中的性对象。弗洛伊德认为，以上种种都是罪恶之爱，要么是神经质，要么就是神经质的症候。要想健康、成熟、正常地爱，就必须克服这些罪恶之爱，或者治好这种病。但大家可能还跟以前一样困惑，弗洛伊德为什么将痴迷的爱称为罪恶之爱呢？我觉得要把这第三个问题解释清楚，最简单的方法还是去读弗洛伊德的文章。弗洛伊德指出，青少年试图将无邪欲的神圣之爱与世俗的肉体之爱结合在一起，“这通常会因为过誉或理想化性幻想对象而受到挫败”。现在，随着过誉或理想化，也就是对性幻想对象的过高评价或理想化，“可能会打击真实的性满足感，就像青少年脆弱情感中经常发生的那样。自我变得越来越谦逊、谦虚，爱慕对象也越来越崇高和高贵，直到最后它完全占有了自我的自爱，自我牺牲因此成为一种自然的结果”。“当性爱不能像在婚姻关系中那样尽情宣泄时，”弗洛伊德将这种青少年之爱比作被催眠，他说，“这种催眠关系涉及相爱的人对所爱之人无限度地投入，完全取代了除性满足外，所有的自我之爱。”

这是从心理学角度解释了为什么痴迷之爱是错的，为什么多发于青少年，而不是成年人。这一点与神学家的观点相似，他们同样认为痴迷是一种理想化和过高估计，是把对方当作了神，当作了需要膜拜的对象。但抛开神学，仅从自然科学的角度看，弗洛伊德认为爱的对象应该是人本身，而这三种罪恶之爱都在摧毁那种使人生命更丰富的美好之爱。

罪恶之爱是对美好之爱的打击。对金钱的贪恋，扭曲并阻碍了对人的爱。人应该爱人，但过度的自恋通常导致孤独终老或爱而不得，过度的痴迷则会损毁人的自爱和自尊。自恋与痴迷会严重地阻碍我们爱与被爱。而如果缺乏自尊，爱便不能恒久，也损毁了爱情本身。

在我看来，爱的道德可以用两句话进行简单的总结。一是人应该只爱值得被爱的上帝或人，而不是俗物。二是人应该适度地爱值得被爱的人，既不能泛滥也不可吝啬。从某种意义上说，爱的道德体现了道德的精髓。因为道德就是要求我们拥有正确的价值观，让所有美好都合情合理，并热爱这些美好。对应为爱的道德就是，用恰当的爱，去爱一个对的人。

劳埃德 · 卢克曼：那么，艾德勒博士，在思考这一结论时，我想到了圣奥古斯丁[①]说过的一句话：“去爱，然后做你想做的一切。”他的意思不就是，为爱而做的任何事都不会错吗?

莫提默 · J. 艾德勒：是的，他的意思的确如此。但我认为圣奥古斯丁在这里所说的爱，是一种完美的爱，是上帝的爱。但如果我们谈论的不是上帝的爱，那也必须加上一个附加条件：“爱那些美好的、丰

---

① 圣奥古斯丁（Saint Augustine，354—430），中世纪初期的哲学家、神学家，基督教神学体系的创立人，教父学的著名代表，新柏拉图主义者。其著作颇丰，其中《上帝之城》被认为是一部有关过去、现在和未来的全部基督教会历史纲要。

富的，远离那些有所残缺的爱，那么你就不会犯错。”

诗人也用诗歌的方式说过类似的话。我想大家都知道约翰·萨克林爵士[①]在《出征前，致露卡斯塔》(*To Lucasta, Going to the Wars*)这首诗中的名句：“亲爱的，我对你的爱不能泛滥成灾，你对我的爱也是一样。”

华兹华斯[②]在《责任颂》(*The Ode to Duty*)中对此有着更精妙的描述：“日子将变得宁静而明亮，幸福成了天生的宿命，当爱像一盏永不迷茫的明灯，当欢愉为爱护航时。”现在，在我看来，它对爱的道德做了总结，但并没有完全解决人类生活中所有爱的问题。

劳埃德·卢克曼：我很想在以后见面时能继续讨论这些问题。

莫提默·J. 艾德勒：也许未来有机会吧，但现在我们对爱的讨论必须到此结束了。

---

① 约翰·萨克林（John Suckling，1609—1642），英国查理一世时代的保皇党骑士诗人、剧作家和廷臣，以所写抒情诗著称。

② 华兹华斯（William Wordsworth，1770—1850），其诗歌理论动摇了英国古典主义诗学的统治，有力地推动了英国诗歌的革新和浪漫主义运动的发展。他是文艺复兴运动以来最重要的英语诗人之一。

16 如何思考善与恶

讨论善与恶这组大问题。在仅有的时间内，我们无法把这几个词所蕴含的内容都考虑到，也无法将由此引发的问题都理解清楚。因此，我们的讨论主要关注人类的福祉或人类的幸福。

我给大家快速地举几个例子，看看我们应该在哪些情况下使用“善”和“恶”这两个词，特别是“善”。例如，经济学中的商品（goods），其中也包括我们常说的产品和服务，即人们买卖的东西。所以，商品在这里的另一个意思是，有价值的东西。我们认为商品具有使用价值或交换价值。在政治学中，我们说一个善（good）的社会或一个善的政府时，“善”一词往往具有公正的内涵。因为善的社会就是公正的社会，善的政府就是公正的政府。而在伦理学中，我们经常用“善”这个词来说一个人的性格。我们评价一个人是个好人，其实也是说他为人善良。

但这里还有两点值得关注。当我们评价一个人是好人时，有时是说他生活幸福或善良，有时我们则是强调他是一个有道德的人，或者更严格地说，是一个正直的人。

从严格意义上讲，善与恶、对与错，并不能指代同一件事。例如，对与错只适用于人的行为，善和恶则可以形容宇宙中的一切。

这就引出了善第三种、第四种主要的用法，即形而上学中的“善”。在这里善可以评价世间万物的完美程度。有些事物比其他事物更好，因为它们在现实中的存在比其他事物更完美。在此，事物善的等级与事物完美的等级是同一回事，从宇宙中最不完美的事物、最难以觉察或最不真实的事物，如原子和分子，到形形色色的生物体，直到上帝。

善德与恶德

在讨论这个问题时，我打算把所有的时间都用于讨论伦理学中的善与恶。这里有一个值得我们花时间关注的问题，即判断善恶的问题。当我们说某样东西是善的、某样东西是恶的时，那是我们从知识信息层面所做的判断呢，还是仅仅基于我们个人的观点?

这个问题有两个极端对立的答案。一个答案来自哈姆雷特和蒙田——他们用几乎相同的措辞说:“世间本无善恶，全凭个人怎样想法而定。”这么说的意思是，善恶标准只是一个观点的问题。你可能认为某事是善的，而我可能认为它是恶的，最终不过是基于我们的想法。

相反的观点认为，我们可以知道什么是善，什么是恶，我们的认识甚至可以像认识物理学那样精确地得出各种伦理学结论，从而清楚地知道，对人而言，什么是值得追求的善，什么是值得人去做的善举。

所以，一方认为善恶不过是人的看法，另一方认为伦理学是一门科学。这两种观点争论的核心是，评判善恶的价值标准是客观的还是主观的?

那么，我想我们还是先解决善与恶这一概念本身的主客观性问题，然后再扩大思考范围，讨论大众观念中的善恶的主客观性。

不论是狭义还是广义，关于善恶的两个问题，都是严肃的、重大的、具有实际意义的问题。因为当每个人在评判善恶时，选择的是客观还是主观立场，可以引发不同的生活态度、不同的行为，以及对他人不同的判断。

我们说某个事物是善的，是什么意思呢？有一件事很明确，任何我们认为善的就是我们认为值得追求并努力争取的，所以善也是我们期待的对应物。

情况就是这样，我们追求任何事物，是因为它是善的，在这个世界上，除了追求善，我们别无他求。因此，可以总结出所有的人都在追求善。早在几百年前，苏格拉底就这样说过：“没有人会追求他认为会伤及自己的东西，相反，他只追求对自己有利或有益的东西。”

表面的善与真正的善

大家可能会问我，“那些患有精神问题的人，似乎热衷于自残或自我伤害，这些人又怎么说呢？”毫无疑问，真的有这种人，正是因为他们患有神经质疾病，这种病理使他们把正常人认为是痛苦的事物，误认为使人愉悦、有利的事物。因此，他们追求这种痛苦时，虽然看起来是反常的，但这些是他们认为使人愉悦、有利的事物。但大家可能会问：“难道正常的人从来不寻求，虽然实际上有害，但自己却认定有利的东西吗？难道他们从来不会错误地追求善的东西，其实只是表面上的善吗？”当然，这是一个非常棘手的问题，这让我们立刻想到，如何辨别真正的善与表面的善？我来看看能不能帮大家区分一下。

如果这个事物是人们认为有利或有益的，也确实是他们想要得到的，即使它们不是人们当下所追求的，但因为有益于人类，所以是人们应该想要得到的东西，我们就称之为真正的善，而不仅仅是表面的善。如果用这种方式区分的话，就不得不回到我最初对善的定义，即善就是人们认为值得追求也想要得到的事物。因为如果善是大家都想得到的东西，那么人们应该得到而实际上并不想要的事物，我们怎能称其为善的事物呢？

这个问题的回答取决于一个更深层次的问题，也就是斯宾诺莎在几个世纪前提出的问题，我们称某物为善是因为我们追求它，还是我们希望它为善？这个问题会使整个世界大不一样。当我们回答这个问题时，实际上也是在对善恶的主客观性这个基本问题做出选择。

我们来仔细研究一下双方观点。一方说，善就是我们实际上渴望得到的、能让我们愉悦的东西，因为它满足了我们的欲望。既然如此，那么善完全与我们的欲求有关。能够满足你的，对你而言就是善的，满足我的，对我而言就是善的，即便是不同事物使我们感到愉悦。结果是真正的善和表面的善根本没了区别。这就是我们常说的享乐主义，把愉悦感、欲望的满足等同于善。

请允许我给大家读三句话。首先，斯宾诺莎说："从事物本质来考虑，善与恶这两个词并不表示事物本身是积极的或负面的。根据作出判断之人的主观立场，同样的一件事，也许可以既是善的，又是恶的，也可能是无关紧要的。善仅是个人认为有用的、使他们感到满足或愉悦的东西。"霍布斯说："愉悦仅仅是善的表现或感受，因为这种愉悦也是恶的表现或感受。"洛克说："凡带来愉悦感的，我们就称之为善；凡带来痛苦的，我们就称之为恶。"

穆勒在探讨功利主义时也把愉悦等同于善。他认为能够使我们满意的事物便是善的。但穆勒提出了一个关键问题："难道所有的快乐都是一样的吗？难道没有高低等级之分吗？"按照他的说法，在评判善恶时，除了快乐本身，难道不应该将个人也采纳到评判快乐等级的标准中吗？难道我们不应该关注评判主体的品行高尚或卑劣，是否是个有教养的人吗？

因此，穆勒说："做一个不满足的人比做一头满足的猪好；做一个不满足的苏格拉底比做一个满足的傻子好。"但这句话似乎不足以证明——善就是使你我感到愉悦的一切事物。

相反的一方，即认为善与恶具有客观性的一方，坚持认为表面的善与真正的善之间是有区别的。真正的善是客观的善，是我知道的善，表面的善只是我认为的善。此外，区分方法如下：表面的善只是个人判断或观点的一种表达，是刻意追求的对象。因此，真正的善是我知道是善的，无论我是否在刻意追求，它都是善的。它是我自然追求的客体，而非刻意追求的客体。

刻意追求和自然追求有什么区别呢？刻意追求是指无论何时都能想到的某个具体的渴望对象。可能我想得到一支钢笔，就是那种看起来非常精美，实际上也很棒的那种，再比如我想要一辆豪车，这些都是刻意追求。自然追求就是人性中固有的偏爱和欲望。例如，饥饿就是自然追求，因此食物是一种真正的善，因为它能满足饥饿这一自然追求。我天生就有求知的欲望，因此知识是真正的善。我有一种与人交往的天性，渴望在社群中建立友谊，所以友谊也是真正的善。不论我是否刻意地追求这些事物，对我来说它们都是满足我自然追求的善。因此，一个守财奴最终仍将感到失望，因为他并没有发挥自己的天赋，有意识地满足自然追求。如果理解了这一点，那么大家就会立刻明白何谓真正的善，因为真正的善永远可以满足我们的自然追求，无论何时何地。

根据我刚才所描述的观点，真正的善是人自然追求，也是应该有意追求的东西。因此，我们可以判断追求目标是否符合我们的自然追求，以此来衡量自己的刻意追求是善是恶。

什么是善的最高境界

在思考善与恶这个问题时，我们还必须面对另一个问题：什么是善的最高境界？在伦理学研究中，有时被称为至善（summum bonum），这个词出自拉丁语，有时可以直接指全体人类寻求的终极目的、结果或最终目标。

当我们思考至善，即人类生活的终极目标时，必须把善视作手段和目的。我们寻求某些东西并不是为了得到东西本身，而是为了换取别的东西。我想大多数人都认同，金钱不是目的，而是手段。我们想要钱，因为我们需要用钱买到的东西，如商品和服务。我们需要的不是钱本身。很大程度上我们想要健康，不是为了健康本身，而是因为健康是完成更多有趣活动的基本条件。

因此，问题出现了，什么是至善？我们所追求的哪种善是目的而非手段？我想，人人都想拥有幸福，我们追求幸福是为了幸福本身，而不是为了其他目的。现在，请大家试着补全这个句子：我想要幸福，因为……相信大家很难给出别的理由，因为人想要幸福，是因为幸福是人类的终极目的。

顺便说一下，这是欧洲思想史上的普遍共识。亚里士多德说："那些作为目的而非手段的善，我们称之为最完美的善。"幸福就是超越其他一切的存在。为此，我们做出的选择永远都是因为幸福本身，绝不是因为其他原因。

几个世纪之后，帕斯卡[①]说："人类希望幸福且只希望幸福，不可能希望不幸福，希望幸福是因为幸福本身。"洛克说："是什么最终助推了我们的追求？他答道："是幸福，且只能是幸福。因为幸福是人类应得的最大快乐。"

时间再晚一些，到了几个世纪之后，穆勒说："功利主义认为幸福是唯一可以作为目的追求的对象。相比之下，其他追求的都只是手段。"每个人只要认为幸福是可以获得的，就会追求幸福。这足以证明幸福就是一种善。但如果想要证明幸福就是一种至善，就得证明除了幸福我们别无他求。我想，这一点并不难解释，因为如果我们审视一下我们所说的幸福，就会发现其中包含着这样一个基本态度：当一个人感到满足，不再有其他愿望或追求，那么他就是幸福的。幸福是这

① 布莱兹·帕斯卡（Blaise Pascal，1623—1662），法国神学家、哲学家、数学家、物理学家、化学家、音乐家、教育家、气象家。帕斯卡涉猎颇广，对自然和应用科学、机械计算器的制造和流体的研究、数学、现代经济学和社会科学都有深远影响。1654年末一次信仰上的神秘经历后，他离开数学和物理学，专注于沉思和神学与哲学写作。

样一种状态，无论再增加什么，幸福感不会再增加，善也不会再丰盈。这也是穆勒为什么会称其为一切满足感的总和。

如果它是一切满足感的总和，它显然也是至善，即一种完满的善、全部的善，所有其他的善都是它的一部分。那么也会有人说，如果幸福是至善，那么其他的善只是部分的善，是我们寻求幸福或实现幸福的手段。我们每获得一部分或完成一部分，都意味着离我们的终极目标越来越近，也就是离至善和幸福越来越近。

现在，我们再次回到之前提到的问题：幸福是客观存在还是主观概念？当不同的人因为不同的欲望追求不同的幸福时，幸福对所有人来说都是一样的吗？这是一个非常重要的问题，因为整个伦理学的可靠性依赖于对这个问题的回答。幸福的内容对所有人都一样，还是因人而异？主观主义者会认为，幸福就是每个人内心所期待的样子。每个人对自己幸福的看法都与其他人不同，幸福会根据自己的心情和愿望发生变化。例如，洛克说："尽管所有人都会希望自己幸福，但他们并没有被同一个事物所打动。人们选择了不同的幸福，但都是最好的选择。"洛克也不同意古代先哲的看法，在他看来，先哲们对"至善"的定义相当勉强。洛克认为，"每个人追求的至善，就是拥有能带来最多快乐的东西。但每个人追求的都不一样"。

反方观点仍然以真正的善和表面的善作为论据。真正的善是人们应该追求的幸福，这种幸福对所有人来说都是一样的。表面上的善，实际上的确也是人们追求的幸福，只是这种幸福可能因人而异。你可以问我："真正的幸福是什么？"我会回答："既然幸福是所有善的总和，那么真正的幸福必须是所有真正的善的总和，这对所有的人来说都是一样的。"

四种构成幸福的善

首先问大家一个问题，你能说出什么是真正的善吗？我觉得，我能。如果我观察人类的天性，思考人类的自然追求，我认为所有构成幸福的善可以分为这四大类。首先，外在的善，即我们称之为财富的东西，如我们使用的所有经济产品、服务、一切的商品。其次，身体的善，如健康、身体的愉悦和放松之类。第三，能满足人类社交需求，如朋友和我们生活的社会。第四，有益于心灵，如知识、真理、智慧和美德。这些都属于我们的自然追求，而幸福的人就是那些拥有所有这些善的人，如财富、健康、快乐、朋友、社交、智慧或知识（如果你愿意拥有的话）以及美德。

但在这些善中，有一个基本的区别。前三类具有偶然性，我是富有还是贫穷，是健康还是患有疾病，有无朋友，这些不完全取决于我，而是取决于外在因素，换言之是一种与运气有关的善。即便我没有过错，也可能会失去它们，甚至永远无法得到。第四种善是唯一可控的善，完全在我们的选择和行动范围内。具体而言，第四种善就是精神之善，是拥有其他一切善的基础。这种观点认为，拥有多少知识和美德决定着我们如何看待幸福及追求幸福，但对知识和美德的拥有又依赖于其他幸福或善，所以知识与美德也存在运气的成分。

在结束讨论之前，我必须给大家阐述一下幸福理论所受到的抨击。抨击来自古代的斯多葛学派和近代德国的哲学家康德。斯多葛学派认为，前三种善，也就是含有运气成分的善，它们依赖于外在的偶然因素，所以无法做出判断。实际上它们既不能说是善的，也不能说是恶的。在这个世界上，唯一能称之为真正的善的，是来自人本身的善意，这就是遵守法律、履行自己的职责的意愿。

罗马皇帝马可·奥勒留[①]就属于斯多葛派，他说："我们只能判断那些我们可以控制之物的善恶。就像有人杀了你，把你砍成碎片，诅咒你，这些事情怎么能影响你的心灵的纯净、明智、清醒和公正呢？"康德更进一步阐释了斯多葛学派的观点，他指出，我们可以将幸福视为最高级的善，但道德行为并不是以追求幸福为目的的行为。道德行为是指履行我们职责的行为。他同意斯多葛学派的观点：宇宙中只有一种东西可以称为至善，那是人类的善意，即一种尽职尽责的意愿。但康德接着说，虽然我们应该恪尽职守，应该具有公正的意愿，那么幸福也会随之而来，但"对于人类来说，刻意追求幸福或以幸福为目的是不对的，相反他们应该带着这种美好的愿望去构建生活，然后才能获得幸福"。这是一种完全不同的说法。

① 马可·奥勒留（Marcus Aurelius，230—283），罗马帝国皇帝，因东征波斯的功绩而被称为"伟大的波斯征服者"。

17 如何思考美

大家都很熟悉“真、善、美”这三个词，任何人使用这三个词时，指的都是存在于历史文化与人类文明中的三大价值：真、善、美。

但是，尽管这三大价值通常是按照真、善、美这样的序列出现的，但我认为更妥当的排列组合应该先说真和善，二者相辅相成并衍生出了美，美依赖于这两者。从某种意义来讲，美与真和善并不是并列关系。

但英国诗人约翰·济慈[①]提出了反对意见。他的《希腊古瓮颂》（*Ode on a Grecian Urn*）一诗的最后一句说：“美即是真，真即是美；此生何求，唯真唯美。”他似乎还说过：“美即是善，善即是美，此生何求，唯善唯美。”按照这种说法，济慈是将三者并列来看，同时也使得彼此之间的区别变得非常模糊了。我更倾向于另一种观点，它来自英国现代，埃里克·吉尔[②]。他的观点似乎比济慈的名句更有深度。

埃里克·吉尔也是一位诗人，他说：“照顾好真和善，美才能照顾好她自己。”这句话暗示我们，美依赖于真和善。理解这一点后，我们离美的本质也更近了，希望通过接下来的讨论大家能完全理解它。

在讨论真善美时，我们会遇到同一个问题，即类似于个人判断或个人品味，它们是一种主观的价值观呢，还是可以分出对错的客观存

---

① 约翰·济慈（John Keats，1795—1821），英国诗人，浪漫派的主要成员。

② 埃里克·吉尔（Eric Gill，1882—1940），20世纪初英国最著名的艺术家之一，集画家、雕塑家和字体设计师三重身份于一身。

在呢？在这方面，关于这个问题，我们建议大家思考一下美，因为人们经常执着地提出关于美的问题。

有一句古拉丁谚语高度概括了这个情况——每个人都有各自的爱好，没必要为此争辩。也就是说，关于品味的问题，争论不出对错，也毫无意义。我们也无法从美的角度与一个人争论他的喜好。

虽然这是人类比较早期谈及品味和审美思想，但在历史进程中，它逐渐扩展到了善和真的讨论。大家知道，我们现代英语中也有一条类似的俗语："无所谓好坏，无所谓美丑，我知道自己喜欢什么。"这句话的潜台词是："你不要和我争论，我知道自己喜欢什么，所以也没必要说服我去喜欢别的什么。"

正如我所说，首先一个人的审美往往是主观的、相对的，这种主观主义和相对主义不断扩展，延伸出真、善。事实上，当我们说善与恶或真与伪的问题时，这些问题也只是品味的问题，真理就是一个人相信的事物，善是这个人喜欢的事物，然后我们才能将这里的真和善上升到美的层次。

这种相对主义倾向于否定这三大价值的普遍性和客观性。这是一个严重的问题，在道德上、逻辑上、艺术或美学理论上，都是一个严重的问题。我们这次的讨论就是关于美的相对性或主观性。一旦涉及美，问题就会变得相当棘手，因为各方都证据充分。鉴于我刚才所说的，我希望通过两个主要问题来思考美。第一个问题是，美的本质是什么？第二个问题是，美作为一种价值观，它是客观的还是主观的？

美是什么

想要回答美是什么，首先得回答美与真和善的区别是什么。乍一想，这似乎是一件很容易的事。因为我们通常说，真的特质是，它是一种陈述，对所接受和了解的世间万物作出一种表述；善则是一种内在品质，藏在我们所期望或必需之物中；美是我们在艺术品中发现的某种品质。因此，这三大价值或品质的区别似乎是显而易见的。

但当我们更深一步探究，就会发现三者之间的界限逐渐模糊。我们先思考一下真。当一种陈述与事物真实存在的方式相合时，当思想与现实一致时，那它就是真的。这是人与现实之间的一种关系。

善存在于能满足欲望的事物之中，这是现实与人之间的另一种关系。与欲望有关的世间万物是善是恶，取决于它们能不能满足和取悦我们。请注意，善的事物使我们快乐，但美的事物也使我们快乐。大家马上就会问：我们称之为善的事物和称之为美的事物，所带来的愉悦感有何不同?

此外，了解与产生欲望，思考和行动，这两组类似的行为活动是人类与现实世界产生联系的主要方式，甚至可以称之为人类与其所处环境的全部联系。我们要么了解或思考事物，要么渴望或采取行动。真，存在于认识和思考的过程中；而善，则出现在满足欲望和采取行动的过程中。

那么美位于何处呢? 这正是问题的关键。

我认为有一种方法可以解决这个问题，就是将美视为一种综合体，一种真与善的结合。我们先思考欲望这个问题。我们会发现美是一种特殊的善的形式，因为它是一种非常特殊的欲望之物。不是贪欲，相比于普通的欲望更像是爱，因为美虽然是一种追求，但意在欣赏，无需使用或消耗其客体。普通的欲望，如饥饿、口渴，促使我们产生购买欲，从而导致我们使用和消耗具体事物。但是，求知欲只需通过观察客体本身就得以满足。如果有想认识的对象，并对其产生了认识的话，我们的求知欲就得到了满足。而认识并不像吃东西，因为认识某种事物时，我们不会消耗或损失什么。

认识美是一种特殊的认识形式，就像美的欲望是一种特殊的欲望一样。想要理解美的知识，需要全身心地体验美。不仅在于对它作分析性或论述性的表述，如2加2等于4，或x等于y，真理或逻辑的普遍规律就存在于这样的表述中。但美也是一种直觉认识。这就是为什么我们通常把美的体验说成是一种审美直觉，并用“直觉”这个词来意指与美有关的特殊知识，这种知识是无法用言辞表达的，它更像一种即时的体验——抓住你面前的那个物体、仔细观察，并在当下这一刻认识并拥有它。

美的事物更像是沉思的对象，它既不是具体科学研究的对象，也不是涉及善的行动的对象。

让我看看能不能把刚才所说的总结一下，请大家注意这几个细节：美既像善又像真。美像善，因为它使我们愉悦，满足了我们的审美欲望；美也像真，因为它是认识的对象，而不是行动的对象。正是因为美既像真又像善，美才与真、善有区别。

接下来列举两个对美的经典定义。其中一个是阿奎那说的，“美是我们一见到就能感到愉悦的东西”。我必须提醒一下大家，阿奎那使用“见到”这个词时，他想到的是对客体的本能直觉。这并不意味着只是用眼睛看到的，还有对客体的整体把握，也就是瞬间的直觉把握。他说，“美就是通过直觉就能瞬间把握，并能满足我们欲求的事物”。

另一段话来自康德，他表达了类似的观点，“美是完全无私且让人愉悦的客体”，我们无意以任何其他方式占有或消费它。我们寻求它，只为感受它。审美欲望是一种无私的欲望，而满足这种欲求所带来的愉悦也将是一种无私的愉悦感。

美不仅能被看到

关于美的本质、美是什么，前面已经说得够多了，现在我们来思考一下，美是一种主观认知还是客观认知？它是否真实地存在于客体中并给我们带来特殊的愉悦感？

对于这个问题，不同的人将给出不同的答案。一个极端是，他们说美完全在于事物本身，人是否能鉴赏出美，取决于客体是否具备美。但另一个极端回答是，美完全仰仗于每个人的品味，你认为美的，对另一个人而言则是丑的，或者正如俗话所说，汝之蜜糖，彼之砒霜。

蒙田谈到美时说道："我们根据自己的品味和喜好，想象出了美的形式。"在此，他显然是在以人类的基本形态作为思考对象。他列举了一些不同文化中的审美："部落人把自己涂成黑色和黄褐色，嘴唇肥大、塌鼻子、两个鼻孔中间的软骨上挂满硕大的金环，使鼻中隔都垂到了嘴上。在秘鲁，因为耳大为美，所以秘鲁人会用技术手段把耳朵尽可能地拉大。在其他地方，有些民族小心翼翼地把牙齿涂黑，因为他们不喜欢看见白色的牙齿，但在有的地方人们把牙齿涂成红色。意大利人热衷粗犷之美，西班牙人则崇尚瘦削和苗条。有人喜欢白色，有人喜欢褐色，有人喜欢柔软和精细，又有人喜欢粗壮和强健，不一而足。"

我认为在这两种极端的区分之间，有一个中间地带，可以表明美既是客观的，也是主观的，是存在于我们经验中的东西，是对客体的一种体验。

我们首先谈谈美的主观性，它是如何与我们自己的经验、性格和感受力相联系的。显而易见——萝卜青菜各有所爱，不是吗？孩子们认为可爱或美的东西，显然与成年人认为美的东西不一样，没文化的人与有文化的人品位不同。任何艺术领域中，受过教育的人所喜好的东西，通常与没有受过教育、没有受过审美训练之人所喜好的东西大不相同。当然，因为每个人的先天感受能力与后天受审美教育程度不同，我们对绘画、诗歌或音乐等艺术的审美体验也会有所差异。

还有另一种方式可以证明我们的审美体验受主观性或客观性影响。例如，下雪的时候，当你看着白色小斑点落在手中，如果我问你雪花美不美，你很可能会说不美。因为在正常情况下，落在你身上的雪花根本不会引起你的注意，更不会给你带来任何赏心悦目的愉悦感。但是，假如在高倍放大镜下观察雪花时，你的想法就会改变。几乎每一个看到雪花美妙图案的人都会说，每一片雪花都是绝美的艺术品，此时雪花也变成了美的客体。

有趣的是，无论个体体验或个人的审美品味发挥多大影响，美的事物总能给我们带来一份最基本的愉悦。我试着解释一下，基本愉悦感更像是客体的复杂程度和审美主体直观理解力之间的某种平衡。如果审美客体过于复杂，以致我们不能把它看作是一个整体，而只能看作不同部分的有序连接，那么它就无法被我们认识，我们也很难说它是美的。另一方面，如果它太过简单，连结构都没有，在研究它时，如果我们的眼睛、耳朵或者大脑没有发挥作用，那么我们也不会说它是美的。因此，与我们的感性经验和受教育程度相比较，观察的客体既不能太复杂以至于无法理解，也不能太过简单以至于我们无需努力就能掌握它。所谓的美，应该有足够的难度，需要个人付出一定的努力才能认识它，但又不至于太难理解，它应该是只要我们努力了，就能感到一种愉悦。那种成功认识它的愉悦，那种努力去认识它的愉悦，就是美的体验。

如果这就是审美主体与审美对象的关系，那么主体可以通过体验美而不断训练，经过训练可以理解越来越复杂的审美对象，品味也随之提升。这一事实，证明了美既是一种主观性的体验，也是一种客观存在。否则，我们谈论一个人品味有无提高，是没有任何意义的。因为我们提升品味，是为了有能力欣赏更美好的事物。

请允许我把这一点说得再清楚一点。个人的品味越高，越能欣赏到客体的美。反过来讲，一个人越是能体会到客体之美，他的品味也越高。但你也可以问，如果不考虑我们的审美方式和审美体验，究竟是什么让客体成为美？客体中的哪些部分是衡量美感高低的标尺呢？

和谐、有序、清晰

关于某客体为何可以被称为美，我想用三个词告诉大家：和谐、有序、清晰。首先，评价客体美丑，先看是否为一个和谐的整体；其次，如果它是一个复杂的客体，如我们研究的任何对象一样，它的各个部分的比例、次序和排列要和谐；第三，如果它由各个部分排列组成，则这些部分的结构必须是清晰的，也就是说客体必须有清晰的结构。事物的和谐、有序和结构清晰，是美之所以为美的客观条件。

还有另外一种说法。我敢肯定大家都会记得，我们上学时，一篇好作文的基础或标准是什么？就是要行文完整、清晰、连贯，也就是整体和谐，内部结构清晰，各部分安排有序。这三点也告诉我们，当某事物是美的，具有良好的品味时，是什么使它本身成为美、使我们欣赏它的。

我们都很清楚做任何事情，既可以把一切都搞砸，也可以完成得相当漂亮。将各方面材料整合起来，保证前后一致，各个部分相得益彰，同时结构鲜明，那么我们就会说这件事干得漂亮。把事情做好的艺术原则和鉴赏美的准则其实是一回事。

美的客观性和主观性是可以调和的，它们之间不存在冲突。一方面，艺术品有等级之分、美的等级之分，这一事实并没有否认审美的多元化，人们可以发现不同的美；另一方面，人的品位应该也存在等级之分。艺术品或审美客体有高低之分，所以人的审美也有高低之分。否则就不存在衡量品位的标准，我们也不能说，有些人品位很差，有些人品位较高，有些人通过训练、体验和教养，品位得到了改善和提高。

自然客体之美

到目前为止，我们的讨论主要关于艺术品之美，特别是美术作品之美。当然，美也存在于自然之中，也就是我们所说的自然之美。就对美的一般分析而言，在大自然中或在自然客体中，美的原则、美的条件，与绘画、诗歌或音乐作品等艺术作品中相同。

大多数人在谈论自然之美时，都会想起日落或山水之类的事物。当人们体验到日落或山水之美时，往往会选择拍一张照片。因为我们在观赏所谓的美景时的方式，有点儿像画家，以图像放在画框中的角度来欣赏照片，从某种意义上来讲，我们是在创作一件艺术品，而不是在欣赏大自然之美。

一个例子可以更好、更清楚地说明自然之美是什么。自然之美，即存在于自然之中、未经人工雕琢的美，它存在于花草树木、飞禽走兽或片片雪花之中。例如，常谈及植物或动物之美的亚里士多德在《诗学》一书中谈到，一首诗成为好诗的原则，同样适用于讨论动物之美。他说："一个美的事物——一个活东西或一个由某些部分组成之物——不但它的各部分应有一定的安排，而且它的体积也应有一定的大小；因为美要依靠体积与安排，一个非常小的活东西不能美，因为我们的观察处于不可感知的时间内，以致模糊不清；一个非常大的活东西，例如一个一万里长的活东西，也不能美，因为不能一览而尽，看不出它的整一性。"①

一朵亭亭玉立的玫瑰花与一朵奇形怪状的玫瑰花，一只形体匀称的动物与一只身体畸形的动物，我想，人人都知道这二者之间的区别。所有人都承认畸形是丑的，体态匀称是美的。所谓匀称，就是它的整体性清晰，各个部分相得益彰、结构井井有条且清晰。

---

① 引文参照罗念生翻译的《诗学》，上海人民出版社，2006年版。

在讨论美时，我们主要关注的是艺术。我们有充分的理由着重强调艺术中的美，因为如绘画、雕塑、塑像、诗歌、音乐等艺术品，这些都是人类以美为目的的创作。人们创作艺术品的主要目的是，为人们提供思考对象和审美客体。

我们谈论美的方式，既不能太狭隘，也不能太宽泛。因为各种精彩的表演，即使是像拳击赛、球赛或滑冰表演，观众也从中获得对美的体验。不仅在高雅的艺术中，在更广泛的艺术活动中，在所有的大众流行中，当人们在欣赏尽善尽美之事时，都能体验到它的美。

18 如何思考自由

在英语或任何语言中，几乎没有哪个词能比“自由”的意义更为丰富，也没有哪个词能让我们感到如此困惑，因为当我们阅读与“自由”有关的文献时会发现数量惊人，读完后想要分辨出谁与谁观点有分歧，谁与谁观点一致，这几乎是一项不可能完成的任务。

现在，为了在短时间内搞清楚这个复杂的问题，有必要区分人们在使用“自由”一词时脑海中出现的几个不同的概念。

三种自由

首先，我们脑海中会出现的第一种自由，它关系到人与人之间的行为和关系，指人在行动、社会及国家关系上享有的自由，也可以称为社会自由、政治自由或经济自由。自由在这里的意思，就像当一个人被另一个人奴役、控制时，我们可以说他失去了自由。同理，人们也会认为，经济垄断是对自由的干涉，因为垄断阻止了竞争，妨碍了人们购买竞品的选择权。而在这一领域中的某种限制性立法或限制性公约，可能会妨碍人们享有的人际交往、社会生活中的行动自由。

第二种自由，是指人的内心决定自己何去何从的自由。这就是我们所说的与社会自由相对的精神自由。这时，我们通常会想到自由意志，即自己决定，不受人的背景或其他外在原因干扰。

还有第三种自由，指我们成功化解了自身阻碍，使得天性得到了完美的发展并成为自己应有的样子。这种自由有时被称为道德自由，类似于神学家所说的在罪恶中得到了解脱。而到了现代，精神病学家将这种自由定义为健全的人格，与之相反的神经质患者则是不自由的。

我刚说过，有社会自由、精神自由和道德自由这三大自由。当我们用“自由”这个词时，可能指的是这三种自由中的任何一种。三者之间有显著的区别。我认为没有人会把在社会中的行动自由，与做决定的自由混为一谈，当然也不会把这种精神自由与道德自由相混淆。然而，尽管它们有区别，但又相互包容。有一些理论认为，精神自由是构成社会自由和道德自由的基本自由。

社会自由

这次我只打算详细解释这三种自由中的第一种，社会自由。它代表着我们与他人、与社会之间的关系，也是帮助我们实现目标的关键。在社会自由的范畴内，存在着许多值得讨论的问题。

在讨论前，我想对社会自由做出进一步的阐释。谈及社会自由时，每个人都能根据身处的环境来判断自己是否拥有这种自由，自由程度如何。处于一种有利的环境中时，我们享有这种自由，可以按自己的意愿做自己喜欢的事；陷入不利环境中时，我们则被剥夺了自由，无法做自己想做的事。

这也是为什么如果我们想将社会自由称为环境自由，需要以一个人是否处于有利环境中作为他是否拥有这种权利的标准。接下来，如果还想进一步区分它与另外两种自由，我们应该将第二种自由称为天生的自由，即有些人所说的与生俱来根植于人性中的自由。只有当人们处于有利的环境中，天生的自由才能被发挥出来。

最后，我认为如果能将第三种自由视为一种后天习得的自由，这将有助于我们的理解。它既不是人类与生俱来的东西，也不是人类根据处境变化而获得的自由，它是在人类成长和发展过程中获得的一种自由。因此，这种自由应该称为后天养成的自由。

再说回环境自由，获得这种自由依赖于有利的环境。在这种有利的环境中，人能随心所欲地做自己想做的事，实现自己的目标，甚至连私人愿望或欲望也可以实现。

美国早期神学家乔纳森·爱德华兹①曾说过，既便一个人无法决定自己想要什么，但可以随心所欲地做事，那么他是自由的；如果一个人无论想做什么都能去做并完成，那么他也是自由的。

自由与强制力

既然这种自由在于执行并实现我的欲望或愿望，那么阻碍这种自由的重大因素就是我们所说的强制力。当一个人受有形力量的压制时，他就无法遂其所愿了。换句话说，在这里阻挠自由的不是因果规律，而是强制力。

相信大家能明白我说的强制力是什么意思。例如，如果一个人想顶着强风行走，却无力使自己逆风而行，那么风所代表的自然力在压制他。或者一个人困在了灌木丛中，低矮的灌木挂住了他的衣物使他不能行走，那么他便受到了束缚被迫无法前行。再举另外一个例子，假设我扭着你的胳膊，我的力气很大，使你动弹不得，那么你在身体活动方面受到了强制力。因此，人有时受到强制力干扰，可能是自然因素，也可能是社会人为因素导致。

当你停下来思考强制力如何限制行动自由时，自然会明白自由与否完全依赖于行动本身。当一个人受到强制时，被迫承受着别人施加

① 乔纳森·爱德华兹（Jonathan Edwards，1703—1758），18世纪启蒙运动时期的清教徒布道家，曾推动北美殖民地的“大觉醒运动”，被认为是美国最出色的神学家，也被视为美国哲学思想的开拓者。

给他的压力，并不是他的主动行为。

因此，我们谈论的这种自由包含着积极的与消极的两方面。消极一面指这种自由需要摆脱强制力；积极一面是，这种自由允许我们通过行动以实现或满足自己的欲望。当我行动时，我是自由的。大家稍稍思考一下这句话就会理解自由的核心在于，我的行动足以抵抗任何外力强制，那么我就是自由的。

想要理解自由的本质，我们需要理解两个术语：自我和他者。如果我所做的是由他者施加压力于我，那么我不是自由的；如果说我的所为、所思、所想，完全出自自我意愿，那么我就是自由的。当自我受制于他人时，我只剩下情绪，身体其他部分受人摆布，无法自主行动。但当自我成为行动的发起者与执行者时，你就有了行动。有了行动后，你也有了自由。因此，我们几乎可以说，自由的本质在于自我的力量，如何行动、思考、实现这些都是由自我决定的。而自由的缺失就是自我受制于他者的力量。

根据自己的意愿行动会涉及哪些问题呢？对此，我想在此给大家展示一下关于这个问题的几种分歧。我们可以通过思考这几个简单的问题，看看这些问题的答案有什么自相矛盾的地方，从而进一步理解这些分歧。

第一个问题是，像石头、植物或猫科动物这样的存在，是否享有按自己意愿行动的自由。托马斯·霍布斯对这个问题的答案是肯定的。他说："石头滚下山的时候，如果没有任何东西挡道，它就是自由的。如果有树枝或其他石头之类的东西，让它停了下来，那它就不是自由的。"除此以外，我们也常常认为，关在笼子里的动物和关在监狱里的人一样不自由。但霍布斯以及其他一些人认为，只要在可以行动的时候不受外力干扰，那么人也好，动物也好，在那一刻都是享有自由的。然而也有人提出了反对意见，认为只有人类才享有这种自由，因为只有能主动提出需求和愿望的人，在不受任何干扰的情况下展开行动并达成目标，这样才能被视为自由的，而石头不具备这种自觉意识。

再说说第二个问题，除外部强制力，这种自由还会受别的因素干扰吗？霍布斯认为，没有。唯有强制力会阻碍这种自由。但其他著述者说，有。这种外在力量可能只是一种干扰，比如恐惧。我可以恐吓你、威胁你，由此让你感到恐惧，最终变成即使我什么都不做，你也不敢行动。因此，有些理论家把因惧怕后果而不敢采取行动的情况视为一种自由的障碍。

还有一种观点认为，对工具的剥夺也能干涉自由。你想去市中心，很着急，虽然你有车，但我拿走了你的车钥匙，所以你去不了。我是不是妨碍你的行动自由了呢？你还能实现目的吗？不能。因为我夺走了你的工具。因此，除了强制之外，还有其他因素可以干涉这种自由。

下一个问题是，这种自由中包含多个选项吗？实现自由时，一个人有选择的机会吗？我给大家举个例子。比如，一个蹲监狱的人，牢房的铁栏杆使他无法走出牢房，但他也不想走出牢房，非常乐于坐在那儿。他自由吗？霍布斯会说："对啊，他是自由的，这个时候没人强制他。他想坐在牢房里，没有什么能阻止他坐在牢房里，所以他是自由的。"但洛克会提出反对意见说："事实并非如此。因为一个人如果想要享有自由，必须得同时拥有两种以上的选择。"假设这个正在坐牢的人想走出牢房，那么他必然是不自由的。根据洛克的说法，这个人有随时走出牢房的自由，但此刻他还是选择待在牢房里，他才是自由的。也就是说，一个人只有在有选择的时候，他才是自由的。这种自由观要求我们有可选择的余地，而且选择应该是开放的，我们可以采取不同的方式行动，而非仅有一种。

最后一个问题是，这种自由是否取决于一个人是否有能力成功地实现目标。有些著作认为，除非我有能力成功实现目标，否则我仍是不自由的。仅仅我有能力做出此行为或彼行为还远远不够，我还应当有能力实现我的愿望或目标，如此一来我才有资格被称为自由人。

我们刚才讨论过的这些问题表明，当人们认为自由是按自己的意愿或喜好行事时，人们对自由的理论认识其实各不相同。正如大家刚才看到的，这些问题还提到人们认为会阻碍或妨害自由的各种障碍。但还有一个我们尚未考虑到的重大问题——刑法、民法等国家法律是否阻碍自由？

这个问题的答案相当重要。有人认为法律或政府都是自由的障碍，会侵犯或剥夺人的自由。因为他们认为法律是他人意志的体现。因此，如果我遵守法律，就不是在按自己的意愿做事，而是按他人意志做事。如果我不服从法律，不服从他人意志，那么我就会受到法律的制裁。

法律总是限制自由吗

在认为法律会限制自由的人看来，阻碍人类自由的方式有两种：法律约束和法外强制。所谓法外强制是指法律以外的他人和各种外力压制。因此他们承认，有时当法律保护一个人不受法外强制影响时，从某种意义上说其实是对自由的保护。然而，持这种观点的人总还说，即使法律以禁止法外强制的方式保护了自由，但同时法律也在剥夺自由。

我给大家读一下边沁[①]对这个问题的看法，因为他正是这个观点的核心倡导者。他说："法律通过规定义务而损害了自由，法律设定多少义务，就对自由产生了多大破坏。一个社会不可能既规定权利，又设置义务，同时还保护个人，除非以牺牲自由为代价。"因此，他继续说："我们可以反对任何强制性的法律。理由是，任何法律都是对自由的侵犯。"边沁之后，穆勒继续指出，法律与自由是一对相抵触的概念，法律规定的行动范围与自由的行动范围也是相互抵触的。穆勒

① 杰里米·边沁（Jeremy Bentham，1748—1832），英国法理学家、功利主义哲学家、经济学家和社会改革者。

认为，由于自由与规章制度或强制力互不相容，所以自由的范围随着政府管制和法律规定而发生变化，法律越多自由越少，法律越少自由越多。

个人应该享有多少自由？这是一个合理与否的问题。穆勒回答这个问题说：“在不干涉或伤害他人的情况下，个人应尽可能地享有自由。”他的原话是：“任何人在行动过程中，对社会唯一需要负责的就是与他人有关的行为。而当与他人无关时，他就享有了绝对的自由。”

关于法律与自由，有人给出了相反的答案：人在法治下享有自由，享有通过法律所获得的自由，也享有法律所赋予的自由。他们相信如果是公正的法律，那么绝对不会侵犯任何人的自由。

我想请大家注意，正反两方都对一点达成了一致。第二种理论认为法律是有利的，甚至是自由的基础，只要是法律禁令之外的事我们享有绝对的自由。意思就是，我的自由显然在于法律之外。但不同于第一种理论，第二种理论强调在一定条件下的自由，这也是它的独特之处。

那么所谓一定条件下的自由，条件又指什么？首先，法律是我认同的法律，也就是征得我同意的法律。实际上，宪政国家以及任何共和政体的法律，都是在人民同意的情况下制定的。其次，在我同意了这些法律的基础上，我还拥有实际的发言权，也就是我以公民身份在制定法律的过程中参与发声。换句话说，在共和政体和宪政政府中，当人民享有公民的地位、基本权利和具体权益时，即使遵守法律，他们也是自由的。因为他们生活在自己认同的法律体系下，在制定法律的过程中具有发言权，在这种条件下，当他们服从法律时，也是在遵从自己的主观意愿行事，拥有发言权。这向我们展示了一种自治的自由观。但这种自治不是无政府主义的自由，而是通过在政府中行使发言权、选择自己认同的政府而享有的自由。

我给大家在这里读几句关于这一观点的经典论述。威廉·佩恩[①]说："最合理、最人性化的政府是人民选出的政府。只有这样的政府在执政时，人们才能够执行由人民制定的法律，并在服从中获得自由。"卢梭指出，"在宪政政体中，人人都是公民，遵守法律就是服从自己的意志，因此大家都相当自由"。这就是为什么卢梭反复强调，人类应当将公正与自由归功于法律且只归功于法律。洛克说："法律的目的不是废除或限制自由，而是维护和扩大自由。没有法律的地方，就没有自由。因为自由不应该受他人干涉和暴力强制，在没有法律的地方是不可能自由的。"最后，康德说："自由就是独立于他人意志，不受他人意志支配。因此，只有共和国的公民才享有宪法赋予的自由，因为除了自己认同或同意的法律外，他不会遵从其他任何法律。"

那么，根据这一理论，当人们生活在暴政或专制统治下时，受制于未得到自己认同的他人意志，或置身于自己不具有发言权的规则之中，这些都算不上自由。自由与此恰好相反，按照洛克的观点，"自由不受制于他人反复无常、无法预知、武断专行的意志"。因此，根据这一理论，法律非但不限制自由，也不反对自由，而且还总是倾向于促进和增强自由，法律也因此成为了自由的基石。

最后，我想谈谈有关自由与法律的根本冲突的另一个问题。有些人认为法律是自由的基础，并且对自由和放纵作了明确的区分。公正之法绝不侵犯自由，只有不公之法才会干涉人的自由。如果不遵守公正的法律，一个人并不会获得自由，而会过度放纵。根据这一理论，放纵就是自由的对立面。因为自由是为人自身利益服务的行为，而放纵会使他人和社会的利益受损。

反方观点认为，法律无论公正与否难免会侵犯到自由，不公之法与公正之法一样，都可能干涉人的自由。因此，根据这一观点，自由

---

① 威廉·佩恩（William Penn，1621—1670），英国斯图亚特王朝时期的一对同名父子，父亲是海军上将，在两次英荷战争中立有战功，儿子是宾夕法尼亚殖民地的开创者，崇尚自由和民主。

和放纵没有区别。自由始终不受法律的约束，不论这些法律是否公正。那么违背公正之法的人与违背不公之法的人一样自由，正如边沁所问："作恶的自由难道不是自由吗？如果不是，那是什么？"

如何思考学习

我们接下来要讨论“学习”这个大问题。在讨论过程中，我们将通过卢克曼先生提出的一些问题，加深我们对学习的理解。

劳埃德·卢克曼：我能现在就提问吗，艾德勒博士？上周我一直琢磨你为“大问题”系列讨论选择主题时，为什么选择了学习而不是教育，你觉得这两个观念对等吗？我们接下来要围绕学习展开讨论时，你会像讨论教育那样讨论学习吗？

莫提默·J.艾德勒：以这个问题的回答作为开场，实在是再好不过了。卢克曼先生，或许你也可以问问自己：教育和学习真的只是对同一个概念的不同叫法而已吗？它们是同一个概念吗？

在我看来它们不一样。教育是一个比学习更大的话题，它的综合性更强。在我们称之为教育的这个广大领域里，学习只是其中一小部分。

如果我这里有两本书，它们分别讨论了教育哲学和教育实际问题，你只需浏览一下目录就会发现：学校制度的组建问题；国家对教育的控制，政治在教育里所扮演角色的问题；谁应该在学校里受教育及受教育多久；是否应为所有人提供同一种学校教育等等。在所有这些问题得到解决之后，才是教育的内容及方式的问题，以及应该教什么和如何去教。到此我们才开始触及学习问题。

这也表明学习问题只是教育问题的一部分。到此处理的其他问题都是外部问题，唯有学习才是教育的核心。

学习本身就是一个大问题。试想一下它所覆盖的范围，学习代表着人类行为在整体或多方面获得进步。学习是一个不断优化的过程，也就是提升我们情感、道德及智力的过程。

约翰·杜威[①]在这点上有着无与伦比的见解。他说学习过程与成长过程是一致的，当然这里指的不是身体发育。根据他对学习的观点，一个人一生中对事物的学习程度取决于他在情感、道德和心智上成长了多少。

劳埃德·卢克曼：您刚刚谈到了对学习问题的定义，在我看来，学习问题就是教育心理学问题。那么，您会以心理学方法来探讨这些问题吗？比如格式塔理论、条件反射理论、反复试验法等等。

莫提默·J. 艾德勒：不，那样会把我们带偏。

但你刚刚提及实验心理学家们之间对于何为学习的争论，其中有四到五种相互冲突的主要理论，这些理论主要基于在实验室内对动物行为的研究，有时也包括对人类行为的研究。

当我们翻开这本再普通不过的心理学教科书，找到关于学习的那一章，就会发现书里探讨的是以下几类问题：老鼠如何反复试错穿出迷宫；猫如何反复试错逃出锁住自己的箱子；巴甫洛夫的狗在实验室中因为条件反射分泌唾液；黑猩猩或者其他猿类如何通过感知洞察力来学习。

毫无疑问人类的某些学习行为可以参考这些动物在实验室里的表现。但绝不是所有人类的学习行为都如此，特别是那些意义重大的学习行为。

让我给你读读斯坦福大学的西尔格德[②]教授对这个问题的论述，

---

① 约翰·杜威（John Dewey，1859—1952），美国哲学家、教育家、心理学家，被认为是美国实用主义哲学的重要代表人物，也被视为现代教育学的创始人之一、机能主义心理学派的创始人之一。

② E.西尔格德（Ernest Hilgard，1904—2001），美国心理学里程碑式人物，现代心理学的一代宗师。他在早期研究动物和人的条件反射，后来研究人的动机作用和无意识过程，晚年主要从事美国心理学史的研究。

在我看来他的著述堪称学习研究领域的权威著作。西尔格德教授得出结论——所有这些关于学习的心理学理论都不能令人满意，“因为他们的大部分结论都是基于对动物行为的研究，以及基于这样一种假定——通过与动物行为的比较，我们可以对人类的学习行为获得最好的理解”。他还说，“这种将动物与人类进行比较的研究方法忽视了人类远比动物聪明而且可以使用语言的事实”。因此，人类比相对低级动物在学习方面更具优势。

我这里还想再多解决几个与人类学习有关的问题。比如，人类学习行为的最典型特征；涉及使用语言和符号的学习；涉及观念，甚至是“大问题”的学习；学习能获得理解、知识或者智慧，而不仅仅是养成身体习惯或者解决某个实际问题。

劳埃德 · 卢克曼： 这些问题无疑大大缩小了学习这一主题的范围。您还打算继续缩小吗？您的最后一句话让我尤其想要问这个问题，因为看起来您打算只谈论智育和知识的获取。

莫提默 · J. 艾德勒： 是的，劳埃德，恐怕我会进一步缩小这个范围。因为人类学习本身是个非常大的问题。即便如此，它也只是教育主题下的一个组成部分。

学习只是教育领域的一部分，而相对于动物教育，人类教育又只是学习领域的一部分。人类教育又是一个牵扯很广的议题，它涉及如何改变和培养我们的情绪，即情绪学习；如何形成自己的道德品格，即道德学习；如何提升思想、储备知识，也就是智育。

所有这些话题都很有意思。但接下来我们将聚焦于智育这一个方面，不是说智育或思想的提升比道德学习或者情绪学习更加重要，只是我们目前无法讨论所有话题。智育是一种涉及教师及教学在学习中所起作用的学习，而且不属于动物的学习行为。正如我们对教学的理解，智育发生在教室里，涉及思想改善的过程而无关性格形成或情绪的调整。

自主学习优于教导

当你意识到我们谈论的这种学习涉及教育，你会立马理解我接下来要说的问题，即教师在人类学习中所扮演的角色。首先，我想请你和我一起思考人类学习领域中一个最根本的区别，即有教师的学习和没有教师的学习之间的区别，它们有时称为讲授式学习（有老师带领）和自主学习（没有老师带领）这两者间的区别。

当我们理解了讲授式学习和探索式学习之间的区别后，就会推出以下结果。

但凡能被讲授式学习所教授的知识，一定可以通过自主学习获得。在人类进化史上，通过自主探索而获得的知识，始终优于老师讲授。因为这个老师所教的东西是从别人那里学来的，而那个人又是从另一个老师那里学来的，但我们不能如此无限溯回。在教学中被传递的某个知识点，一定有人通过自主学习发现了它。因此，我们应该首先搞清楚，探索式学习是最基本的学习类型，而讲授式学习位居其次。

我们由此也会发现教师是可有可无的。因为没有什么知识是老师不教我们就学不会的。我不是说教师是无用的，更不是说对于大多数人来说教师没有存在的必要，他们当然有用，也有存在的必要。因为没有老师的帮助，我们无法独立学习一生中必需的知识，至少无法学得那么高效和轻松。但在这个过程中，教师更像是一位助手，就像在学习中起帮助作用的其他元素一样，这也是教学的本质所在。

我们可以将教师视为农民或者外科医生。农民不生产各种各样的谷物，他仅仅帮助那些谷物生长。外科医生不生产健康的身体，他只帮助身体保持健康或者恢复健康。同样的，教师不生产大脑里的知识，他只帮助大脑自己发现知识。

苏格拉底称得上是最伟大的教师之一，也是所有教师的典范。他曾将教师比喻为助产士，并解释说：“我所做的不过是在协助知识的诞生，协助对其他思想的理解，帮助学生探索和发现知识，好让过程对于他们而言更容易。”

学习总是主动的

我认为这也展示了教与学的另一事实，即有老师帮助的讲授式学习，并不比探索式学习要求的主动性少。但若认为我们受教时身处被动姿态，那就违反了教与学过程中苏格拉底最强调的一点——学习者在受教过程中自主发现知识和获得理解。老师应该像助产士那样，仅仅是站在一旁协助。当我们理解了这一点时，也应该重新审视最开始提出的讲授式学习和探索式学习之间的区别。不过探索知识的行为贯穿于学习的整个过程，当我们学习时处处都会涉及发现活动、独立思考活动。或许最好不要分出讲授式学习和探索式学习，而应当将它们全部说成探索式学习。我们可以把老师指导下的学习视为“得到帮助的探索”，而没有老师指导的学习则是“独立的探索”。

在这两种形式的学习中，学习者都必须是主动的，必须一直学习。学习者可能受老师的教导，但这并不意味着他就应该乖乖坐着，像海绵或者木头那样吸收知识。换句话说，所有的学习根本上都是一个主动的过程，一个从实践经验中获取知识的过程，而不是被动接收。因为即便是我教你，但学习这件事情完全取决于你自己。

劳埃德 · 卢克曼：艾德勒博士，我没有听错吧，你刚刚说到学习是基于实践的学习？

莫提默 · J. 艾德勒：没错。

劳埃德 · 卢克曼：好吧，那我想问，这是否意味着你认可了进步主义教育[1]。

莫提默·J. 艾德勒：你感到吃惊，大概是因为我一直以进步主义教育的反对者闻名。不过，我反对的仅仅是进步主义教育里的错误部分。

正如你刚刚所提到的，进步主义教育认为学习应该基于实践。这个说法错误之处在于，它强加给自己一个特定解释，它将实践狭隘地解读为具体的实操活动、有特定形式的社会活动或者艺术生产活动。因此，我认为这个说法是不正确的。因为阅读、听讲座以及最重要的思考，类似这样的活动都被它排除在外。而如果进步主义教育者解释说，他无意将思考排除在外，只不过是把它从具体教学项目或问题里分离出来，那么我会说他既不懂设计教学法[2]，也不懂什么是实践。

"所有的学习都基于实践"这个说法的合理之处在于，它洞察到所有学习都涉及活动。学习不是一个被动的过程，也不是受某事影响而形成的习惯，更不是填鸭一样把知识塞给学生。打个比方，我现在把一张白纸弄皱，如你所见它将保持着这些皱印。但习惯与这些皱印不同，人的习惯不是因为所遭遇过的事，而是我们所做之事。这就是区别。主动性越强，学习就越有实效。

学习所涉及的实践或者活动不光指身体上的，也包含精神层面，尤其是思考活动。真正的学习必须有思考参与其中。所以，若把思考排除在实践之外，那么"所有的学习都基于实践"也会变成错误的说法。我们应该说成"所有的学习都基于活动，且主要是基于思考活动"。因为缺乏自主思考的学习，是一种机械学习，无法称为真正的

---

① 进步主义教育，20世纪上半期盛行于美国的一种教育哲学思潮。起源自反对传统教育的形式主义，支持以儿童为中心的学生观，以生活为内容的课程观，以解决问题为方法的教学观，淡化权威意识的教师观，强调合作精神的教育观。

② 设计教学法最早由克伯屈提出，也叫单元教学法，目的在于设想、创设一种问题情境，让学生自己去计划去执行解决问题。设计教学法要求废除传统的班级授课制，摒弃教科书，不受学科限制，由儿童根据自己的兴趣决定学习内容，在自己设计、自己负责的单元活动中获得有关知识和解决实际问题的能力。

学习。

我想阐述的第三点是，学习过程中的实践活动与平常意义上的“实践”不同，它们类似于听、读这样的事情。但关键是像读、听这样的事情，跟说、写一样，都应该是主动的。然而在进步主义者们的夸张表述中，一堂课被定义成这样一个过程——讲学者们的演讲稿直接变成了学生的笔记，即便这些内容在双方大脑中均未留下任何痕迹。

学生的学习不应由兴趣支配

进步主义教育者们非常在意的设计教学法，如果能让学生在应对问题时具备真正的兴趣，在渐渐找到答案前深入思考，那么在我看来它也是相当合理的。学习中最深的驱动力必然是对问题的好奇，以及对答案的渴望。问题总是先于答案产生，如果教育没有让人们真正地意识到问题需要通过答案解决，那么我们也无法激励人们主动学习。这一点在动物实验中得到了验证，除非受饥饿或者深层生理需求驱动，动物不会主动寻找解决方案。正如杜威在这一点上的总结，“问题是学习之根本，是学习的出发点”。杜威这段话中所说的问题还需与学习者自身经历相匹配，问题得在他们的能力范围内，这样才能激发学习者积极追寻知识。

劳埃德 · 卢克曼：您知道进步主义教育的主张里还有一个基本观点，即没有兴趣和动力就不会有真正意义上的学习。那么我在想您是部分认同这句话还是全盘接受？

莫提默 · J. 艾德勒：我认为他们关于学习动力的说法完全正确。但我唯一质疑的是，面对兴趣和动力是学习的基础这一真理性的命题，他们推演出了一个错误的结论。

我想任何一位教育家或老师都无法说出哪一种学习是不需要动力和兴趣的。但进步主义教育者似乎没有发现这个道理。公元前5年，柏拉图在著作中提出了教育不应该对孩子拔苗助长，学习兴趣的培养应贯穿于学习的所有阶段，而不仅仅只是孩童时期。

但许多进步主义教育家从这一基本真理中推演出了错误的结论。这个错误的结论认为我们应该以学生的兴趣为出发点。他们认为小孩来学校是带着明确的兴趣，而我们应该按照孩子的兴趣制订学习计划，这就是所谓以儿童为中心的学校，孩子的兴趣被视为所有学习和教学的轴心。我认为这不符合大多数孩子的本性，相比自己带着兴趣去学校学习，一般的孩子更愿意由老师唤起他的新兴趣。

我一直记得一个故事。它讲的是在纽约某进步主义教育实验学校里，有一天一个小男孩在走廊上哭，老师走过来询问他原因。男孩痛哭流涕地说："老师，我们今天必须做我们想做的事情吗？"男孩的这句话在我看来就是对这一问题的总结。

所有学习必须受兴趣激励，但我们从中得出的正确结论应该是，由老师和教育家去决定教授什么，重点在教育者，而非学生。在决定了学生应该学习什么后，他们的职责和任务就是唤起学生对所学之物的浓厚兴趣。

就像在讨论大问题时，我只是一个劲地阐述它们，而没有尽我所能去激发你们的兴趣，让你们从理解大问题逐渐转变为对大问题和概念的思考，那我将是一个非常蹩脚的老师。

所以，怎么才能做到这一点呢？这个问题我们没有时间进一步讨论了。实际上这是一个非常棘手的问题，因为它非常依赖老师的教学技巧，依赖特定的情况下，在特定的教室里面对特定的学生时，如何运用教学技巧。

教学应该补短

现在或许我可以就学习中的个体差异问题再多说几句。无论是在学校还是之后的成年生活里，我们都知道人类的天赋、品性和兴趣各不相同。所以，我们经常得出这样的结论：人们在学习和受教育的过程中，应该受到引导，这种引导能让受教育者发挥、发展自己的天赋，并坚持追求自己的兴趣爱好。这似乎是一种再寻常不过的结论，但它是错误的。如果某些事情就是人类生活的基石，如果存在每个人都该拥有的智慧，如果有某些知识、某些艺术是每个人都应该获得的，那么无论个体差异，还是个人的才能或兴趣，每个人都应学会所有这些。

在我看来，我们的任务就是要反着孩子的天赋来，尤其是在学校里。因为孩子的天赋意味着他在这块已经拥有力量。而孩子不具备天赋的领域才是他的弱点所在。教育或者说培育孩子，应该加强其弱点上的学习，而不是其强项。对诗歌感兴趣的孩子如果说，“我对数学不感兴趣”“我不做数学”，那就应该说服他去学。若这个孩子有诗歌上的天赋，这种天赋是不会被压抑的，它会以自己的方式去吸收积累。

我认为无论是在学校还是成年生活中，我们的任务都应该是学习那些基本课题。然后慢慢地以教育或学习的方式，去克服人类因天赋、性格、爱好不同而造成的差距。

劳埃德 · 卢克曼：艾德勒博士，我非常希望在我们接下来的讨论中你能进一步深入探讨这个极具挑战性的问题。

莫提默 · J. 艾德勒：我不确定我是否有时间能更深入地探讨它，因为下次我将主要处理有关成年人学习的问题。

没有人会因为太老而无法学习，如果你赞同我这一点，那么我确信你会对我们下次讨论的问题感兴趣。这些问题主要源于成年人的学习，本质上与儿童的学习完全不同。

年轻是学习的一道阻碍

学习虽然不像教育那么宽泛，但无疑也是个相当广博的议题。所以，我们现在主要是在讨论人类学习，这类学习可以提升人们的思想，且老师能在其中给我们提供帮助。

当我说起“学习”或者“教学”这个词时，我敢打赌你脑海中会出现的画面应该是，一个老师站在教室的黑板前，孩子们坐在自己的座位上。我说得对吗?

劳埃德·卢克曼：在您告诉我这个画面哪里有问题之前，我不会告诉您答案的。

莫提默·J. 艾德勒：画面本身没有问题。学习和教学当然是在教室里发生的。但我觉得这幅画面不应该占据我们对学习和教育的全部想象，而挤走其他可能。

终身学习

或许我们在教育上犯过的最严重的错误，也是教育者、老师以及普通大众都会犯的一个错误，就是把教育和学校教学等同起来。甚至假定这种发生在学校里的学习（包括从幼儿园到大学）是教育的主要部分。又或者假定孩子在学校里学习是童年的主要任务，学习基本属于童年，它大部分可以在童年完成，而所有成年人的任务就是运用他们曾经在学校里学到的知识。

恐怕大多数人都是这样认为的。但我希望你接下来能精神集中，因为接下来我将通过以下三点，让你相信实际情况恰恰相反。

首先，学习是一个终身的过程。其次，成人学习是人生教育中最重要的部分。以及第三点，学校教学或在校学习至多是一种准备工作，因为人生必须完成的学习只有在成年阶段才能完成。

如果学校教学没有让年轻人具备在离开学校后继续学习的能力，那么这种教学就是一种可悲的失败。不理解这一点也就无法理解教育哲学中最重要的观念之一，即杜威反复强调的——所有学习都是为了通往更深入的学习，就像每个阶段的成长是为了进一步的成长。所以几乎能这么说，学校教学或者说我们在校学习的所有目的，就是让我们为余生中必须也应该完成的学习做准备。

我刚用了“我们必须也应该完成的学习”的说法，这么说并不是指成人教育是义务性的。我们知道它不是，也知道它不应该是。但它不是强制性的事实并不与它的必要性相互排斥。无论是否去过学校、上过大学，成年后的学习对于我们所有人来说都是必要的。

劳埃德 · 卢克曼：艾德勒博士，就您刚刚所说的，我还有一点疑问，如果成人学习如此有必要，无论是对受过良好学校教育的成年人，还是那些运气不佳未受过同等教育的人，对他们来说成年后的学习都一样重要吗?

莫提默 · J. 艾德勒：你刚刚问，对于那些读过大学的人和没读过的人，成人学习是否同等重要。我的回答是——不，不一样。那些在青少年时期没尝过学校教育甜头的人，也许会在成年生活里不得不重返学校。但他回到的是成人学校，而不是成人学习。也许用“成人补习教育”来形容会更好，因为它弥补了这些人在青少年时代的教育缺憾。这种情况不会发生在一个完善的社会，因为在一个完善的社会里，没有人会在青少年时期会被剥夺受良好教育的权利。

这就很能说明问题了。在完善社会里，没有人在青少年时会被剥夺受良好教育的权利，所以每个人都像那些完成大学教育的人一样，必须开始成人学习。之所以如此，是因为学习是终身的事情，不仅仅属于童年，不仅仅是孩子们的义务和特权。

让我解释一下终身学习意味着什么。在上幼儿园之前，我们就已经在家接受学前教育了。接着是第二阶段的学习，贯穿各个级别、各种教育程度，从初级一直到大学。然后延伸出两种学校教育：为青少年时期未获得良好教育的人所提供的成人学校教育，以及为这些想要在专业或者某个特殊学习领域有所专攻之人提供的研究生及以上的教育。所有这些都是学校教育。而我所谈论的成人学习，它是继所有学校教育之后、所有学校之外的学习，为每个人而设的教育。

成年人比孩童的可教育性更强

在我们继续讨论前，希望你的脑海中会形成这样一幅画面。在这幅画面里，最后的部分才是最重要的，其余部分都是为它做的准备而已。你还记得勃朗宁[①]的一句诗吗？“与我一同老去，最好的还在后头”，这句话不仅适用于婚姻生活，也适用于学习。

劳埃德 · 卢克曼：你说的也许对，但艾德勒博士，我能肯定有许多人不是这么想的。我觉得这不是因为他们认为学习只是孩子的责任，而是因为青少年拥有学习的能力，而成年人会丧失这种能力。我们年纪越大，能学的越少。就像那句老话，“你没法教老人学会新东西”。

莫提默 · J. 艾德勒：劳埃德，恐怕你是对的，人们确实这么想。但我觉得我们应该试着改变他们的这种观念和印象。或许你没法教老年人玩新把戏，但不是所有人类都是老者，成人学习也不是为了玩一

① 罗伯特 · 勃朗宁（Robert Browning，1812—1889），英国诗人，剧作家。

些新把戏。

我认为错误的源头在于许多人将身体成长和精神成长混为一谈。毫无疑问我们幼年时身体发育迅速，而当我们快16岁或18岁的时候，生理成长就差不多停止了。但思想的成长独立于生理成长之外，除了疾病引起的衰老，精神就不会失去自己成长的力量，只要我们的身体保持健康，它就会保持成长的力量。

我们从未老到不能学习，这是一个常识。随之而来的另一个常识是，有些东西会因为我们太年轻而无法学习。这就是为什么成人学习对每个人而言都是必要的。因为我们不成熟或太过稚嫩时，可能无法掌握人生必须学习的重要之事。

试想一下，学校的每一位学生，尤其在毕业之时，有什么事是他不知道的？答案是意识到自己的无知，也意识到自己仍有许多东西需要学习。而这正是所有人离开学校或大学近5年后会非常清楚意识到的一点。不是吗，卢克曼先生？你所认识的大部分人里，有谁不是在离开学校四五年后才意识到自己懂的太少而需要学习的太多。

劳埃德 · 卢克曼： 我不仅同意，而且强烈地希望每个人都能意识到这一点。

莫提默 · J. 艾德勒： 如果有人不明白这一点，我们唯一能做的善事就是在接下来的讨论中不再谈到他们。

尽管多数大学毕业生意识到自己的无知，但他们大多还是会对此给出两种错误的解释。一种会说自己的学校不好，或课程安排不好，或教师资质差，这就是为什么他们在学校或者大学里没学会什么。另一种则与之相反，他们会说虽然学校好、课程安排好、教员资质高，但“怪我自己浪费了时间”。我没有努力学习，或学得不够认真，这就是为什么我在学校或者大学里学到的不多。这些可能都是事实，但没有一种解释能成为我们真正的理由。

为了让你准备好接受我接下来所说的，先请你想象一下这种情境：想象一所最好的学校，里面有最优秀的教职工，最完美的课程安排，想象一个学生，他在学校里一直认真地学习。即便如此，这位学生在毕业时也无法保证自己接受了所有教育，所以无须再进行下一步的学习，甚至余生都没有继续学习的必要。之所以如此，是因为年轻本身就是完成教育的巨大障碍。

这似乎耸人听闻，但我认为可以通过观察全部学习的最终结果而得到解释。让我们思考一下全部学习的目的是什么。

我想说，我们所有人想要的，或者说应该获得的，是认识自己及我们所生活的世界。只有傻子才不渴望变得更聪明一点。除了傻子之外的所有人都会希望通过努力学习获得一些智慧。但问题在于，获得智慧是最终的结果，并不是年轻人在学校里学到的。举个例子，会有人称一个在校或刚毕业的大学生是智慧的吗？智慧和认知是一样的，两者都是由生活经验或社会经验构成，也是对我们所生活的世界的本质的认知。不够成熟的人缺乏经验和慎重的目标来获得这种认识。几乎可以这么说，他们的灵魂或精神土壤太过贫瘠了，以至于那些认识难以扎根。

孩童学习技巧，成人学习智慧

大部分伟大的教育家都认识到了这一点，但令人遗憾的是，大多数教师仍对此缺乏认识。比如说，我们查阅柏拉图的《理想国》，考察书中探讨人类教育益处的那一段，我们会发现柏拉图认为一个人直到快四十五岁时才会开始思考那些最为基本的大问题。对基本大问题的研习以及智慧的获得实际上会推迟到人的后半生，也就是到五十岁之后。

或者我们翻开亚里士多德的《伦理学》，我想我们会发现开篇就提到不应该给年轻人讲授道德观、伦理学及政治学，因为他们还缺乏经验，情感不够稳定，不具备深刻理解那些主题的严肃态度。

让我简单地分享一下我做教师时的感受。我发现在大学里教年轻人理论性的内容很容易，但讲授道德哲学，探讨道德和政治问题则要难得多。比如我曾在大学里分别与年轻人及更年长的人一起阅读讨论有关人生重大问题的伟大小说或剧作，其感受的差别有如日与夜，你会发现很难和年轻人一起阅读那些作品。

我可以提供进一步的证据。离开学校时我很肯定自己有幸读到并理解了一些伟大作品。但更幸运的是，在我的教学生涯里，我不得不去反复重读其中一些作品。我现在明白在大学时自己根本没有理解它们。实际上，十年前的我也并没有把它们理解得很好。这并不是说现在的我比十年前更聪明了，我只是年纪更大了而已。劳埃德，这难道不也是你当老师的感受吗?

劳埃德 · 卢克曼：是的，的确如此。而且我相信大部分毕业后回学校做老师的人，当他们继续研究相关专业课题时，也会有这类感受。

艾德勒博士，我同意你的主要观点，关于这个问题的解释您说得很精彩。但我觉得有些部分有些夸张。我之所以会这么想是因为您这段话会给人留下印象，似乎在说年轻人在学校几乎学不到什么，我们的教育放在年轻人身上纯粹是浪费。

莫提默 · J. 艾德勒：我并不想留下那种印象，劳埃德。让我试着修正一下。我的意思不是说孩童没法教育，而是成年人比孩童的可教育性更强，就像儿童比起成年人的可训练性更强一样。也就是说，孩童比成年人更容易在身体上甚至思想上养成习惯。习惯的形成模式与身体的成长模式互相关联、互相对应。

习惯在生活中积累得很快，而且大多数习惯形成于幼年时期，并不会等到20岁或者25岁之后才开始养成。它们的形成不会像思想的成长那样持续到生命结束。说到这，我们应该明白了想要掌握大问题需要有思想上的深度和经验上的广度，所以成人能学得更好。

劳埃德 · 卢克曼：不过艾德勒博士，我还是想知道您认为学生应该在学校里完成哪种学习，以及学校教育和成年学习真正的区别。

莫提默 · J. 艾德勒：关于在学校里应该进行什么样的教育，在我看来，学习的主要阶段，知识和智慧的培养大部分都发生在成年后。所以我的答案是，如果学校的职责是为学生离开校园后的学习生活做准备，那么一所好学校就应该做到以下两件事情。

第一件是教给孩子学习技巧。如果想在毕业后仍持续学习，那孩子就得学会如何学习。所有学习会涉及的技能如听、说、读、写，都应该在学校里掌握，这是学校教育的主要效果之一。而第二件事是，鉴于人类只有在离开学校后才能获得智慧及对事情本质的深刻认识，那么一所好的学校应该做到让孩童对日后学习的领域有所了解。但不仅仅是了解而已，还应该让他们在离开学校时有着继续学习的动力，给他们一些实实在在的刺激。成功的教育是让孩子意识到自己尚未学会所有事情，帮助他们对这些未学但必要的知识有个大致的了解，并具备在之后的生活里持续学习的动力。

学习停止的那一刻，思想也会萎缩

要想对在校学习和成人学习加以区分，还有一些内容需要我们了解。在原有的基础上我希望再补充几句的是，在校学习只发生在特定的时间段里，而成人教育则没有尽头。

一个学生说“我已经完成了我的学业”，这句话完全没问题。而一个成年人要说“我已经完成了成人学习”，也没问题，除非他还愿意问上一句，“我的生命结束了吗？”

成人学习之所以没有尽头，必须贯穿一生，原因之一在于它追求的是智慧。而智慧很难获得，没有一生孜孜不倦的追寻很难得到多少智慧。不过这不是唯一的原因，因为即便终其一生也很难获得智慧。

还有一个原因在于，活着是为了成长。一旦我们停止成长，我们也开始走向死亡。人类的身体停止成长后就确确实实开始走向衰退和死亡了。但思想却能不受限于身体继续成长，只要我们愿意继续学习。但我们一旦停止了学习，思想也会停止成长，会像身体走向衰亡那样开始萎缩。

我想每个人都知道，想使身体保持健康强壮就必须每日补充营养，想保持肌肉不松弛就必须进行锻炼。而这些对身体的呵护也同样适用于思想。就像为了保持身体健康强壮我们必须坚持锻炼和有规律地补充营养，我们无法靠去年的锻炼和营养维持当下的健康与强壮。同理，我们去年的阅读和学习无法保证精神上的活力与成长。

虽然马克 · 吐温说过，“报道我已死的文章过分夸张”。但如果任何人停止学习，那么我们也可以宣告他思想的死亡，这并非夸大其词，无论在这之后他的生命还将持续多久。

我们上次谈到了动力在学习中的作用。但那时候我们主要考虑的是孩子和在校学习，对此而言动力问题很难解决。但如果换成我们现在所讨论的成人学习，我想解决动力问题就会变得容易许多。当任何成年人意识到智慧是他们追求的终极结果，但想要获得智慧很难，同时他们也开始意识到了若不继续学习，就不能继续保持思想的活力与成长，以上这些足以成为成年人终身学习的动力了。

我们前面还谈到了老师的作用，但主要指教室里的老师或者大学教师，这显然不符合成人学习的情况。当我们想到成人学习，脑中更应该出现的画面是：一个人独自坐着阅读一本书，或者更好的情况是，一群互相交谈的成年人，他们正在讨论一些问题或事件，每一个人既能教其他人又能向其他人学习。因为在成人学习的乐园里，最重要的一件事就是每个人既是老师也是学生。

成年后，书籍可以成为我们的老师，也可以通过和他人探讨重要问题或观念来学习。所以，在接下来的两个章节里，我想探讨这两件事情：成年人怎么在阅读中学习；成年人怎么在与同伴探讨问题中学习。然后在讨论学习的最后一节里，我希望我们能共同面对这个问题：成年人是否以及如何通过电视学习。

如何阅读一本书

继续学习这个主题，我们将主要思考如何将阅读作为一种学习方式。

我们已经知道了真正的学习都是主动而非被动。除非我们自己付出最大的努力去学习，否则即便是最优秀的老师也无法帮我们学会任何东西。现在，当说起老师帮助我们学习，大多数人眼前会浮现出这样一幅画面，我们之外的另一个人，他和我们待在同一个房间，同我们交谈，向我们展示一些东西，或者给我们指引一些方向。但无疑教学还可以有其他方式。

所有的教学都涉及语言和符号，一些适用于人与人之间的交流方式。因此，书本或文件形式的书面文字，也许能和口头文字一样在教学中发挥同等效用。实际上，我认为阅读中的学习和听课中的学习其本质是一样的。阅读的艺术和倾听的艺术非常相像。

劳埃德 · 卢克曼：艾德勒博士，我想每个人都明白也同意，一个人向另一个人学习时交流是必不可少的。实际上，唯一不涉及交流过程的学习就是你所描述的那种纯教导式教学或者对探索没有帮助的教学模式，在这种教学模式下人们只能靠自己的观察和思考。但有一件事我真的不明白，阅读和听课难道不是人们互相教导或者学习过程中的唯一交流方式吗?

莫提默 · J. 艾德勒：不，劳埃德，它们并不是唯一的，还有其他方式。例如，当两个人坐下来讨论一个双方都非常感兴趣并也有能力探讨的话题时，他们很有可能会从讨论中学到些东西。我认为这场两个人的讨论，它的价值等同于甚至超过有一大群人参加的正式讨论。

在这种情境下的学习不同于通过阅读学习。语言不是交流的唯一手段，图片也可以，有时甚至比文字更有效。而图片和文字结合在一起或许是最有效的交流方式，它也确实是当今最流行的交流方式。想想图片杂志、电影和电视。因此，我想把这个学习主题系列的最后一集用来讨论我们是否以及如何以图像的方式学习，无论是在电影还是电视屏幕上。

劳埃德 · 卢克曼：听《如何阅读一本书》的作者讲如何从电视中学习一定很有意思。艾德勒博士，我打赌你写《如何阅读一本书》时做梦也没想到自己会这么做。我还记得对人们看电影、听电台却不肯读一本好书这样的事情，你发表过很不友好的看法。

莫提默 · J. 艾德勒：你很懂我，不过那已经是15年前的事了，时代在改变，我也是。但有一件事对我来说永远不会发生改变，那就是阅读作为一种学习方式的重要性。如何阅读以便在阅读中更好地学习，我对这一点的看法也从未发生过改变。

如何通过阅读学习

我们如何通过阅读学习，这就是我这次想要谈的。而且我想最好的开始方式或许是大家一起来想想阅读的不同类型，因为不是所有阅读都是为了学习，也并非所有阅读都能起到学习的作用。所以，让我们先来想想学习的不同类型。

劳埃德 · 卢克曼：嗯，阅读也可以令人愉悦，不是吗？阅读可以是严肃的，学习也可以是严肃的，但不一定非得弄得那么苦闷。

莫提默 · J. 艾德勒：是的，不过让我先来探讨一下阅读的不同类型，然后再来考虑是不是所有的阅读都会产生愉悦感。

我要提出的第一种划分方式，对所有人而言都很容易理解：阅读要么是为了娱乐和放松，要么就是为了学习。对于追求愉悦的阅读，就像玩游戏、听广播和看电视，是一种可以打发时间的娱乐活动。

追求愉悦的阅读有时确实会碰巧学到些东西。但准确地说，它并非有意为之，因此我们摸不出这种学习的规律性，人们没法在这种学习中总结出方法论。

信息阅读和启蒙阅读

在另一种阅读里，我们是为了获取知识。正如卢克曼先生刚刚指出的，这种为了获取知识的阅读可能会带来乐趣和愉悦感。但我不想像有些人声称“学习总是充满乐趣”那样去骗你学习。事实上，学习并不总是有趣的，有时它是一件相当辛苦的差事。但我的体会是：学习的过程越痛苦，收获越丰富。尽管学习不总是有趣的，尽管为了学习而阅读时你可能得耗费些精力，但不是所有的阅读都同样困难。阅读既有轻松的方式，也有辛苦的方式。

现在让我区分一下这两种方式。那种相对轻松的阅读方式是为了获取一些信息。我们读报纸、旅游指南、杂志文章或者对古今事件简单的历史性描述时，就是在进行这种阅读。实际上，在美国语境里所谓的有文化的人，就是指能进行这种阅读的人。它并不要求读者有很高的读写能力，不过我们说起美国有文化的公民或者能识字的人时，指的就是可以阅读杂志、报纸之类来获取信息的群众。

而另一种阅读相对辛苦，但也会更有收获，我把它称为启蒙阅读，我们进行这种阅读不是为了获取更多信息，而是为了弄清楚某些概念，提高自己的理解力。但紧接着就会出现另一个问题，这种启蒙阅读很难，没有多少人能真正做到，即便是那些自认为或被别人认为“有文化的人”也很难完成。因为我们的学校并不教授这种启蒙阅读，至少没有教得很好。但在我看来，如果学校的职责是为了让年轻人离开学校后继续完成成人学习，那就没有什么是比这件事情更重要的了。

劳埃德 · 卢克曼： 你触到了一个非常非常棘手的问题，因为我也是一名大学老师，而且我必须承认你是对的。我们的学生根本不知道如何阅读，或者读得还不够好，他们从书本中得到的是信息而不是启蒙。而且恐怕最糟的是，我们在大学里没有采取更多的行动来帮助学生提高他们启蒙阅读的能力。

我猜问题在于我们没有将您刚刚做的那种区分谨记于心。所以，我们只完成了初级教学的任务，仅仅停留在教学生为获取信息而阅读的阶段。因此，我很想听您更详细地说说启蒙阅读这个问题。

莫提默 · J. 艾德勒： 在做出更详细的阐释前，我想先简单谈谈你刚刚说的。我认为你是对的，你说到我们的学校教给低年级的孩子们简单的信息阅读，学校做得就已经足够多了，这种阅读包括阅读报纸、杂志，甚至学校的教科书，这些教科书编写得难易适中，这样学生就能从中获取他们必须记住的知识点，并在考试时接受检验。

另一种启蒙阅读，它是一种在仍需要培养阅读能力的阶段无法教授的阅读。我猜这种阅读必须是我们在大学里教授的主要内容之一。如果大学能将主要精力投入于此，如果我们的毕业生能自如运用这种阅读技巧，那么这所大学的表现就是很出色的。为了把这点说得更明白，让我来解答一下卢克曼先生的提问，详细地解释一下启蒙阅读是什么意思。

我想最直接的方式就是给你列出一系列选择。假设你坐在你自己的房间，手上拿着一本书。然后，你需要做出选择：你手上的这本书要么是一本你可以毫无障碍地立刻理解的书，要么是一本你无法理解的。在第一个选择中，如果你能立刻理解书中每一页的内容，那你的阅读也毫无障碍。但补充一句，这本书也没法帮你学到任何东西。因为如果你能轻松、迅速且完全地理解它，你就没法在阅读中提高自己的理解力。

但假如你选择了一本你不理解的书。现在这里又有两个选项：你要么完全无法理解它，这种情况下你什么都做不了；要么你能理解其中一部分，也就是说，你理解的程度刚好使你意识到自己还没有完全理解，还有更多内容需要你去尽力把握。

在后一种情况下你只有三个选择。第一个选择是放弃，也许是因为你不想为这场阅读付出努力，也许是因为你不知道怎么付出努力。第二个选择和第一个选择差不多糟糕，就是去找其他人请他们帮忙解释这本书。我猜这效果不会很好，因为如果你能理解他们的解释，那么你在一开始就应该能理解这本书的内容。而且，即便你成功地理解了他们对这本书的解释，但你并没有学会启蒙阅读。那么第三个选择是什么呢？你拿着这本书坐下，虽然这本书对你来说有难度，但你通过努力使自己从较少的理解提升到较多的理解。

在我看来，这就是对启蒙阅读的定义。学习，对成年人而言最重要的学习，主要在于获得见识，提高或者加深自己的理解。而这可以通过阅读完成，只要是选择一本超出你能力的书，从中你可以越来越多地提升自己的理解。但要记住这些超出你阅读能力的书籍本身不能提升你，你不能什么都不做，只是等着一本书来获得提升。你必须动脑筋，你必须运用一些技能，你必须顺着学习的绳索，一步一步地往上攀爬。

启蒙阅读的艺术

这里有一个测试可以帮你判断自己是否拥有启蒙阅读的能力。当你面对一本超出你能力的书的挑战时，你知道自己并没有读懂，但你试图去理解更多，你会怎么解决这个问题？你知道有哪些办法能让你更轻松地理解这本书吗？

劳埃德 · 卢克曼： 您会给出答案吗?

莫提默 · J. 艾德勒： 是的，这个问题的答案就在于阅读的基本规则，在于阅读的艺术。在我介绍这些规则之前，我要提醒你一点：和学习一样，阅读必须是主动的，而不是被动的，这是最重要的一点。

这一点应该不难理解，大部分人都倾向认为写和说是主动的，而读和听是被动的。但请想一想棒球比赛，难道接球就比投球被动吗?如果接球和投球一样主动，那么读和听、写和说，它们都一样具有主动性。

主动阅读是什么意思? 进行主动阅读意味着，你在阅读过程中是保持清醒的。而我说保持清醒，并不只是要你眼睛张开，但大脑却陷入沉睡。在阅读中保持清醒，简单来说就是通过问问题，问你自己关于这本书的问题，然后在书中找出作者的答案。

主动阅读和被动阅读两者的区别很明显。无论你在做主动阅读还是被动阅读，种种痕迹会证明你在进行哪种阅读。首先，当你主动阅读时，你真的会感到疲累，因为它耗费精力。当你耗费了精力而不是在玩耍，你才会感到疲累。而如果你读了一两个小时的书却不感到累，很可能是因为你没有在主动阅读。此外，主动阅读会留下痕迹，比如用铅笔留下的笔记，在空白处做标记或划出重点段落。

我可以分享一个用来测试自己是否在主动阅读的好方法。我的书架上有一些很久以前读过的书。从中取下一本来，我可以立刻检验出自己当时是否主动阅读了这本书。这里有一本我在大学读过的威廉 · 詹姆斯的《实用主义》(*Pragmatism*)。它有些破损、发黄，书前还有我阅读时所做的笔记。这些笔记至少写于25年前，它表明我当时阅读是保持清醒的。而现在翻阅这本书时，我找到了在空白处写过笔记的那些页，这些文字证明我当时在思考，我在一边阅读一边提问。虽然我已经不记得读这本书时的情形了，但从这些痕迹我能看出自己读它时相当主动。

三个问题和三组规则

前面我说过要想主动阅读，就必须在阅读中提问。那么，应该提出什么问题？我想这个答案不是太难。阅读时你可以提出以下三个问题，不过它们可以被分得更细。这三个主要问题是：这本书的主要内容是什么，它各个部分如何与之关联？这本书具体说了些什么，通过这些作者想表达何意？书里的内容是正确的吗，对在哪里？

劳埃德·卢克曼： 在《如何阅读一本书》里，您提出了阅读的三组规则吗？这些规则和这三个提问有关联吗？

莫提默·J. 艾德勒： 有，这三组规则是对我刚提到的三个主要问题的回应。

让我们来说说这三组规则。首先，第一组里有四个方法会告诉你如何弄清整本书讲了什么以及它各个部分怎么相联。第一点是根据书的类型和主题进行分类；第二点，用自己的语言尽可能简短地概括整本书；第三点是按顺序浏览书的主要部分，从而发现彼此之间的关联；第四点是找到作者想要解决的若干问题。

我将通过具体案例说明如何操作。为了理解书的类型以及内容，你必须学会利用书名、副标题、目录，以及作者的序言、开场白这些明确标识。但前提是你对书的基本分类有所了解，比如诗歌和历史的区别，以及不同类型的历史诗歌的分类，它们和科学及哲学又有什么不同，政治学和经济学的差异在哪里。这样你在读一本书时，就能根据书的大体分类迅速理解一本书的主要内容。

如果遇上了一本又厚又难的书，许多人会认为这太难了做不到，但其实不是。有时作者就已经为你完成了一部分工作。例如，写出古希腊人和波斯人宏伟战争史的希罗多德，他在全书开篇就总结了整本书的内容。他说："希罗多德所写的历史是为了使人类种种行动不因时间而消逝，使古希腊人和巴巴利亚武士的宏伟事迹不失去应有的光彩，以及记录下发起战争的原因。”

我再举另一个例子，亚里士多德的《伦理学》也是一本很难懂很复杂的书。如果用我自己的话来简短总结这本书，我会说它是“一种对人类幸福本质的探究，分析了在什么情境下人们会得到或者失去幸福，并指出人们必须在行为和思考上做些什么以让自己变得幸福或者避免不幸福，本书的主要重点放在美德、品格及智力的培养上，不过也要承认其他一些好处，如财富、健康、朋友以及生活在一个公正的社会”。这段总结高度概括了整本书的内容。

接下来，再来解释阅读的第二组规则。它们涉及对书本内容的阐释。首先你必须弄明白作者的意图。其次，你必须找到那些表达了他主要主张的句子。再次，你必须发现作者支持这些主张的论据。最后，你必须判断作者解决了他的哪些问题，还有哪些没有解决。

如果语言是一种完美的交流媒介，能让人毫无障碍地理解作者的思想，那么以上这些规则也没有存在的必要。但不幸的是，语言远不是一种完美的交流媒介，它更像横在作者与读者间的一座大山，这两方若想相遇、达成思想上的交流或共识，他们就必须打通这道阻碍。只是作者试图接近你还不够，你也要知道如何接近他。而所有这些规则就是引导你朝作者走去，引导你理解作者的意思。

但接下来，我不准备再继续探讨第三组阅读规则，因为它探讨的是如何与作者论辩，评判书中的观点是否有道理或有意义，它们实际是关于读者和作者之间讨论规则。这些规则会在下次我们思考如何通过讨论学习时被提到。

在剩下的时间里，我准备针对启蒙阅读再补充两条阅读规则。第一，读一本好书要比读一本烂书轻松得多，因为好书的作者本身就知道怎么更好地阅读，因此会根据这些基本规则把书写得更具阅读价值。第二，值得我们启蒙阅读的书并不多。不过启蒙阅读的重点不在于阅读的数量，而在于你把一本书读得多透彻。

林肯只读过很少的书，但是他读得很深入。而霍布斯也曾说过："如果我像大部分人那样读许多书，我就会和他们一样愚钝。"

在这个意义上需要阅读的书仅仅是超过你阅读能力的书。顺便提一下，这也是对经典的定义。经典应该是那些值得每个人阅读的书籍，因为它们总是超出每个人的能力。

劳埃德 · 卢克曼： 普通人读这些伟大作品时难道不需要一些帮助吗?

莫提默 · J. 艾德勒： 没错，普通人确实需要一些帮助，而讨论就是最大的帮助之一。你可以和读了同样一本书的人对这本书展开讨论，不过这是我们下次探讨如何从讨论中学习时需要处理的问题了。

如何与人沟通

我们将在本章节深入思考一下交流或讨论在学习生活中的作用。

人类的大脑可以通过许多方式学习，而我们前面已经讨论过两种基本的类型，即讲授式学习和探索式学习，或者说，老师帮助下的学习和没有老师帮助的学习。

自主学习和讨论式学习

现在我想告诉你，人类学习方式的另一个基本区分——探索式学习和讨论式学习，它看起来和第一种区分方式很像，但其实相当不同。如你所见，这两种区分里都包含探索式学习，但若认为讨论式学习和讲授式学习一样，那就错了。

讲授式学习和探索式学习是根据有无老师来做区分的。第二种区分即讨论式学习和探索式学习，主要取决于有无交流。现在，如你所见，两种区分里都存在探索式，但它们是完全不同的两个概念，除非讨论式和讲授式是完全一样的。接下来，我会试着证明它们并非一回事。

让我解释一下第一种区分的原理。在第一种区分里，一切取决于一个人是否帮助另一个人学习，或者一个人是否能不依靠任何人的帮助自主学习。第二种区分则是基于是否存在交流。比如说，学习是否涉及一个人和另一个人的交流，或仅仅是人与自然间的交流。

我会试着向你说明，深思熟虑后的讨论才是成年人互相学习的方式。从这个角度，它和长者教导晚辈的学习方式截然不同。

劳埃德 · 卢克曼：艾德勒博士，你刚刚在阐释讨论式学习时提到人与自然间的交流。我想知道你真这么想吗？因为如果是这样，那探索式学习不也会涉及人与自然间的真实交流吗？

莫提默 · J. 艾德勒：算是吧，不过是一种带有隐喻性质的交流。让我解释下，人类是会说话的动物。因此，我们倾向于将讨论视为理解或学习理论的各个方面。

我永远不会忘记哥伦比亚大学科学楼入口处石头上所刻的话，我年轻时曾在那里工作。这句话是，“向自然提问，它会回答你的”。这里你可以看到科学探索的过程被视为科学家和自然世界的一种交流。

劳埃德 · 卢克曼：那么我猜一种隐喻会引出另一种隐喻，因为上周讨论阅读艺术时，你提到向自己和作者提问甚至与作者辩论就是阅读艺术的关键所在，这里不也是一个隐喻吗？

莫提默 · J. 艾德勒：是的，我借临场交流来比喻阅读。在“临场交流”一词中，你能窥探到这个问题的核心，真正的讨论是两个以上的人互相交谈，每人都提问、每人都回答，每个人都可以表示赞同或提出反对意见。当我们问自然问题时，必须让自己成为科学家，把答案组织出来。实际上，这种探索式就是组织自然给予的信息，并发现答案。就像我们问一本书或者一个作者问题时，作者可能没有回答，那么我们必须自己设想作者会如何作答。

所以，科学发现和读一本书，实际上都是人在其中加工，是一种单向交流。但真正的对话，临场交流是双方面的事情，每一方都同样主动。而且，我还要补充一句，当交流中的双方地位平等时这种交流才是最好的。这实际上就是讨论式学习和讲授式学习的核心区别。

劳埃德 · 卢克曼：我不太确定自己是否全部听懂了。但您刚才说要解释这点的，不如趁现在？

莫提默 · J. 艾德勒：好，为了解释这一点，我们首先必须区分发生在教室及大学报告厅里的三种基本的教学方式。首先，我们可以将这三种方式分别命名为——灌输型、宣讲型及提问型。

第一种方式，灌输型，即老师教给学生的是只需要学生记住的东西，记住它们是为了在考试里过关。这是所有教学方式里最糟的一种，如果它还能被称为是一种教学方式的话。

第二种方式，宣讲型。它比第一种要好得多，也是老师教给学生一些东西，但不是为了让他们只记住，而是为了让学生理解他所讲的内容。在这种情况下，老师会鼓励学生通过提问来理解所学知识。

但这三种里最好的方式是提问型，通过提问而不是讲述的方式展开教学，它要难得多，但也要好得多。顺便提一句，这也是苏格拉底教导雅典年轻人时采取的方式。它是最好的教学方式，因为它像演讲型，但要求理解而不是记忆，同时它也优于演讲型，因为要求学生发挥最大限度的主动性，要求他们在学习中必须时刻保持积极主动。

与所有这些教学方式不同的是成人讨论或交流。在这种讨论里，参与其中的每个人通过提问和回答来学习。但不同之处在于，在成人的讨论式教学中，参与讨论的每一方既是老师也是学习者。就像在共和政体下每个公民既是统治者也受统治，所以在成人的学习过程中，每个成人既是老师也是学生。

讨论的三个前提

基于这个背景，我们来认真想想成人交流的本质，并想想如果要把这种交流发展成一种学习手段，我们应该遵循哪些规则。

我先说一些可能所有人都知道的东西，所有交流就像所有阅读那样不一定是为了学习。比如，我们上次谈到为了愉悦、追求消遣的阅读，以及与之对立的，为了学习的阅读，追求信息或者启蒙阅读。

在这里有两种交流方式。第一种属于情感或者个人层面，也就是我们所说的“心与心的交流”。这是个美妙的词，不是吗？心与心的交流会让人想起恋爱中的人们。与此相反的，另一种我称之为思想与思想的交流，这种交流基本围绕着一些基本问题和根本观念而展开。

我将在第二种交流，也就是思想与思想的对话中使用“讨论”这个词，它应该或者可能会使参与者们均受到启发。那么，这种讨论的本质是什么？什么样的交流才能成为这种可作为一种学习手段的讨论？

要使交流成为学习的手段，有三点是必需的。首先，讨论的主题足以使这种真正的讨论发生。不是所有对象都可以被讨论，也不是所有讨论话题都一样具有讨论性。比如，事实就是不可讨论的，事实的出现反而会扼杀这场讨论。如果对事实抱有疑问，最好是去查字典，查百科全书，或者地图册、参考书，你不能通过讨论去解决对事实的疑问。而观念是可以讨论的，而且观念越触及根本，越有争议，讨论性也就越强。就像我认为，如果我们要进行启蒙阅读，那么经典书籍就是理想的选择。同理，如果我们的讨论是为了学习，那我认为本书中所有的大问题也是讨论的理想主题。

优质讨论的第二个条件是，必须有正确的动机。我们继续这场交流的目的一定是为了学习，而不是为了闲聊打发时间。而如果碰巧人们开始对重要的主题展开了一场认真的讨论，那他们将这场讨论进行下去一定是为了获得真理，而不是赢得争论。

最糟的情况就是讨论变成了针对个人的攻击。我讨论是为了学习，为了阐明思想，而不是与同伴竞争。所以，讨论的规则之一就是不要争强好胜。我们尤其应该记住，如果明知自己错了，即便赢得这场辩论也毫无意义。

对优质讨论的第三个要求是，我们应该与他人进行交谈，而不只是向他人演讲，这也是最重要的一点，意味着倾听是讨论的重要组成部分。实际上，我认为倾听比表达更重要，甚至更难。因为，如果一个人不听其他人讲什么，那在交流的过程中无论这个人说什么也无法和讨论产生关联，他只是假装在交流而已。

相信很多人都有类似的体验，两个人交谈时，一个人不停地阐释自己的观点，当其他人说话时他看似保持沉默，其实并没有听对方在说什么，因为他一直在想待会儿轮到自己讲话时，他要说些什么。

劳埃德·卢克曼：我确实遇到过。我的直观体验是，这根本不算讨论，它只是一种交换，各自表达偏见，这个人说完那个人说，除此之外就没什么了。

莫提默·J. 艾德勒：是的。大部分交流，包括大部分政治讨论都是如此。我和卢克曼先生虽然都不是演员，但我想我们可以示范给你看这是什么意思。劳埃德，我对你发表一段长篇大论，不是与你交谈，而是向你发表演讲，其中我反复强调，如果政府能好好管理工会，这个国家会好得多。

劳埃德·卢克曼：而在你说这些的时候，我正烦躁不安地等待你结束，这样我就可以在你下次开口前继续发表我的看法。等到你停下，我就会继续发我的牢骚，继续说如果商人有足够的远见能明白他们必须支持增加国外贷款，一切就会在正轨上。

莫提默·J. 艾德勒：然后我对你说，“是的，但是”，并以更大的音量开始谈塔夫脱-哈特利法案[①]的效果并不理想。

劳埃德·卢克曼：甚至不会说“是的，但是”，我就会以更加大的声音继续，说孤立主义[②]会毁了我们所有人。

莫提默·J. 艾德勒：你抓住点了。一场交流？一场讨论？不，仅仅是一位共和党人和一位民主党人间的口水战。

---

① 亦称劳资关系法，1947年6月23日国会推翻杜鲁门总统的否决并通过本法案。该法案宣布只雇用工会会员的工厂、优先雇用工会会员的工厂和设立工会会员待聘室的工厂为非法，是否保留工会工厂制需经多数雇员投票表决。

② 一种外交政策，它通常由防务和经济上的两方面的政策组成。其中在经济文化方面体现为，通过立法最大限度限制与国外的贸易和文化交流。

推进讨论的十条规则

现在让我们回到真正的讨论。我刚刚说了一场交流要发展成一场有益于学习的讨论所必需的三个基本要求。接下来，我会列出一些我们必须遵守的规则，让讨论更加有益于学习。这些规则包括，两条外部规则，然后是五条智力规则，最后是三条情感规则。

首先针对讨论的外部情况有两条规则。第一条是选择合适的时机。选择一个所有参与讨论的人都比较空闲的时间，也就是他们都不会被其他事分心从而能耐心讨论的时间。你知道，大部分商务会议都会被电话、进进出出的秘书等各种各样的状况打断，尽管没有耽误太多时间，却使得讨论的氛围非常糟糕。

第二条基本的外部规则是，选择合适的人。不是每个人的个性都适合一起讨论。比如有些人太害羞了，有些人进攻性太强。也不是每个人的智力都适合讨论所有的主题。例如有些人思维固化，不会改变自己的看法。以上这些人不适合参与讨论。

假设已经具备了这些外部条件，你有合适的时机，也有合适的人选，那么接下来，就可以进一步了解讨论的内部规则。在彼此交流时，我们可以运用这两组规则管理自身的行为——管理你在讨论中的思维方式；控制你在讨论中的情绪。按这个顺序，我来解释一下这些规则。

首先，让我先向你说明一下讨论中的思维方式。一共五个方面，我会简短地对它们作出说明和评述。第一，保持相关性，即找出议题关键所在并坚持下去，但也不要像捕蝇纸那么执着。把议题按部分进行分类和梳理，每个复杂的议题都包含不同的部分，并从一个部分向另一个部分继续推进。

第二，不要想当然。每个人在讨论中都会带着某些假定。试着说出你的假定，并鼓励其他参与者也这样做，努力发现其他人的假定。

第三，尽力去避免不讲道理的争论。我无法告诉你人类讨论中可能犯下的所有错误，但我可以举几个典型案例。首先，不要把权威说法当结论。乔治·华盛顿[1]也许说过要避免卷入外国联盟，但我不认为乔治·华盛顿的这条观点应用在了美国20世纪的外交政策中。其次，争论时不要带个人偏见，也就是说辩论不要针对个人。再次，尤其要避免划分阵营。不要对另一人说："噢，那是共和人士或资本主义人士或社会主义人士会说的东西。"好像给它冠上那样的帽子就能证明它是错的。最后，不要以为表态就能解决问题。谨慎引用一些太突出的例子，因为很可能会用力过猛或没有效果。

第四条规则，等你理解了另一个人的意思后再表示你同意与否。在你理解之前就同意他人的观点，这是愚蠢的表现；但在你理解之前就表示不同意，则显得相当粗鲁。不要犯大多数人都会犯的错，一口气说出："我不懂你在说什么，但我认为你错了。"这条规则很简单，却也很难做到。它要求你在讨论过程中对另一个人说，"现在让我试试用自己的话转述一下你刚刚所说的"。这么做之后，你再问他，"你是这个意思吗？"而如果他说"是的，这正是我的意思"，那你才有权对他说，"我同意你的观点"，或者"我不同意你的观点"。

第五条规则是在理解完另一个人所说的话后，既使你不同意，也得明确说出你不同意的原因。许多人表明不同意时只会简单地说，"你个傻瓜"，或者说，"噢，你全错了。你说的都错了。你根本就不知道你自己在讲什么"。这样的评论毫无帮助。

你可以用以下四种方式清晰明确地告诉对方他的论点错在哪，你可以友好礼貌地说："你对一些相关事实不太知情，我会告诉你事实是什么。"或者你可以说："你被误导了，以为的与实际情况完全无关，我会告诉你它们为什么无关。"或者你可以说："你推断错了，我会告

---

① 乔治·华盛顿（George Washington，1732—1799），美国政治家、军事家、革命家，美国首任总统，美国开国元勋之一。

诉你错在哪里。”最后你还可以说：“你的论证还不够深入，我会告诉你哪些方面需要补充。”这些表达都非常礼貌也很中肯。

现在我们再来看看另一组规则，关于如何在争辩中管理你的情绪。

第一条，控制你的情绪，意思是“不要把情绪带进争辩里，因为它们没有存在的必要”。第二条，不要让自己或对方变得生气。关于生气很明显的迹象有，开始吼叫，一遍又一遍重复强调某一点，或者拍桌子，开始挖苦、讽刺、嘲笑对方，所有这些都是某人脾气就要失控的迹象。第三条，如果你控制不了你自己的情绪，至少要警惕情绪失控的后果。尽可能地意识到，你的情绪可能会让你说出你并不想说的话，或者固执地拒绝承认你实际已经知道的事实。

提好问题是优质讨论的关键

优质讨论的规则说起来很简单，也很容易理解，但往往很难做到。

但讨论中最难做到的一件事情是学会提出一个好问题，这些问题自然而然就会引发一场优质讨论。让我告诉你，这是最难的事情，因为提出一个好问题要比回答它们困难太多。

劳埃德 · 卢克曼：那您会教给我们一些关于提问的规则吗?

莫提默 · J. 艾德勒：劳埃德，从某种程度上看，提问的规则其实就是逻辑方法，我更愿意称其为辩证法的规则。让我举些例子说明我的意思。我们应该区分清楚哪些问题是在问事实，什么是在问解释，前者是已经存在、发生了的事情，而后者是它意味着什么、暗示了什么、会引向什么结果。其次，我们也应该厘清自己提出的问题是关于事实，还是价值——究竟是在问事情是否发生，还是事情的好坏；是在问一个人如何表现，还是他应该如何表现；是在问已经成事实的事情，还是问什么是应该的、需要的。

然后非常重要的是，问一个人他在想什么，和问一个人他为什么这么想，我们需要对这两者进行区分。要求一个人说出他的信仰或者观点，与要求一个人说出他支持那个信仰或观点的原因，也是不同的。我们尤其应该问一些假设性的问题，并让大家意识到这些假设。许多讨论最终谈崩了是因为有人说，“让我问你一个假设的问题。在这种或那种的情况下……”然后另一个人说，“你说的情况不存在”。接着前者立刻反驳，“我不是说那是事实，我只是假设”，但没有人在听那个“假设”。

我希望还有时间可以深入探讨关于如何提问这件事情，但我们现在必须结束了。我们下次将会思考一个与当下有关的重要问题，也就是我们能否以及如何从电视中学习。

23 如何看电视

我们将在接下来的内容中回答人们能否以及如何通过电视学习。但这次常常会问我一些问题的卢克曼先生缺席了，我也没有坐在被书包围的桌子前。现在这里只有一台电视机和一把椅子，还有一些笔记以确保我能记住所有需要讨论的问题。

这些改变是因为我们将要探讨的主题很特殊。我希望当讨论能否以及如何从电视中学习时，你会觉得我们好像坐在一个房间里看着电视机。现在你可能会问："这个主题的特殊之处在哪？"接下来让我试着向你说明。

当我们思考从书本中学习或者从讨论中学习时，我们没有质疑过能否通过阅读学习或通过讨论学习，我们只问了如何从书本中学习，或者如何从讨论中学习。但在我们思考如何从电视中学习之前，我们必须先问一句：我们能否从电视中学习？现在的你可能仍然对此感到困惑，你可能会说，为什么要问能否？为什么要先问这个？而且我给出的理由可能会加深你的疑惑，因为那些理由是：人们毫无疑问能从电视中学习，电视毫无疑问是能用来教学和学习的工具。但是接着，我会继续告诉你，如果真的要把电视作为一个教育工具必须要克服哪些困难。换句话说，我首先想做的是说明电视作为一种教育媒介的事实，然后再给出反对的例子，假设问题都得到了解决，最后我会谈谈如何通过电视学习。

首先，我想解释一下电视作为一种教育媒介的事实。毫无疑问，每一次媒介的进步，几乎都会促进学习和教学方式的提升。从印刷技术的提升就能清晰地感受到这一点。印刷的发明和廉价印刷的发展不仅掀起了政治变革，也在教育上引发了巨大转变。而在电视出现之前，我们能在广播上看到类似的变化。广播作为一种交流手段曾对政治产生了巨大影响，丘吉尔和罗斯福在危机时刻充分地利用了它。

而电视的影响力至少是广播的两倍，所以我们也可以期待它也会拥有超过广播双倍的教育潜力。图文结合当然会更有力量，因为它们能够引起人们的在场感。从电视对社会或政治的巨大推动，我们可以推测出——教育具有同样的潜力。

这些潜力是什么？我还将它们视为潜力是因为在我看来，它们几乎仍处于潜藏状态，目前为止它们还没有得到开发。

首先，电视扩大了老师的力量，这一点难道不是显而易见的吗？通过电视，老师们所能影响到的观众数量是他们做梦都想不到的。但这与接下来要说的比起来就有些肤浅了，因为更重要的是，电视增强了教学的力量。在电视上教学比起教室里的老师或者讲堂里的演讲者现场教授要更有效。我承认这听起来很矛盾，它起初看起来可能有点怪，但我能解释清楚。

这么多年来我参与过许多的大众讲座，只是最近才开始电视上的教学，但我可以从自身经验出发解释为什么会这样。一方面，特写镜头带来的力量和亲密感使讲话者十分贴近听众；另一方面，电视交流是个体之间的交流。当我在电视里对你说话时，我仅仅只在对你一个人说。而如果我在课堂上或者报告厅授课，我面对着250个人甚至是1000个人，我无法只对着在座的任何一位单独讲授。电视让交流变得私人化，这一点非比寻常。

用电视学习的障碍

基于前面所说的，你当然有权问："那为什么还要问能否从电视中学习呢？"因为很明显，电视似乎是一个非常好的学习工具。

我可以简短地告诉你，想通过电视学习必须克服的两个困难。第一个，我认为与节目制作人的态度有关，即控制电视这个媒介、筹备节目内容的人。其中的问题在于，这些制作电视节目的人是否将真正具有教育价值的内容传递给了观众？

这个问题的答案取决于两件事情。第一件事是，制作人受制于低估大众的平均智商的大趋势。顺便说一句，这是美国的一大失败，不仅仅是大众媒体人的烦恼，在美国整个公共学校系统内同样存在这一问题。

第二点是我们对学习本身有一个很深的误解。有这样一种幼稚观念认为，每件事情都必须有趣，否则人们从中一无所获。这使得每件事情都沦为一种低水平的娱乐。

我不是说教育或者学习不能有娱乐性，实际上，它一定要有，因为"娱乐"是能抓住人们注意力的基础。从抓住注意力这点出发，如果一个人不能成功地使人感到愉悦的话，他就没法教任何人任何东西。但从这个角度理解教育或者学习应当具有娱乐性，并不是说它就没有痛苦或者不需要努力。实际上，学习可以没有痛苦或者不需要努力，这本身就是个自相矛盾的说法。因此在我看来，制作者必须冒着风险去要求他们的观众付出一些努力、吃一些苦，否则他们就无法邀请观众踏入学习之门。

我这里有一份被称作是公共服务项目的电视节目清单。我想无论谁浏览一遍这份清单，都会发现电视在呈现经典文学方面已经取得了很大进步。现在，我们可以在电视上看到莎士比亚的伟大戏剧，可以看到《堂吉诃德》的戏剧版本，还有普利策奖剧作家尤金·奥尼尔[①]的戏剧。

除此以外，电视还为我们带来了美妙的音乐，并且是以一种非比寻常的方式，因为电视摄像机经常可以使我们聚焦于正在演奏的乐器，从而提升我们欣赏音乐时的感官体验。

绘画也是如此。在摄像机的帮助下，我们的眼睛可以跟随摄像机的指引来观看绘画作品。电视也成为一种欣赏绘画的绝妙工具，它教导我们如何赏析一幅绘画作品。

最后，电视提供给我们时事报道以及政治评论。从教育意义上看，我们不得不承认电视所发挥的教育作用更倾向于消息阅读而非启蒙阅读。这很好，但还不够。对公众来说，了解信息很重要，尤其在时事政治领域。但是观众不应当止步于了解情况，他们还要对公众事务进行批判性思考。他们必须要能评估、解释所了解的事实。为此，他们有必要了解一些基本原则和基本概念，以及各种论争基于何种思想。只有做到这些，我们才能将其称为教育节目。

这种带有教育性质的电视节目，严格来说就是教学，在荧幕上出现过的所有公共服务节目中，它们只占很小一部分。而如果我们审视一下这一小部分，我们会发现什么？我列出了另一组节目清单，并对它们进行了简单的分类。当我翻阅这个清单时，发现它们可以分成两大类或者三大类。首先，最常规的是以通俗的方式解释历史、自然科学或者社会科学，这类节目基本属于信息型。然后，有很少一批节目会去探讨经典文学以及这些文学传达的经验。最后，这里也很少有类似欧文·李的《人与思想》（*Men and Ideas*）那样的节目，或者我自己的《大问题》这种。这些节目是哲学性的，节目所涉及的哲学问题是

① 尤金·奥尼尔（Eugene O'Neill，1888—1953），美国剧作家、表现主义文学代表作家、美国民族戏剧的奠基人，于1937年获得1936年度的诺贝尔文学奖，主要作品有《琼斯皇》《毛猿》等。

每个人都需要思考的哲学，是每个人都必须面对或必须试图解决的哲学问题。

主动地看电视

现在让我们聊一聊将电视作为教育手段时会面临的第二个困难。假设第一个困难已经解决了，也就是说电视制作人确实给了我们很多富有教育价值的节目。但还有一个困难，它存在于屏幕的另一边，也就是电视屏幕前的你们。这里有两个原因导致困难形成，其中一个不是你的错也不是任何人的错，另外一个你也许可以做出改变。第一点不是你的错，形成原因很简单：这台电视在你的客厅里，下班后你来到电视机前坐上几个小时，寻求愉悦和放松，在长时间的劳累之后你理应得到放松。但我认为，你使用电视机的这整个氛围妨碍了电视邀请你进入学习并体验学习之苦。

或许你可以计划每周留出少量时间将电视作为一种教育手段使用。但在我看来，想要抵挡住看电视时的娱乐氛围，那种温柔的诱惑，对我们任何一个人来说都很困难。

关于形成困难的第二个原因，你或许可以对此做些改变。让我们假设一下，你确实做了些计划，你明确地划出一些时间来以教育为目的使用电视机。然后会面临的问题是，你付出了学习所需的努力，但也承担了相应的痛苦吗？在这一系列关于学习的讨论里，我一直一遍又一遍地强调——如果学习者缺乏主动性，学习将无法进行。在我讨论学习只能通过主动阅读而不是被动阅读时，讲到主动参与讨论比起被动倾听讲座能学到更多时，我都提到了这一点。那么，这一点也同样适用于电视学习，我们只有保持主动才能从电视中学习。那么接下来我们迎来了最关键的问题，如何从电视中学习？如果想把电视作为一种自我教学的高效工具，我们需要进行哪些活动，付出何种努力？

首先回答一下从电视中学习时我们需要进行哪些活动。我对此的答案是，思考，不仅是记忆，不仅是被动地倾听，而是真正的思考。

让我试着换种方式说明这点。当你主动地看一场戏剧时，你一定产生情感共鸣，感觉自己融入了角色的情绪、思维和行为当中。那么，这种体验就是我们所需要的，我们可以将其称为“理智的同理心”。它驱使你在看电视的同时，情不自禁地跟着一起思考。

接下来，当你通过电视学习，尤其是主动地学习时，你还可以做一件事，可以细分为以下三个部分。首先，当你看一档教育性的电视节目，也应该有阅读做补充，阅读电视节目中提到的书籍、推荐的书籍，或者节目中所读、所引用的书籍，甚至在某些情况下，你可以将节目变成文稿来阅读。

你知道，我看过巴克斯特教授①谈论莎士比亚，他不停地告诉他的观众要去读莎士比亚的戏剧。因为除非观众自己读过戏剧，不然仅仅通过他在电视上的讲解，观众不可能真正理解莎士比亚的戏剧或者从中充分学习。

做笔记，问问题，学会质疑

第二点就是，当你充满主动性地观看一档富有教育意义的电视节目时，要像在阅读中那样主动做笔记、做标注。设想我和你们一样，正在观看关于“观点”那一期节目。在一开始，我先问了些问题：

> 首先，什么样的客体承载知识，什么样的对象能产生观点？其次，在思考知识或观点时，我们的心理差异是什么？再次，是否存在某一思考对象既是知识也是观点的情况？最

---

① 弗朗西斯·康迪·巴克斯特（Francis Condie Baxter，1896—1982），美国电视名人、教育家、南加州大学英语专业教授。1950年，他的电视节目《莎士比亚》一举夺下艾美奖七项大奖。

> 后，知识的范围是什么？观点的范围又是什么？相对于那些只能推导出观点的对象，我们又真正拥有多少知识呢？以上这些就是我们将要尝试回答的四个问题。

在看电视的过程中你应该记下这些问题，看看我是否逐一回答了它们。比如，你应该注意下面这段，看自己能否发现我其实是回答了第二个问题，也就是知识和观点在心理层面上的不同。

> 同时，也请大家思考一下另一个陈述，关于我们如何鉴别观点。假如某个思考对象从来没有强迫我们说是或否，可以说是，也可以说不是，总之我们可以自由做决定。因为它给你留有了相当的自由，你可以根据权威或因为自己的欲求、兴趣、情绪等各种感性思维做任何决定，从心理学层面看，你的行为并不是一种获取知识的行为，而是在表达观点。

第三件你必须做的事情是对讲授内容提出质疑。如果我是讲授者，你一定要向我提问。比如说，在一开始分析什么是观点时我说过：

> 当我说无知比错误更像知识时，或许会有不少人认为这样的想法大错特错。虽然有点自相矛盾，但我可以向大家解释为什么如此。所有老师都说，教学生新知识比纠正学生的错误更容易，因为犯错的学生往往自以为知晓一切，但实际上他不知道。老师得先纠正他的错误，再教他正确的内容。我认为这也意味着错误比无知离知识更远，因为如果一个人出了错，你必须首先消除那个错误让他回到无知的状态，这样他才能回到求知与学习的正确状态中。

然后我将试着证明，如何纠正由认知错误而导致的错觉。

首先，关于知觉错觉的问题，我们怎么知道这种错觉是幻觉呢？只有在确认了某些知觉是真实可靠的，我们才能辨认出错觉。如果我们不能将某些感知证实为真实可靠的知觉，那么我们也无法搞清楚哪些知觉其实是错觉。

在一页纸上划的两条线段，看起来长短不同时，我们可以在每一条线段边上放一把尺子测量其长短，从而确认它们的长度是一样的。在这里，我们是通过测量纠正了幻觉的错误性，但测量本身也是知觉的一种。如果这种知觉不能算作知识的话，我也无法验证知觉的错误性，并称之为错觉。因此，我们不得不依靠知觉来辨别错觉。

跟着电视讨论问题

根据上面这几段表述，曾有观众写信问我，我的说法是不是自相矛盾。这也证明了这位观众在很主动地观看和思考，问着他应该问的问题。

最后一个也是最重要的议题——讨论，收看同一个节目的观众之间的讨论。我们已经发现了只是读经典是不够的，成年人必须在阅读之后对这些经典展开讨论。这是必需的，而且可以完成得很好，甚至可能比在教育电视的情况中要更容易做到。就在此刻的奥克兰公共图书馆，有一群成年人正坐在电视机前观看我们的节目。节目一结束他们就立刻开始讨论。我也经常特意在节目的结尾留下一些有待解决的问题，好让观众在电视节目结束后立即讨论。

24 如何思考艺术

接下来，我们要开始关于艺术的讨论。先问一个最普通的问题：艺术是什么？在人类生活中艺术扮演着怎样的角色，又有何重要意义呢？

当我们讨论思想问题时，用词的精准性常常会成为阻碍，对于《大问题》这档节目来说尤其如此，特别是艺术这个大问题。“艺术”这个词本身就很难理解。除非我们能在一系列关于艺术的讨论中直面语言学方面的困难，不然很难从哲学层面上真正地理解艺术与艺术种类。

我想，我刚才所说的问题非常直观地体现在了这周我们收到的信件中。这些信件中有很多关于艺术的问题，但是根据这些问题所涉及的范围，好像艺术只是纯美学的东西，甚至更为狭隘的观点认为艺术主要是绘画与雕塑。

“艺术”的这层含义是最近才产生的，它只出现在近百年之中，甚至更短的时间内。而在很多个世纪前，“艺术”的含义、使用语境，都与我们这个时代截然不同。我们必须正视一个问题，当代与古代对“艺术”一词的界定存在相当深刻的差异。

艺术的传统含义

在讨论开始前，我必须提醒大家，在这场关于艺术的时代之争中，我更赞同艺术在古代传统中的定义，因为这种含义更加广泛，涵盖了更多的内容，也让我们的理解更加深入。

虽然如此，劳埃德，在我们这周所收到的问题中，确实有一些问题指向了广义的艺术，如果我们在一开始就讨论这些问题，也许有助于澄清艺术的含义。尤其是来自斯普林格夫人和贝特兰德夫人的问题。你可以帮我们读一下她们的来信吗?

劳埃德·卢克曼：住在萨克拉门托的斯普林格夫人，她的问题如下："从文明之初到现在，人类的进步可以通过艺术和科学的发展程度来衡量。"斯普林格夫人想要问您的是，如何区分"艺术与科学"这一常见词组。

莫提默·J. 艾德勒：斯普林格夫人，我想这个词组有多么地为人熟知，这个区分就会有多简单。事实上，还有另外一个所有美国人都熟悉的词组——"技术诀窍"（know-how）[①]。让我先来解释一下它的含意，我们常说一个人知道技术诀窍，这句话的意思是他或她在制造或者生产某物上有特定的技巧、专业技能。而广义的艺术一般是指技艺或技术。实际上，英语中"技术"这个词来自希腊语techné，它在希腊语中的本意就是艺术。与之相反，科学并不是"技术诀窍"，而是对事实的了解，甚至是掌握了事实的原理。

劳埃德，现在再让我们看看贝特兰德夫人的问题。

劳埃德·卢克曼：好的，她住在旧金山，她正在阅读一本和我们讨论主题相关的书籍，雅克·马里顿[②]所著的《艺术与经院哲学》（*Art and Scholasticism*）。

莫提默·J. 艾德勒：顺便插一句，劳埃德，这是一本非常棒的书，也是艺术领域写得最好的著作之一。

---

① 最早指中世纪手工作坊师傅向徒弟传授的技艺的总称。后来多指从事某行业或者做某项工作，所需要的技术诀窍和专业知识。

② 雅克·马里顿（Jacques Maritain，1882—1973），法国天主教哲学家，致力于振兴托马斯·阿奎那的哲学思想，并对起草《世界人权宣言》具有影响力。

劳埃德 · 卢克曼：她说马里顿提出了这样一个问题：审慎，作为一种兼具智慧与道德的品质，它与体现智慧与美德的艺术有何不同？她想知道现在您会如何回答马里顿提出的问题。

莫提默 · J. 艾德勒：贝特兰德夫人，我的回答将会和马里顿给出的答案一模一样，这也是我所知道的唯一的答案。但在说出答案前，我们得理解马里顿所说的"美德"是什么意思。

在当今世界，我们倾向于用"美德"这个词来代指道德层面的美德，例如节制、勇敢以及审慎。但是马里顿所说的"美德"具有更广泛的意义，除了道德上的美好品性，还有卓越的智力。因此，对于马里顿而言，艺术、科学、聪明才智就像节制、公正与勇敢一样都是美德。

现在，从这种对于美德的理解出发，我会说，审慎与艺术这两种智性的美德，都是由"技术诀窍"所构成，但是它们之间的不同之处在于，审慎是知道如何采取正确行动、如何去正确地做某事；而艺术是知道如何以一种好的方式去生产或者制造某物，如何去生产一件好的事物。

劳埃德，也许在艺术、科学以及审慎之中，我们可以总结出两种区别。科学、艺术以及审慎都涉及知识或是知道这个行为。但是科学是掌握了真理或真相等正确的知识，以及对原理的掌握，而艺术与审慎都是知道了如何可以更好地完成。但这两者之间的差别在于，艺术知道了如何更好地创造某物；审慎则是知道了如何去正确行动，如何在道德上与社会中正确地表现。

现在我们再回到广义的艺术上，这也意味着我们必须面对我在一开始提到的艺术的古代含义，广义的艺术是指生产中的技术，制造某物的技巧。这样一来，任何经过人类之手，并在生产过程中表现出人类杰出技巧的事物，都是艺术的产物。

现在，环顾我所在的房间，你们也可以环顾你们所在的房间，似乎我周围的所有事物全都是艺术品。这个镇纸是艺术品，这个电话是艺术品，这个烟盒、这根香烟、这块表、这个桌子也是艺术品。事实上，除了你，劳埃德，我触目所及的所有事物都是艺术品。我也想给大家展示一下非艺术品，但这要求我必须走出这个房间，大家也可以走出自己的房间，然后就能看到一棵巨大、非凡又壮美的大树，它是非艺术品，因为在它长成大树的过程中，人类并没有为之付出过努力。

你们当然会记得，来自诗人乔伊斯·基尔默[1]那老套而又真实的诗行："像我这样的傻瓜可以创作诗篇，然而只有上帝才能创造一棵树。"

那么现在，让我们来想想另一种不是艺术品的事物，我希望你们都能够同意我的观点，那就是婴儿。但是一旦你们同意我的观点，也就同意了人体并非艺术品，那么我们马上就会遇到新的困难，因为我之前说过树木因为诞生于森林之中，而且不借助人力生长，所以不能被称为艺术品。但我却不能说婴儿从诞生到长大也不涉及人类的付出，我会在接下来的讨论中解释为什么人类为养育婴儿付出过努力，但仍然不能使婴儿成为一件艺术品。

狭义的当代艺术的概念

如果我遵循当代艺术与艺术品的概念，那么就不会遇到刚刚的麻烦了。因为根据当代艺术品的概念，在这个桌子上或是房间里严格来说并没有能称之为艺术品的东西。同样的，想要找到艺术品我必须离开这个屋子去博物馆，因为当代艺术品的概念，主要指挂在博物馆墙上以及立于基座上的那些事物。如果我向大家展示米开朗琪罗[2]伟大

① 阿尔弗雷德·乔伊斯·基尔默（Alfred Joyce Kilmer，1886—1918），美国作家和诗人，1913年因创作短诗《树木》而声名大噪。

② 米开朗琪罗（Michelangelo，1475—1564），是意大利文艺复兴时期杰出的通才、雕塑家、建筑师、画家和诗人，与列奥纳多·达·芬奇和拉斐尔·圣齐奥并称"文艺复兴艺术三杰"。

的雕塑作品《圣殇》(*The Pietà*)，一件立于罗马圣彼得大教堂入口处的著名的艺术品，那么包括你们在内的所有当代人都会说："没错，这是一件艺术品。"但是如果我们把目光转移到一个正在打网球的著名网球运动员身上，当今的大多数人都不会将其视为一种艺术表演；他们会将它看作是一种体育竞技，一场运动能力的展示，而不是一场反映艺术的表演，无论这位网球运动员在这场竞技表演中所做的事情，展示了多么高超的技巧。

我想，当代的艺术概念被我们广泛应用于与艺术有关的短语中，比如，我们会说艺术博物馆、艺术机构，还有艺术生。并且当我们谈到艺术生的时候，我们通常指的是学习绘画、雕塑，或者是其他造型艺术的学生。我们甚至会说那个在我看来糟糕透顶的短句，"文学、音乐以及纯艺术"，好像文学和音乐不是纯艺术一样。然而，即使这种狭隘的艺术观拓宽了范围，将音乐、文学也囊括在内，但我仍然认为这个定义过于狭隘，无法定义艺术是什么，也无法深刻理解艺术在人类生活中所扮演的角色。

广义的艺术依旧适用于当下

现在让我来问问你们：这种狭义的艺术也是你们对艺术的定义吗？你们也许认为艺术就是这样，然而我却想告诉你们并非如此。在我们日常用语里普遍存在着古代传统艺术概念所留下的痕迹。比如说，我们都会谈论到工业艺术，会谈及战争艺术，你们也会说教学的艺术与医学的艺术。所有人都会用"艺术与工艺品"这个短语。我想，所有人都知道"工匠"(artisan)这个词语里包含着艺术的概念，与"艺术家"(artist)这个词中所包含的艺术一样多。现在我想这一含义揭示了这个词在贯穿整个西方文化史所代表的意义。

顺便说一句，人们会在两位伟大的希腊哲学家，柏拉图和亚里士多德的著作中找到最清晰的表达。柏拉图的著作中充满了与艺术有关的内容，甚至比哲学与科学还要多。而且他不仅提到了艺术并且讨论了各种各样的艺术形式，他还经常通过日常生活中的案例来解释艺术与艺术家。

柏拉图经常会满怀愉悦地讨论一种最基本的艺术形式——烹饪的艺术。在柏拉图对于人类艺术深层的感知中，他认为厨师也是一位艺术家。他甚至更加频繁地提及驾驶的艺术，也就是指航海家在海上驾驶船的技艺。放到今天用来形容飞行员驾驶飞机的艺术也毫无违和感。

此外，还有一种艺术，从柏拉图时代开始一直延续至今天且依旧为大众所熟知，这就是医学的艺术。比方说，一个正在进行手术的外科医师，也是在践行着一种最为基本的人类艺术。

如果你理解了这一重含义，那么你就会提出下面这个问题：这会不会只是一种柏拉图定义的艺术呢？或者只有希腊人才这么想？是不是只有柏拉图和亚里士多德才持有这种广义的艺术概念，它涵盖了方方面面，从烹饪到绘画再到诗歌？答案是否定的。这个基础的、扩展的、广义的、宏大的概念几乎贯穿着西欧文明的发展，经历了罗马古典时期，中世纪，以及文艺复兴一直持续到19世纪中叶。

我想通过名著中的两段话为大家说明这一点。一段来自18世纪中叶的卢梭，一段来自靠近18世纪末的斯密。这两段话表明，在一个与世纪前，这种基础的、广义的艺术的含义被广泛运用于人类的日常交谈中。无论是卢梭还是罗马诗人卢克莱修，他们都将艺术视为人类文明的基础。卢克莱修曾经提到过，文明的兴盛是金属工具的流行、牲畜被驯养以及土地被耕作的结果。很多个世纪之后，卢梭也说了类似的话："冶金与农业，这两种技艺催生了一场伟大的革命。"

1776年，正当工业革命兴起之时，大部分的生产仍然是在家庭中或是小作坊里完成的，那时还没有大型机械作业以及流水线的工业生产。斯密在谈到制造一件大衣的劳动分工时说（请注意他用的词语）：

"牧羊人、选毛工、起毛工、染色工、原毛加工者、纺线工、织工、漂洗工、裁缝，以及其他很多别的工种，必须将各个工种之间的技艺结合起来，以便在家庭式的生产过程制作出一件毛大衣。"

劳埃德 · 卢克曼： 您知道吗，在我听您朗读的过程中，特别是您在引述斯密的时候，我感到特别困惑，尤其是他列举出的所有事情都指向了艺术"仅仅是制造某物的技术"，因为在所有情况下，特别是在制造大衣的这个例子中，终究会有一个人造产品被生产出来。

那么这也带来了另外一个问题，如果艺术就是制造的话，我会想到您刚才提到的例子，航海家、医生、教师或是农民，我看不出他们都制造了什么。

自然之物与人造物

莫提默 · J. 艾德勒： 劳埃德，当我们将艺术定义为鞋匠做了一双鞋，厨师做了一份意大利面，以及斯密举例各工种之间配合生产出了一件大衣，基于这种含义，你所提到的其他艺术作者——航海家、农夫以及医生——他们的确不会生产出你说的人造物，但他们可以帮助某些事物的成长。比如说，医生提升了健康水平，教师传授了知识，而农夫培育了田野上的果实与粮食——这些成果都是自然的产物。后面我会解释这些特殊的艺术与其他的艺术形式的差异，在这些艺术家的帮助下所产生的事物，实际上大多是自然的产物而非人造物。

不过，有一件事情现在已经变得明晰起来了，那就是如果想一想像治疗、教课或是种地这些艺术，与制鞋和烹饪相比，你会发现艺术的含义并不取决于最终生产出了什么，也不一定非要与人造物相关联，艺术的含义存在于技术之中。我们能够确定，即使他们生产出的结果是自然之物而非人造的，但无论是医生还是农民，他们都具备艺术之"术"。

劳埃德 · 卢克曼：我想现在我们可以关注一下人工的与自然的区别了。我特别关心这个问题，是因为我记得这里有一个问题是关于这两个词之间的差异性。这个问题是旧金山的斯蒂芬逊夫人提出的，她想知道对人造物与自然之物进行区分，是否有助于进一步阐明艺术的含义。

莫提默 · J. 艾德勒：确实如此，人造与自然之间的区别正中这个问题的核心。我们所说的自然之物可以不借助任何人类力量而产生。而我们称为人造物的东西，是因为在它产生与制造的过程中离不开人类的付出。

这又将我们带回了关于婴儿的话题。所有人都有权去问："婴儿的诞生也需要人类的努力，那么我们为什么不将婴儿称为人造的，而要说是自然的结晶呢？"这就是我马上要回答的问题。

但是在我直接给出答案前，我必须解释一下艺术品、自然产物以及造物主的馈赠。

事物产生的三种方式

事物的产生有三种方式：通过自然的演化，通过人为的生产，以及经由造物主之手诞生于这个世界。婴儿的诞生属于自然演化的结果。事实上，当我们谈论起婴儿，谈论起他的诞生时，我们会怎么说呢？我们不会说他是被制造出来的，而会说他是人类繁衍的结果；也不会说他是被创造的，而是说被生育出来的。现在有一点极为重要，我们用了"繁衍"和"生育"这两个词。自然演化，就是由一个生物体从其自身与生命之中繁衍出另外一个生物体。这也意味着要么是繁衍出了与本体相同的新生命，或是与之相似。

与自然的演化相比，人为的生产与神的创造相似之处在于，它们都是通过思想或意念来生产，不是通过身体。一个艺术家必须提前构想他要创造什么，但没有任何哪个父母能够构思他们即将生育的婴儿。人类按照思维构想所创作出的作品，基本取材于自然界，是自然赋予他材料；但神的创造物，无论是在哪一种神创体系中，是由神圣的意志与思想创造的，也就是神学中说的“从绝对虚无中产生。”

让我们转回到其中的一个问题上来。一个婴儿与一件艺术品的区别在于，婴儿可以与父母相像，也可以不像。而如果我们说这个婴儿像他的父母而不是祖父母，那么我们所说的相似指的是身体外貌而非精神层面。而任何艺术品，无论是人类制作的最简单的东西，还是伟大的画作或诗歌，这些作品都呈现了创作者的灵魂与精神，展示了艺术所承载的人类精神、人类智慧，以及人类的意志和思想，但人类生育并不涉及这些。

这也直接引出了我想要总结的两点。首先，是基于本能的生产和艺术创造之间的区别。本能的生产缺乏有意识的计划；而艺术创造则通过对技巧的运用，在深思后做出选择，并且拥有非常清晰的构想。这就是二者的区别所在，这也是人类创造与动物生产之间的重要区别。

让我为大家读一段卡尔·马克思①对于人类与动物的生产方式差异的看法。马克思说：“蜘蛛的活动和织工的活动十分相似，蜜蜂建筑蜂房的本领使许多建筑师感到惭愧。但即便是最蹩脚的建筑师也从一开始就比最灵巧的蜜蜂高明，因为在用蜂蜡建筑蜂房以前，他已经在自己头脑中把它建成了。”

这也引出了我想总结的第二点，那就是有计划的生产与随机生产不同。如果有一只小猫在钢琴键上行走，偶然创造了一段音乐，那么它并不是一件艺术品；但如果是一位人类作曲家坐下来，模拟小猫踩过琴键，并且由此创作了某段音乐，比如一段爵士乐《琴键上的小

---

① 卡尔·马克思（Karl Marx，1818—1883），德国哲学家、经济学家、社会学家、政治学家、革命理论家、历史学者和革命社会主义者。马克思在经济学上的工作解释了绝大多数工人和资本家间的关系，并且奠定了后来诸多经济思想的基础。马克思亦是社会学与社会科学的鼻祖之一。

猫》，那么它就会是个艺术品。这一点至关重要，因为人类艺术的本质就在于避免或消除人类行为中的偶然性。与相信机会和巧合相反，按照计划做事，实现构想，这就是艺术能为人类做的事。

古希腊、古罗马的医生们明确区分了作为艺术家的好医生和江湖大夫。在他们看来，江湖大夫通过不断试错来寻找治愈病人的方法，然而好医生却掌握着真正的艺术，这种艺术是在规则与知识的指导下进行的，并尽量避免靠运气。

关于这一点亚里士多德也给出了独到见解，他认为只有掌握艺术的人才能犯艺术错误。只有懂得语法艺术的人，才能故意地在演讲中犯错，而在演讲中无意中犯错的人，则不能算作掌握了这门艺术。

现在我来总结一下，所有的人类劳动都需要技巧，即使是最没有技术含量的工种也包含某种技巧，而艺术就是这些人类活动的原则。

我知道这次的论点不算很清晰，但是我希望在我们继续这个讨论的过程中，会逐渐变得明晰。特别是后面将要讨论不同种类的艺术：纯艺术与实用艺术之间的区别；人文艺术与粗俗艺术的区别；制鞋、烹饪这种简单的生产艺术，与务农、治疗与教学这种非同一般的协作性艺术的区别。

25 艺术的种类

我们将继续讨论艺术这个主题，希望能够解决关于艺术的不同种类这个难题。

上一次我们提到广义的艺术是指制造与生产过程中人类技艺的体现。基于这种艺术观，随之而来的另一个观点认为，艺术存在于艺术家的脑海之中，存在于艺术家的人格与习惯之中，所以艺术与艺术家所生产的东西有区别，艺术家的作品不应称之为艺术，而应称之为艺术品。

劳埃德，在阅读我们上周所收到的来信时，我发现观众们普遍无法接受广义的艺术概念，他们非常困惑，因为这种艺术观要求我们将每一个人视为艺术家，因为在日常生活中每个人都会掌握一些技能，而技能即艺术。事实上，任何一个工作行为，任何一种人类工作的形式，都包含着某些可以被称为艺术的技艺。

然而现在，这些并不能够干扰我，因为它们至少给了我这样一个启示，那就是艺术在人类生活中有着广泛而深刻的影响。这几乎等于说，做一个人就是成为一名艺术家，或者说想要成为一名艺术家就是做一个人。但是我也理解为什么这种艺术观会冒犯到我们这么多的观众。比如，这里有一封布拉德福特夫人的来信。信中说，在她的印象中，只有那些有着特殊能力的天才，那些能够通过艺术的媒介表达自身的人，才能够被称为艺术家。这就和我所说的相矛盾了，但其实布拉德福特夫人也没错，的确只有一小部分人是艺术家，但是这种观点是基于狭义的艺术概念。因为只有一小部分人才是纯美学意义上的艺术家，而他们之中更小一部分人才是真正伟大的纯艺术领域的艺术家。

劳埃德，你看了那么多来信后，是否也觉得人们不太理解广义的艺术?

劳埃德 · 卢克曼：没错。举个例子，我们有封来自C. B. 凯弗尔先生的信。他说:“在我看来，艾德勒博士，您在如此广泛的意义上定义艺术，那么它也不再具有任何含义了。”他还提出了一个非常有趣的建议说:“如果我们在定义中加入‘创造性’这个词，是不是就能够澄清这个主题了呢? ”

莫提默 · J. 艾德勒：我这里还有一封瑟琳 · 艾德蒙德斯夫人的来信，她在信中提出了同样的建议。举例来说，她提出了这样一个问题:“是否所有的艺术家都要有创造性呢，还是有些艺术不一定具有创造性? ”那么我现在就来回答凯弗尔先生和艾德蒙德斯夫人的问题，你们探讨的其实是实用艺术与纯艺术之间的区别。这也是我希望我们这次能够澄清的一点。

劳埃德 · 卢克曼：我这里收到了一个来自弗兰克 · 德勒美特先生的问题，他来自莫德斯托初级学院。他的问题似乎也属于这个方向。比如说，他想要知道，一个熟练有技巧的工匠是不是也和画家与作家一样，都可以被称为艺术家。他接着说，也许工匠和艺术家之间最本质的区别，在于他们所生产的作品的重要性不同。

莫提默 · J. 艾德勒：德勒美特先生的来信，再次印证了我的感受，他也在寻求实用艺术与纯艺术之间的区别。我猜想，德勒美特先生想用“工匠”这个词来代表实用艺术家，用“艺术家”来代指纯艺术领域的创作者。

与之相似的是一封来自圣马特奥的琼斯先生的信，他询问是不是雕塑家生产艺术品，而一个橱柜匠人制造手工制品?

现在我想所有这些问题都指向了我们这次应该完成的工作：将艺

术细分为各种主要类型，而这并不是一件口头上能完成的事情。比如说，如果我们弄明白了一个雕塑家与一个木匠或是橱柜匠人之间的区别，那么无论你将他们都称为艺术家，还是把一个称作实用艺术家，另一个称为纯艺术家，还是将雕塑家称为艺术家，而将橱柜匠人称为工匠，这两种身份之间的本质区别都不会有变化。

我之所以希望用“艺术”这个词来代指所有技艺以及生产类型，原因只有一个，那就是当你们在使用广义的“艺术家”来代指两者的时候，在讨论两者之间的差异前，我希望你们能先关注到所有生产技艺的共同之处。

三种协作艺术

我想就人类艺术做出三种基本的区分。首先，就是区分协作艺术与简单的生产艺术。劳埃德，你上周问过我，为什么要将不生产任何东西的航海家与医生视为艺术家。我的意思是，当一个人不像鞋匠制鞋、厨师做蛋糕、建筑工人搭建房屋那样生产东西，而是像航海家与外科医生，那么他是哪种类型的艺术家呢?

这个问题的答案，就在于我们对协作艺术与简单的生产艺术之间的区别的理解。这个区别也许是大家最不熟悉的，但是这确实是最有趣的区别。

协作艺术只有三种，除此以外的艺术都是生产性的。生产性的艺术通常会生产或制造出一些人工制品，像鞋子、房子或者船只，然而协作艺术只是协助自然发挥影响或产生结果。

这三种协作艺术就是务农、治疗与教学。农民的终极目标是保证农作物的生长；医生或治疗者的终极目标是保证人或动物身体的健康；而教师的终极目标就是人类可以获得知识与技能。

如果人类艺术家不去生产，那么鞋子、房子与船只就不会存在。

但是你我都知道，如果没有农夫，田野里的果实与谷物也会生长；生病的时候如果没有医生，人和动物的身体也会重获并且维持健康；如果没有教师，人们也可以学习，可以获得知识与技能。以上这些成果并不像鞋子与船只需要艺术家制作并生产。那么，这三种伟大的协作性艺术，即农民、医生与教师的艺术，它们的共同特性是什么呢？它们都协助自然获得某些成果。

农民只是在自然发展的过程中观察什么能够生产出更好的粮食，比如阳光、合适的土壤与灌溉，然后他就帮助植物在自然生长过程中获得这些特定的要素。这并不像依赖谷物与果实为生的食草动物，全靠运气从大自然中获得必需之物。农民让植物和果实按一定规律适时地供给人类，以满足人类的需求。同样的，人类的身体总是会拥有健康，并且经常需要恢复健康。而医生只是在身体疗愈的过程中观察身体状况并适时予以帮助。对于教师来说也是一样的。

因此，这些艺术的特性就在于把自然摆在首要地位，人类艺术家服从于自然，仿佛他们的工作就是观察自然如何运作，模仿自然，并且与自然相协作的过程。

而这三种艺术的另外一个特征，在我看来非常值得注意。它们是唯一与生命体一起合作的艺术。其他的所有艺术，不管它们是雕塑家、画家、鞋匠还是造船工人的艺术，都是与无生命的物质打交道并且改造它们。而只有这三种协作性艺术，是在生命体变化的过程中起到协助的作用。

劳埃德·卢克曼：我不想一直纠缠这一点，但艾德勒博士，上一周我提到的飞行员或者航海家的问题又如何解释呢？您将他与教师和医生归为一类。然而现在，在我看来他并不能满足这些定义，因为他也是在同无生命的物体打交道。

莫提默·J. 艾德勒：这是一个非常困难的问题。劳埃德，实际上这个问题也让我困惑了很多年。我搜寻了很多关于艺术的经典书籍，它们对协作性艺术与简单的生产艺术做出了很棒的区分，但我却找不到任何一点关于飞行员与航海家的讨论。不过现在，我似乎得出了一个答案，如果是正确的话，那么我会为自己发现了这个答案感到自豪。

劳埃德 · 卢克曼：洗耳恭听。

莫提默 · J. 艾德勒：船是什么呢？船是人类为了从一个地方去另外一个地方而发明出来的交通工具。无论它是风力还是蒸汽驱动的船，它都是被发明者或是制造者所设计出来，为他们所操控的。这就涉及人类运用风帆或是马达让船可以开往任意方向。

我给大家举个例子以更好地说明这一点。你们中的一些人并不是飞行员，也没有驾驶飞机的经验，但是我想许多观众都开过车。在开车的过程中，你们就展开了一场低级别的协作性艺术。这些被制造出来的小汽车并不能够自己运行，它被设计出来是为了供人类驾驶。而一位学习了驾驶技术的人类艺术家与机器协作，实现了汽车被设计出来就是为了到达某处的目标。驾驶手册上的所有内容就是告诉你如何根据这个机器被制造出来的方式而与它协作。这正是人类不同寻常之处，人类不仅可以成为与自然相协作的艺术家，也可以成为制造机器的艺术家。

我想这个回答可以很好地解决你的问题。

劳埃德 · 卢克曼：我明白您的观点了。

莫提默 · J. 艾德勒：好的，请好好思考一下。如果你越深入地思考这个问题，就会有越多的感触。我常常觉得这个问题非常吸引人。

劳埃德 · 卢克曼：好的。

莫提默 · J. 艾德勒：让我看看我们现在能否绕回来简要谈一谈，关于协作艺术的一系列观点。

协作艺术从属于自然

在这些协作性艺术中，自然是主要的艺术家，而人类只是辅助的艺术家。举个例子，建筑师是主要匠人，而其他所有艺术家都给他打下手，所以在医疗、教学或是耕种的艺术中，大自然才是主要的匠人，而人类艺术家们只起到协助的作用。早在医学史与教育史的初期，人们就已经获得了类似的观点，“医学之父”希波克拉底[①]在他的格言警句中为医者奠定了一个基础规则，那就是医生要遵循自然规律，医生的职责只是辅助身体的自然反应度过某一阶段。而苏格拉底在希波克拉底智慧的基础上，定义了自己身为教师的职责——教师就是以一种助产士的方式履行自己的职能。

请注意教师像助产士这一医学比喻。孩子是由母亲生育的，但是助产士在生产的过程中从旁协助。所以，教师并不生产知识，是学生们生产了知识，严格意义上说教师是辅助艺术家，在学生学习的过程中起到协助的作用，使得这个过程更顺利也更准确，有时甚至可能减少痛苦。

而从作为协作性艺术家的教师与医生的对比中，我们可以得出第三个结论，这个结论让我着迷并且影响了我的教师生涯。希波克拉底认为医生就是在与自然协作，并指出了在治疗病患的过程中有三件可以去做的事情。第一件事就是控制病人的作息，他起床与休息的时间，他的饮食、工作、锻炼，他的环境温度。希波克拉底认为这是最好的治疗形式。原因在于这种形式最为自然，最为顺应自然本身的过程，在这个过程中不会引入任何外力干扰。

关于第二件事，他又说，如果控制病人作息效果不好的话，那么

---

① 希波克拉底（Hippocrates，前460—前370），古希腊伯里克利时代的医师。他将医学发展成为专业学科，使之与巫术及哲学分离，并创立以之为名的医学学派，对古希腊之医学发展贡献良多，故今人多尊称之为“医学之父”。

就可以使用一些药物。问题在于，这些药物是外在的东西，有些也许会对自然产生破坏作用。因此，他评论道，只有在控制作息失效之时，才能够使用药物。

最后，也就是第三件事，只有万不得已，在所有手段都失灵的紧急情况下，他才会允许手术。但是，在严格意义上，手术是这三种方法中排在末位的选项，只有在其他两者都失灵的时候才可以使用。

借用控制作息、用药和手术的说法，教学也有三种方式。首先是苏格拉底的教学方式，也就是通过提问来教学，它最符合人类学习的自然规律。而讲授，类似于回答学生脑海中的疑问，它不像提问式教学那么完美，在某种程度上像是用药，在人的思想中引入某种外在的东西。而最差的教学方法，像是手术一样，就是凭借作为老师的权威，告诉学生应该把什么记录在笔记本上，强迫学生去接受某种知识，仿佛是把外在的东西整合到他们自身之中。就像外科手术中会摘除某些东西，喜欢灌输的老师会通过一些手段把某些东西灌输到学生头脑中。

纯艺术是无用的

接下来我们继续谈一谈第二重区别，也就是纯艺术与实用艺术之间的差别。劳埃德，我们有没有收到关于这个问题的来信？

劳埃德 · 卢克曼：有一封金凯德夫人的来信，她家住在帕罗奥图，她想要知道，鞋匠与厨师的艺术与拉斐尔[①]和米开朗琪罗的艺术之间的区别，它们是同一种或是同一程度的艺术吗？

莫提默 · J. 艾德勒：好的，金凯德夫人，我的答案是，它们之间的区别在于种类，而非程度。因为如果纯艺术家和实用艺术家，米开朗琪罗和鞋匠，他们为了同样的目标而做同样的事情，而其中一个比

① 拉斐尔 · 圣齐奥（Raffaello Sanzio，1483—1520），意大利画家、建筑师。与达 · 芬奇和米开朗琪罗合称“文艺复兴艺术三杰”。

另外一个做得好，那么我们可以说存在着程度上的差异。但是信中所提到的两种艺术家，他们所做的是完全不同的事情。一个人在生产实用的物品，而另一个人在制造精美的艺术品。如果能明白这一点的话，我们就会发现这个问题的本质是在讨论种类的区别。

事实上，实用艺术与纯艺术之间的区别是最为人们所熟知的，而且也是最容易理解的。一件实用艺术品是服务于某个目标，作为实现某些意图的手段，比如一只鞋、房子或是桌子，我们可以毫无困难地理解为实用艺术品，它们能够在我们行动中在某些特定联系中发挥作用，或者说是实用的。

那么现在，当你们思考实用艺术与纯艺术之间的区别时，它是否意味着实用艺术品有用，而纯艺术则是无用的？部分正确。奥斯卡·王尔德[①]曾风趣机智地说："所有的艺术都是无用的。"这里指的当然不是实用艺术，而是所有的纯艺术。这些不以实用为目的的艺术是相当无用的。而这是否意味着，这些无用但美丽的艺术品，也是毫无价值的呢？我非常遗憾地说，很多美国人认为，无用的东西的确是没有价值的。这个国家对实用性赋予了很高的价值，如果你说什么东西是无用的，就如同在说它不好。但这种说法实在太疯狂了。

因为事实恰恰与之相反。那些无用但令人愉悦的艺术品，那些本身具有益处的事物，那些可以给我们带来内在享受的事物，比仅仅作为手段用来完成目标的事物更具价值。

我们会在关于劳动和休闲的讨论中发现，工作或劳动是有用的，但工作是为了休息。用相似的方式来看，所有实用性艺术本质上都是为了令人愉悦的纯艺术而被制作出来的。

你们是否曾经停下来想过，在“纯艺术”这个词组中“纯”这个词的含义是什么呢？举个例子，你们是否想过也许它意味着“出色”，

---

① 奥斯卡·王尔德（Oscar Wilde，1854—1900），爱尔兰作家、诗人、剧作家，英国唯美主义艺术运动的倡导者。他以短诗、小说《道林·格雷的画像》及戏剧作品闻名。

特指某个作品是一件出色的艺术品？也许你认为纯艺术作品是针对有品位的观众，或者说它是一件非常精致、优雅或珍贵的作品。但完全不是这样。“纯”这个词与“终极”这个词具有完全相同的词根含义[1]，它意味着“最终”。我们在英语中称之为“纯艺术”的事物，在法语中被称为beauxarts，或是在德语中称为schönen Künste，意思都是“美丽的艺术”。而“纯”与“美丽”意义相同的原因在于，美丽的事物本身就是一种纯粹的享受，它不被使用、不被消费、不涉及别的事物，它只被当作它自己，被欣赏、被享用、被凝视。因此，“纯艺术”这个词组中的“纯”也可以指代那些被生产出来本质就很好的，只能给人们带来享受的事物，它们的终极目标就在它们自身原本的样子中。

尽管这个区别已经十分清楚了，但人们在理解它时不应该太过较真。因为我们必须引入两种条件。首先，我们需要考虑这样一个事实，那就是一个人在看待一件艺术品时，他对待这件艺术品的方式取决于他的意图。比方说，让我们设想有一个齐本德尔式[2]的高脚橱。按照设计师的本意，它是一件实用性艺术品，它可以用来放衣服。但它也可以变成一件博物馆里的藏品，被人们以欣赏的眼光注视着，人们只是看着它就能够感到满足。它被当成实用性艺术品设计出来，但它也能够被一些人当作纯艺术品来欣赏。

艺术品的主要方面与次要方面

我相信有很多人把画挂在墙上，只是为了遮掩墙上的污点或是裂缝。我也很确定有些人会用勃拉姆斯的摇篮曲[3]把婴孩哄睡着。这是

---

① “终极”为“final”，和原文中的“fine”即译文中的“纯”有着相同的词根。

② 齐本德尔式为十八世纪起源于英国，并流行于欧美的家具样式，名称来源于英国家具设计师汤玛斯·齐本德尔（Thomas Chippendale）。齐本德尔式家具的基本风格有法国洛可可式、中国式、哥特式、新古典式等。它们结构稳固、线条细腻优雅、宽敞舒适。

③ 约翰内斯·勃拉姆斯（Johannes Brahms，1833—1897），浪漫主义中期德国作曲家。

区分纯艺术与实用艺术的参考条件之一，但还有另一个条件，几乎每一个作品都有两个方面，一个主要的方面和一个次要的方面。也许实用性是它的主要方面，而纯艺术是它的次要方面，或者与之相反。

举个例子，让我们想一想厨房的炉灶。过去当我还是个孩子的时候，六个灶眼的燃气灶是世界上看上去最丑陋的东西之一，因为在那个时代厨房炉灶的制造商对设计毫无兴趣，它完全被视作一件实用的东西。但是现在，诸如炉灶与冰箱这类的东西它们依旧是实用的，事实上甚至变得更加实用，但在设计上它们不仅具有功效性，也具有了观赏价值。它们开始有了纯艺术的一面，即使不被使用时看起来也令人愉悦。

我们再来想一想建筑。伟大的传统建筑艺术既是实用的，同时也是纯艺术，因为建筑物是作为住所、办公场所或是其他类型而被建造出来的，但它看起来也应该很美观。所以现在，你们看到的房屋与建筑都是实用性与艺术性的结合。

反之亦然。纯艺术作品，包括诗歌、音乐选段与绘画，它们除了美丽、让人愉悦之外，也可以具有教育意义。它们可以同时给人们带来愉快和美育。而当它们成为具有教育意义的作品时，就能让人们从中学到一些东西，增加人们的智慧。不过虽然如此，它们首先还是纯艺术作品。然而如何分辨这一点呢？举个例子，劳埃德，你知道这一点是因为，如果有一篇文字只是在教育你，就像是一本工具书，你不会把它称为诗歌。只有当它指导你，让你从中学到一些东西之外，还能够作为一种美好的事物让你感到愉悦，你才会把它称为诗歌。在建筑艺术中也是如此。如果一个建筑物仅仅是非常美丽，而你不能够通过任何方式居住在内，那么你不会将它称为一个房屋，因为建筑的首要方面是实用，次要方面才是美丽。所以，诗歌的首要方面是产生美好，它的实用性则是次要的。而这就表明了艺术品蕴含着两种意义：主要的意义与次要的意义。

人文艺术与粗俗艺术

劳埃德，现在如果有一件看上去是纯艺术性的作品，但精神内核具有教育意义，那么我们不会称之为纯艺术，而会说这是人文艺术。

劳埃德 · 卢克曼： 您提到了“人文艺术”（liberal art）这个词组，这让我想起了乌尔苏拉会学院的安妮修女的来信。她说：“在‘人文艺术’这个词组里，比如说在‘人文社科通识课程’或是‘人文学院’中，艺术指代的是什么？”

莫提默 · J. 艾德勒： 我很理解安妮修女为何会对“人文艺术”这个词组感到迷惑。因为如今绝大多数在人文社科通识课程与人文学院中所教授的东西，都和真正的艺术毫无关联。实际上，它们中有很多完全是与实用艺术相关的专科院校，而与纯艺术并无关联。

然而为了回答安妮修女的这个问题，我们现在必须转向对于艺术的第三重区别，也就是关于人文艺术与粗俗艺术[①]之间的区别的讨论了。

古代人对这两种艺术的区分标准是艺术家们是否依赖于某种物质，他们是否会弄脏双手，是否需要接触到具体物料并改造它们，还是说这些艺术家只是在人们的灵魂或是思想中创作。这个区分标准解释了古人为什么将接触具体物料的艺术称为粗俗艺术，因为在古代社会只有奴隶才需要劳动，而自由之人无需弄脏自己的双手。因此，他们将制鞋的艺术、建筑的艺术，甚至是雕塑与绘画的艺术都看作是带有奴隶性的艺术。他们把音乐看作是人文艺术，包括诗歌在内。但是想要解释清楚哪些类型的音乐和诗歌属于人文艺术，恐怕必须等到下一章节。

现在我们需要快速总结一下这次所讨论的内容。我们明白了协作

---

① “粗俗艺术”原文servile art。中世纪时期，人们将7种需要劳动的工艺，即编织、装备、商贸、农业、狩猎、医学、演剧，视为低级的技艺，并基于社会等级划分将其称为粗俗艺术。

性艺术与简单的生产艺术之间的区别，实用性艺术与纯艺术之间的区别。下一次我想要更详细地讨论一下纯艺术，以及我们没能充分讨论的人文艺术。

纯艺术

我们将继续关于艺术的话题，并且希望能够集中讨论纯艺术。这里有许多有趣的问题。

但是首先我想先回到上一个未完成的话题。上周我试着向大家展示艺术种类中的三种区分方法，但是我只成功解决了其中两种：首先是协作性艺术与简单的生产艺术之间的区别，比如种地和制鞋。其次实用艺术与纯艺术之间的区别，一种是为了服务于某个目的或是功能而生产的艺术；一种是生产美的事物，它的目标是为了让欣赏它的人们感到愉悦，仅仅是通过观赏就能获得美感。

现在，我想提醒大家注意，一个实用艺术品在它服务于某一目的时，也可以让人感到愉悦和美。举个例子，一件精美的家具也许能给人视觉上的愉悦，而一栋建筑也可以非常好看。另一方面，一件纯艺术的作品，比如一幅画、一本小说或是一段音乐，除了作为美的事物令人愉悦之外，也可以具有实用性。

但是如果某件事物仅仅具有教育意义，那么它就不是一件纯艺术的作品。比方说，欧几里得的《几何原本》。对于我来说它是个美的事物。但是它并不是纯艺术，因为它具有教育的作用，这就是为什么我会将其称为人文艺术，而非纯艺术。

这个问题将我们带回了艺术的第三种区分，人文艺术与其他艺术之间的差异。劳埃德，你还记得上一章节我没回答完的问题吗?

劳埃德·卢克曼：我记得很清楚。来自乌尔苏拉会学院的安妮修女提出了关于人文艺术的问题，也就是我们如今所说的人文艺术、人文学院到底是什么意思呢？您也已经指出了，虽然被称作人文院校，但这些院校所教授的实用性艺术要比人文艺术多。然后您接着讨论了人文艺术与……

莫提默·J. 艾德勒：人文艺术与粗俗艺术之间的区别。让我现在就来说明这个区别，劳埃德。

首先来解释“粗俗”一词的含义。如果是由具体生产材料制作而成的艺术品，它以物质的形式存在，那么这种艺术就是粗俗的。因为粗俗艺术来源于古希腊，那时候只有奴隶才会将双手弄脏并磨出茧子来，只有奴隶才需要接触生产材料。在这种意义上，都是由物质制成，并且以物质的形式存在，它们都是粗俗的。

“人文”的含义则是自由，从物质中解脱出来，它们是思想的产物，并仅存于思想中。比如说，一段伟大的演讲存在于人们的思想中；一个数学演算也是通过思维而被推导出来，因此也存在于思想之中。这也就是为什么，诸如演讲或是数学推演这类艺术才会被称为人文艺术。而这也就是“人文七艺”[①]名称的由来，在这里我只举其中三个，文法学、修辞学与逻辑学。这些艺术在人们的思想中被创造。

然而文法学、修辞学与逻辑学实际上是实用性艺术，而非纯艺术。它们兼具实用性与人文性，就像教学一样。因此，我们不得不面对一个有趣的问题：那么纯艺术是粗俗艺术还是人文艺术？答案是，一部分纯艺术是人文艺术，而一部分纯艺术是粗俗艺术。

比如说，文学与音乐是人文艺术。我们知道它们的创作材料只是符号而已，艺术通过特定的符号从艺术家的思想中传递到大众之间。举例来讲，如果我们考虑一本诗集，它唯一物质上的存在就是那些词

---

① 人文七艺（seven liberal arts）又被译为自由七艺，是中世纪大学的主要科目。它包括三学四术，文学法、修辞学与逻辑学是人文艺术的核心部分，被称为“三学”。至中古时代，研究范围被扩大到包括算术、几何学、音乐以及天文学（其中也包括了占星学），被称为“四术”（Quadrivium）。

语。但是那些词语仅仅是作为符号将这首诗从作者的思想中传递到读者的思想中。这首诗并不存在于书页之上。乐谱中的音符并不是音乐，但即便没有被演奏出来，人们也能够“拥有”这段音乐，因为有读谱能力的人及能理解这些符号的人，都可以用“思维之耳”听到这些音乐，即便并没有实质性地听见，但在想象中听到了。从这个意义上看，诗歌与音乐这样的艺术就能够被称为人文艺术，因为它们在思想中被制造出来并且可以存在于思想中。

我们再来思考一下，比如绘画与雕塑艺术是否属于纯艺术。在这个世界上，雕塑的原件只能存在于一个地方，比如在一个博物馆里。如果不去博物馆的人也想看到它，那么我们必须制造出一个复制品。这个雕塑的复制品并不像乐谱在书页上的符号，或是书本中的诗句。人们只能够通过物理上的复制来展示这个雕塑。这就表明了，在这个意义上，雕塑是由具体物质制成，并依赖于具体物质存在的作品。

我顺便再补充一句，达·芬奇①，一位伟大的画家，他对于人文艺术与粗俗艺术之间的区别也十分敏感。他认为绘画要比雕塑更加自由一些，因为画家可以坐在工作室里，穿着精致的天鹅绒外套，并且可以保持双手的干净，然而雕塑家身上沾满了大理石碎屑，一双手又脏又有老茧，这就是为什么列奥纳多认为绘画要比雕塑更具人文性。

我们可以举另一种艺术类型为例来加深我们的理解，比如芭蕾舞。芭蕾是人文艺术还是粗俗艺术呢？实际上，它已经发生变化了。曾经有一段时间，芭蕾舞被认定为粗俗艺术，因为当时芭蕾舞只能够通过演员们的肢体在舞台上被呈现出来。但是近些年来，舞蹈编排概念的出现使得芭蕾这种舞蹈能够在纸面上以音符的形式存在，就像音乐在纸上通过符号而存在一样。所以，一个看得懂编舞的人便可以理解并

---

① 列奥纳多·达·芬奇（Leonardo da Vinci，1452—1519），是意大利文艺复兴时期的博学者：在绘画、音乐、建筑、数学、几何学、解剖学、生理学、动物学、植物学、天文学、气象学、地质学、地理学、物理学、光学、力学、发明、土木工程等领域都有显著的成就。这使他成为文艺复兴时期人文主义的代表。

通过想象构建出一场演出，而不用走到剧院里去看它。

让我现在来总结一下这些类别。文学、音乐与编舞是自由的（或通识性的）纯艺术；绘画、雕塑与芭蕾是粗俗艺术中的纯艺术；文法学、修辞学与逻辑学是具有人文性的实用性艺术；最后，建筑、木工和化妆术是粗俗的实用性艺术。文学包括着所有小说创作、散文与诗歌。建筑是所有粗俗艺术中最具人文性的一种，但是尽管如此，建筑物必须以物质形式存在，它无法只存在于建筑师的蓝图中。

劳埃德·卢克曼：在这个总结中，我没有听到您上周强调的内容，像一些协作性艺术，比如务农、医疗与教学。

莫提默·J. 艾德勒：好吧，我的确该提到它们。作为协作性艺术的务农也是实用性的粗俗艺术，因为农民要和泥土以及土里长出的东西打交道。而作为协作性艺术的教学，与文法学一样，是一种实用性的人文艺术。而医疗，它一部分与身体有关，而另一部分则是与思想、灵魂打交道，因此它是部分人文、部分粗俗的艺术。

让我再回到让我苦恼的问题，它也许也在困扰着你们。困扰在于我们觉得所有的纯艺术都应该是人文性的。如果文学、音乐以及芭蕾编舞都是人文性的纯艺术，那么为什么其余所有的纯艺术不能是人文艺术呢？这是一个非常难回答的问题。

在某个意义上也许它们全具有人文性，尽管它们必须存在于物质之中，如雕塑存在于石头之中，而绘画存在于画布上。前提是我们规定所有纯艺术是指仅存在于欣赏者的思想中的艺术。那么在这个意义上，它们就如同人文艺术一样存在于精神世界中。

纯艺术品的三种特质

现在让我们来看一看所有的纯艺术都具有的三个特点，这些特点能将它们与实用艺术区分开。第一，任何一件纯艺术品都具有独特性；第二，它们都是原创的；第三，任何一件纯艺术品都会传递一些内容。

我来简短地解释一下这三点。我们说，任何一件纯艺术品都有独特性。这是什么意思呢？最令人震惊的事实是，所有的纯艺术品都有一个专有名称。它要么有一个标题，要么有作品编号。然而我们并不会给鞋子命名，给桌子命名，或是给自来水笔或钟表命名。在所有实用性的艺术品中，只有极为卓越的事物，比如非凡的火车或是伟大的轮船才会被赋予专有名称。这又是为什么呢？当我们给予某物专有名称的时候，我们是在赋予它人格，就像我们在人格化著名的火车和轮船一般。每一件拥有着专属名称的纯艺术作品，比起实用的艺术品要拥有更多的人格。

第二点，我们说任何一件纯艺术品都是原创的，这又代表着什么呢？在我们上周所收到的所有信件中，很多人都谈到了创造性艺术。有人说，“实用性的艺术不具有创造性”。这种观点的意思是，在原创的这一层含义上，纯艺术品都是独一无二的。它不是任何事物的仿品，更不是一比一的复制。与第一个特点联系起来看会发现，纯艺术品的独特性与它的原创性，赋予了它独有的特征。

我们再看看第三个特点，纯艺术品都会传递一些内容。我始终记得年轻时听到音乐家们的谈话。关于一段音乐，我听到一位音乐家对另一位说：“哦，我并不认为这样很好，它表达的东西太少了，太少了。”然后我对自己提出这个问题：“音乐家说的‘太少了’是什么意思呢？”我没有听到音乐说任何话。然而随着我对艺术思考得越来越深入，我才意识到这是我听过的对于纯艺术最深刻的评论。每一种纯艺术都是一种语言，并不像我们所使用的口语，它是一种属于自己的语言，一种只表达特定内容的语言。

那么我们试着重新回答这个问题：一件纯艺术品说了些什么？它的内容有何含义？为了回答这个问题，我会建议大家思考一下这些伟大的纯艺术的媒介，音乐、诗歌、文学、绘画与雕塑，每种艺术媒介都是一种语言，它与我们日常交谈所用的语言截然不同。因为这种艺术语言只表达特定的内容。如果以这种角度看待纯艺术，我们可以将纯艺术分类为各种各样不同的语言，每一种艺术都是依托其独特媒介而存在的一种表达或沟通方式。

当我们开始将纯艺术分类时，我们要区分流动的纯艺术，也就是处在时间中的，随时间流逝而展开的艺术形式，以及静止的纯艺术。

关于流动的纯艺术，我会举出文学与音乐的例子。文学的语言不一定仅仅是文字，而是那些文字或文学象征所激发出的想象力，包括让我们联想到了一些画面。音乐的语言是一种由曲调与时间构成的语言。曲调与时间是音乐创作的基本要素，它们构建了音乐中的旋律和节奏。音乐的语言就是统筹这些要素的语法。我们现在转向静止的纯艺术，也就是造型艺术的语言，比如绘画与雕塑艺术，是人们看见的物质形式的语言。这些形式，包括视觉上的形状、颜色与图案，必须被人们看见，才能够表达画家或者雕塑家想要表达的东西。

但以上这些都只是例子而已。

摄影是一种纯艺术吗

劳埃德 · 卢克曼：如果前面这些仅仅是例子的话，那么我想问一个问题，因为我们收到了一封非常有趣的信，来自奥克兰的彼得森先生，他的问题关于摄影，比如摄影师是不是一位艺术家呢？因为您刚才提到了芭蕾舞，那么我想和彼得森先生一起问您，您如何看待摄影与芭蕾舞？

莫提默 · J. 艾德勒：好的，首先我会说，摄影是一种造型艺术，它以视觉形式存在。对于芭蕾舞来说，芭蕾看上去也是一种造型艺术，只不过它在视觉中是移动的。但是如果更深入地探究一下芭蕾的内容，我们会发现芭蕾是存在于时间之中的，而非静止的艺术。因此，比起单纯的静止的造型艺术，它更加近似于音乐与诗歌、叙事与戏剧。事实上，画面流动的艺术，也就是我最喜欢的艺术形式之一的电影艺术，在一定程度上属于造型艺术，因为它部分运用图像媒介。但又因为电影的重点在于讲故事，所以它仍是流动的艺术。我唯一能想到的一种与诗歌或音乐截然不同的电影有一部分是造型艺术，一种真正的流动中的造型艺术，就是行为艺术，它确实是造型艺术，而运动性也是这种艺术的一部分。

不同的艺术形式可以有着相同的内容吗

现在，讨论回我们的核心问题，也就是有多少不同的艺术形式，就有多少种艺术语言。我希望大家尽可能努力地思考一下这个问题：所有艺术说的是同一件事吗？你们可以把一种艺术所表达的内容，用另一种艺术语言翻译出来吗？你们可以这样说吗？“哦，这段音乐所表达的就是这幅画、这首诗所传递的内容。”在你们听到我的答案之前，请对这个问题思考片刻。一种艺术的艺术语言是否能够被翻译为另一种艺术的艺术语言呢？就像法语可以翻译为英语，或者法语可以翻译为德语一样。

一开始答案看起来似乎是肯定的。因为艺术都有某种共通之处，都取材于我们生活的现实世界，都以某种方式表达了共同的思想感情。所以，你们也许会认为一种艺术可以翻译成另一种艺术，就像从法语翻译成德语，德语翻译成英语一样。但是真实答案是——无法翻译。因为纯艺术的内容永远不能够与形式相分离。作为纯艺术的语言，艺术的媒介规定了它的内容形式。

让我换一种方式解释一下，当你们将英语的散文翻译成法语散文的时候，你会感觉非常简单。然而为什么人们会说：“哎呀，法语的诗句没法被翻译成英语的诗句。”难道是因为某些语言或意象只能存在于诗歌中而无法存在于散文中吗?

我想这就是纯艺术中最神秘的部分，所有的纯艺术都拥有某种我们不能通过词语来表达的东西，它往往具有某种不可言说性，使得我们不能将一种艺术翻译成另一种。然而我们对于艺术最流行也最庸俗的做法就是忽略这个秘密，对它相当麻木。大部分人在欣赏画作或是其他造型艺术时，只想从中读出故事来，或用词语来讲述它。而当他们在做这件事情的时候，某种意义上他们就侵犯了纯艺术的秘密。

在这儿让我举一个例子。大多数人当他们看到某一个著名的雕塑的时候，会说：“哇哦，这个男孩儿在从他的脚底板上拔出一根刺。”说完这样的话后他们感到心满意足。然而实际上他们唯一做的就是从雕塑中看出了一个故事。再举个例子，人们在看米开朗琪罗的画作时可能会读出一个伟大的基督教故事，耶稣基督被从十字架上放了下来。他们也会用同样的方式来解读另一幅画，安杰利科修士[①]的《基督之死》(*The Entombment of Christ*)。只读标题就能大概猜到讲了一个什么样的故事。这幅画对他们来说或许只是文学替代品，他们只满足于用语言表达这幅画所想表达的内容。试图将其翻译为文学语言，恰恰就是对待纯艺术最粗俗的方式，特别是对于绘画艺术来说。而现代主义者推崇的抽象艺术与超现实主义就是对这种粗俗方式的回答、抗争和反抗。

这些现代绘画的标题，比如毕加索的《三个音乐家》(*The Three Musicians*)，达利的《一位化学家极为谨慎地抬起三角钢琴的表层》(*A Chemist Lifting with Precaution the Cuticle of a Grand Piano*)，蒙德里安的《百老汇爵士乐》(*Broadway Boogie-Woogie*)或者是杜尚的《走下楼梯的裸女》(*Nude Descending a Staircase*)，这些标题本身就表达

① 安杰利科修士(Fra Angelico，1395—1455)，意大利早期文艺复兴画家。

了艺术家们的反抗[1]。他们仿佛在说："不，你们没有看到这些图画。你们只是在读标题，并且试图从这些画中找出标题所表达的内容。但你们不能够这样做。"另一方面，康定斯基[2]有一幅现代画，名曰《圆中圈》(*Circles in a Circle*)，这不会让任何人感到困扰。任何看着这幅画的人都会说："好吧，没有错——里面套着圆圈。"

我的观点是，现代艺术，现代艺术家的反抗，都是为了克服人们对造型艺术进行文学阐释，现代音乐也是如此。现代艺术家的反抗也迫使我们重新审视纯艺术中最深刻的议题——纯艺术中的模仿与创造。

劳埃德·卢克曼：请容我打断一下，艾德勒博士，我这里有封关于模仿的来信，您认为模仿是否算作好的艺术？这是一封卡尔夫先生的来信，他说："我很好奇，在艺术品的创造中模仿扮演着什么样的角色。"

莫提默·J. 艾德勒：卡尔夫先生，模仿与创造是相互补充的，它们属于彼此。在我看来，模仿代表着艺术家从客观对象或自然世界中汲取东西，然而创造则代表着艺术家从自身灵魂与思想中汲取些什么。但这两者并不是相互独立的，因为当艺术家从自然的对象中汲取某种东西的时候，必然会对其进行主观的转化。而如果他是一位名副其实的艺术家的话，那么当他从自己的灵魂与思想中汲取某些东西的时候，也必须将其客观化，把它变成一个对象，这就是创造出一件艺术品。

因此，艺术的模仿不是简单的复制，不是照片式的再现。艺术的

① 巴勃罗·毕加索（Pablo Picasso，1881—1973），西班牙艺术家、画家、雕塑家、版画家，20世纪现代艺术的主要代表人物之一；萨尔瓦多·达利（Salvador Dali，1904—1989），西班牙加泰罗尼亚画家，因为其超现实主义作品而闻名，他与毕加索和米罗一同被认为是西班牙20世纪最有代表性的三个画家；皮特·科内利斯·蒙德里安（Piet Cornelies Mondrian，1872—1944），荷兰画家，风格派运动幕后艺术家和非具象绘画的创始者之一；马塞尔·杜尚（Marcel Duchamp，1887—1968），美国画家、雕塑家，20世纪实验艺术的先驱，被誉为"现代艺术的守护神"。

② 瓦西里·康定斯基（Wassily Kandinsky，1866—1944），法国画家和美术理论家，被认为是抽象艺术的先驱。

模仿是一种创造性的模仿，而艺术的创造也是一种模仿性的创造。艺术创造不是纯粹的创造，就像模仿不只是复制一样。

这就是为什么人类艺术家需要借助于自然的原因。法国画家德拉克罗瓦[①]认为自然就是一部词典。让我们仔细琢磨一下这句话。对于画家来说，自然只是一部词典，就好像对于作家来说，世界上的词语有限，而他只能利用这些有限的词语作一首诗。所以，自然像是一部词典一样，自然之中一切可被感知的形式、形状、色彩都成为可供绘画创作的词语。我们可以说艺术家们挑选出这些“词语”，用它们构建了一幅画或是一座雕塑。

所以，我认为纯艺术领域的创造与模仿之间没有冲突，因为纯艺术既是创造性的，又是模仿性的。但是在创造与模仿之间存在着深刻的紧张关系，因为它们分别代表着纯艺术中两种相反的趋势——一方面是倾向于表现的趋势，另一方面是倾向于抽象的趋势。

这个问题我想留到下周花更多的时间来讨论。下一周，我将讨论纯艺术中这两种相悖的趋势。如果还有时间，我们还可以讨论一下纯艺术中什么是好的艺术，什么是坏的，以及道德上和审美上的好与坏。

---

① 欧仁·德拉克罗瓦（Eugene Delacroix，1798—1863），法国浪漫主义画家。

27 艺术的益处

关于艺术这个大问题，我们以探讨纯艺术相关的道德与政治问题作为结束再好不过。

但是首先我想先回到我们上周没有讨论完的那些问题上。我们已经发现，每一个种类的纯艺术都像一种语言、一种表达的媒介，通过这个媒介所产生的艺术品，它的形式与内容是不可分割的。这也导致了一种结果，在纯艺术领域中，不同类别的艺术具有不可译性。

一幅画作所表达的东西不能被翻译为一段音乐，而一段音乐所倾诉的内容无法被转译到诗歌里。人们无法在艺术中找到公约数。然而，在大众舆论中有这样一种趋势，人们试图将所有艺术表达缩减成我们的日常话语。但这种做法带来了两个非常严重的后果。

首先，造成了对于艺术的误解，特别是那些非文学性的艺术，人们阅读交响乐的节目注释而非聆听音乐，或是被绘画的作品名限制了想象力，而非体会造型上的表达和造型艺术的形式之美。第二个后果就是引发了现代主义者的反抗，抽象画、现代音乐，以及诗歌中类似的反抗。

让我为大家读一段诗歌中反抗的经典案例，一首来自E. E. 卡明斯[①]的诗，名字叫做《假如那一阵风，好大的风》(What If a Much of a Which of a wind)。我将要为大家读的是它的最后一小节。“假如梦中

① 爱德华·艾斯特林·卡明斯（Edward Estlin Cummings，1894—1962），美国诗人、画家、评论家、作家和剧作家。

注定的黎明；把这个世界咬为两半，将永远劫出他的坟墓；用我用你点缀不存在的地方，那会怎样？把即刻吹向永无，把永无吹向彻底；（把生命吹向乌有：把死亡吹向过去）——唯有那一切的虚无是我们最大的家；它死得最多，我们活得越久。”[①]这就是现代诗的一个例子，它强调的是音乐性、词语的音调而非意义，因为诗人在反对将所有一切都削减为人们日常交谈的寻常含义的企图。

所有现代主义艺术的抵抗都表现出了一种非常重要的教育功能。艺术的确应该教会我们通过艺术品本身的方式去观赏每一件、每一种艺术品。比方说绘画，它应该教会我们欣赏每一幅优秀的作品中都有表现与抽象两个方面，而不是只具备一种。伟大的绘画作品不可能只有表现，也就是纯粹的模仿，也不可能是纯粹的抽象。它们不单纯是新闻片或是新闻报纸对某一场景的记录报道，也不只是脱离了客观存在的形式与色彩的设计图样。

之前卡尔夫先生问我，模仿在纯艺术品的创造中扮演着怎样的角色，我当时的回答是模仿与创造是互为补充的。我还说，事实上它们相互融合，艺术上的生产既是创造性的模仿也是模仿性的创造。原因在于，艺术家们从客观对象中汲取的部分，必须通过他的主观改造。而他从自己的灵魂与思想中汲取的东西，也必须要被他自己客观化。

所以，接下来我想要回答另外一个相似的观众提问，这个问题来自圣布鲁诺的索恩顿先生。索恩顿先生与我们之中的很多人持有一样的看法，认为纯艺术品可以被分为模仿的和抽象的。他说：“模仿性艺术表现自然，而抽象艺术完全地或者大部分来自艺术家的思想中。所有或是大部分纯艺术作品都可以归为这两种情况。”我对此持反对意见。对于我来说，当我看着大部分的纯艺术品时，当然所有好的作品都同时具有表现性与抽象性。它们同时包含模仿与创造。

---

① 引文参照邹仲之翻译的《卡明斯诗选》，上海译文出版社，2016年版。

劳埃德 · 卢克曼：其实我没有完全理解这场争论。艾德勒博士，如果我没有理解错的话，您好像确实说过抽象与表现艺术之间没有矛盾。但是在另一方面，我也很确定这一点在公众的观念中充满争议，而且在艺术家群体中也是如此。

莫提默 · J. 艾德勒：劳埃德，我认为在这一点上你说得对。我想我没有准确表达出我的意思。我不应该说它们之间没有矛盾，而应该说表现与抽象之间需要变得没有矛盾，它们之间不应该有矛盾。而实际上，你说得对，矛盾是客观存在着的。

而且我想，矛盾存在的原因在于，在伟大的画作、任何一段音乐或是诗歌等任何艺术品中都存在着由两种极端所造成的张力。并且我想，这种张力常常会导致一种结果，那就是艺术家会让自己站在某一极端反对另一个。

我们已经讨论过了模仿与创造之间的相对性。在模仿的这一边，我们讨论过了，艺术品的表现性与抽象性是相对的。然而强调一件艺术品中存在模仿的成分以及作品的表现性，同时也是对它内容的强调，对它客观性和现实性的强调，也是它对于现实的存在方式的关注。在另一方面，对于创造性的一面或者说对于抽象性的强调，会导致艺术家们过分强调主观性，也就是更加关注存在于他们自身而非存在于自然中的东西，从而更加关注艺术品形式，音乐形式或是画作形式而非其内容。

由于公众倾向于给造型艺术——绘画或是雕塑——文学性的阐释，这导致了艺术家们趋向于从抽象的方面进行创作。诗人们为了摆脱这种趋势，因而倾向于从主观性出发，并走向了客观性与表现性的对立面。

那么现在，问题也许就在于，这些趋势是否过于极端化，因为极端会带来错误。实际上，居住在帕罗奥图的萨亚尔斯先生来信问道："是不是每一件艺术品看似是表现性的，但仍然具有抽象性？"他还提问说："是否存在着某一个界限，只要艺术在抽象方向上不越界，它就还算得上是一种合理的艺术？"

萨亚尔斯先生，我认为的确存在着这样一个界限。如果一个人走向了抽象的极端，删去了所有的表现，完全消除艺术品是对客观存在的模仿这一特性，那么这件作品就无法被理解。如果作品太过于主观，就会变得无法交流，因为作者并没有指涉任何客观存在，因此没有什么是可供交流的。并且从某种意义上看，艺术品被削减为没有内容的纯粹的形式，成为形式主义催生出的畸形儿。

如果现在你们走向另一个极端，仅仅是表现而不具备任何的抽象性和主观性，那么艺术品将变成纯粹的新闻报道，只是在报道一件历史事实，或是现实中被人们看到的事物，艺术便沦为了现实的复制品。这样的话，这个作品也没有任何需要表达的内容，与单纯的形式主义相对，成为了单纯的物质主义，我们无法在其中欣赏到任何艺术家的思想。

然而伟大的德国诗人歌德[①]的一段精彩论述已经解决了这两个趋势的对立问题，也就是艺术中表现性与抽象性的对立，模仿与创造的对立。歌德说："艺术家与自然拥有双重关系。他既可以是自然的主宰者，也可以是自然界的奴隶。当他极具创造力地将自然转化为艺术时，他是自然的主宰者。而当他必须通过模仿自然来创作时，他就是自然的奴隶。"

纵观所有艺术，有两种非常糟糕的极端状况，一种极端来自艺术家的奴性，艺术家沦为自然的奴隶，一个毫无主见的复制者。另一种极端则是由于艺术家蔑视自然世界从而导致艺术过度抽象。

---

① 约翰·沃尔夫冈·冯·歌德（Johann Wolfgang von Goethe，1749—1832），德国戏剧家、诗人、自然科学家、文艺理论家和政治人物，为魏玛的古典主义最著名的代表。他的代表作有《少年维特之烦恼》《浮士德》等。

坏的艺术仍是艺术

劳埃德·卢克曼：您前面多次提到“好的艺术”和“坏的艺术”。我们也收到了很多观众提问，其中有个问题就是关于好艺术与坏艺术。提问者是居住在旧金山的约翰·海耶斯先生，他建议说，在艺术的所有领域，无论是实用性的艺术还是纯艺术，我们都应该将“艺术”这个术语保留给那些好的作品，而不是那些粗鄙的或平庸的作品。对这个提问，您有什么看法？

莫提默·J.艾德勒：海耶斯先生，对于您的建议我有三条意见。

首先，我并不同意您的说法，尽管我理解您为什么会这样说。“艺术”一词有时被用于称赞，而有时只是个描述性的名词。当某个人完成了一件作品，我们说：“哦，这可真是一件艺术品啊！”可能意味着它是一件好作品，艺术在这里被用于称赞。但是我想当“艺术”作为一个描述性名词被使用时，它既可以指代好的艺术，也可以指代坏的艺术。

如果我们用名词的“艺术”指代好的作品与坏的作品，那我们也必须面对一个问题——好的艺术与坏的艺术的区别是什么？实际上，这里存在两个问题。一个是审美层面的问题，也就是从美与丑的角度来判断作品的好与坏，关于鉴赏、批评的标准等等。但另一个是道德与政治层面上的好与坏，也就是一件艺术品被认为是有益的还是有害的，而这就导向了关于艺术品的道德审查与政治规范的问题。

我将先讨论第二个问题。第一个关于美的问题，我将留在讨论美这个大问题时解决。现在让我们马上从有益还是有害的角度来讨论一下，纯艺术在道德与政治上的好与坏，我接下来说的都属于纯艺术范畴。

现在我们不得不面对的另外一组紧张关系，是存在于艺术家与政治家、道德家之间的。这种对立有时体现为艺术家们说“为艺术而艺术”，而道德家与政治家会说“为人民的艺术”。

道德家与艺术家之争

我将先阐释一下道德家的立场，再来阐释艺术家的立场。从道德家的角度来看，绘画、音乐、戏剧、诗歌——这些都会对人类产生影响。它们会影响到人们的情绪、态度和行为。因此，道德家自然会从道德的重要性与政治影响的角度来评价一件艺术品。在西方文化的传统中，这种评价被一次又一次地重复着。从柏拉图的《理想国》开始，他提议把诗人们赶出理想的国度，因为他认为诗人会产生坏的影响。在《理想国》和《法律篇》(*The Laws*）中，他都提到了希望儿童在公共场合尽可能多地听到合乎礼仪的音乐，因为某些种类的音乐会以错误的方式让他们兴奋起来。纵观整个西方文明，戏剧都处于这种监督之下，音乐也一样。而且大家都知道，小说和其他的文学作品同样受到这种道德的监控。

艺术家认为：我应当只关心艺术的规则。我唯一的职责就是根据艺术的规则创作出我想要创造的东西。每个人都拥有表达的自由。事实上，我表达艺术的自由是人们普遍享有的言论自由权利的一部分。艺术家还对道德家与政治家们说：你们只关心你们的那些事情，却并不去理解我在艺术中的技巧。你们不仅忽略了对艺术的尊重，还要告诉我如何创作一个好的作品。艺术家们在打造纯艺术的作品时享有的自由，应该与科学家在追求知识与真理时所享有的一样。

科学家们关心的事情只有追求真理，纯艺术家们关心的事情只有生产美的事物。而与科学家和艺术家相反，保守的道德家与政治家只关心什么是有益的。道德家们关心的是如何实现良好的生活，而政治家们关心的是如何打造良好的社会。

所以我建议，保守的道德家与政治家们不用告诉艺术家如何生产美的东西，也不用告诉科学家如何追求真理，只需要告诉他们一个良好的生活和一个良好的社会所需的条件有哪些。每个人都应该在自己的领域拥有自主权。

劳埃德 · 卢克曼：我现在确实很疑惑，艺术与道德是否真的可以这样截然分开。然而不管如何我们必须得承认，艺术品确实影响着人们，无论是好的还是坏的影响，对不对？

莫提默 · J. 艾德勒：确实如此。

劳埃德 · 卢克曼：那么，解决方法也许并不像您所说的区分出各自所拥有的自主权，而在于对作品和创作者进行区分？提出这个建议的是我们的一位观众，她是居住在奥克兰的玛丽莲 · 福尔西斯夫人。因为她是这么建议的，当我们对一件纯艺术品的道德产生疑问的时候，我们是在质疑艺术家这个人，而非这件艺术品本身。我想知道这个区分是否对我们有所帮助。

莫提默 · J. 艾德勒：我记得这位福尔西斯夫人的信，她的问题来自马里顿的名作《艺术与经院哲学》，对吗？

劳埃德 · 卢克曼：是的。

莫提默 · J. 艾德勒：也许可以用马里顿书中的原文回答这个问题，这段话解释了艺术家与道德家以及保守派之间的争论。

在这本书中，马里顿非常关注这个问题，他说艺术品是道德冲突的主攻对象：一方面，严谨的道德只关注道德与良好的生活，而另一方面艺术的道德只关心生产美的事物。“使得这个冲突如此痛苦的原因在于艺术并不像知识服从于智慧那样服从于纯粹的道德。艺术什么也不关心，除了艺术创作的对象。它并不关心良好的生活，不关心道德家宣称的道德与艺术应当对出自人手的所有产品负责。通过在艺术品中挑错，道德家坚信自己反对艺术家是为了崇高的善行，造福人类，而这种坚信牢固地建立在他自己的道德价值之上。他们看待艺术家就像看待一个孩童或是疯子。而鉴于他们的思维习惯，艺术家一定会捍卫同样神圣的善——美，为了美辩护。”

但是马里顿似乎也感到，这个冲突不是那么容易解决的。事实上，是无法被解决。这里我再补充一句，福尔西斯夫人，因为我在青年时代对于这个问题相当着迷，所以我写了一本书来讨论它。这本书叫《艺术与保守主义》，它的出发点是我对于电影艺术——这种伟大的通俗民主艺术规范化的关注。我关心的议题是电影中艺术的价值与规范化中道德、政治问题的对立。在这本书中，关于这个问题最终我找到的唯一解决方法，从某种意义上说就是从马里顿那里学到的。我想，这个解决方法可以这么来表述。在理想情况下，一个人应该既是艺术家，也是一个道德严谨的人。如果这种情况发生了，由于艺术品所表达出的是一个人的全部，这个人作为一个艺术家，同时也是这个艺术家作为一个人来创作，那么创作出的艺术品将会同时拥有道德上的与政治上的美好。但是这是一种理想化的解决方法，在现实中很难做到。

此外还有一种解决方案，我在《艺术与保守主义》中也提到了，它来自英国印刷设计者与艺术评论家埃里克·吉尔，他有一本非常出色的著作，名叫《美会照顾它自己》(*Beauty Looks After Herself*)，我想推荐给你们所有人。埃里克·吉尔在本书中的核心立场是："请照顾好美德与真理，这样美就会照顾好它自己。”意思就是，如果艺术家关心什么是好的，什么是真的，那么他的作品就会是美的。而现在我会说这个设想，这个基础的信条可以被转化为同样是正确的一句话：让艺术家们照看好美吧，如果他们足够关心美的话，那么真理与美德也会照顾好自己。这也是我能想到的针对这个难题的唯一解决办法了。

作为景观的纯艺术

最后，我想处理几个问题。美有什么好处呢？纯艺术品，作为美的产物，在我们的生活中扮演着什么样的角色？有着什么样的意义？

现在，对于“纯艺术家们生产的美的事物对于人类生活做出了什么贡献”这个问题，我会以行动者与旁观者的区别来说明。解释得更清楚一些，在我们生活的任何一个片刻中，我们要么是行动者，要么是旁观者。纯艺术品作为美的事物为人类所做的贡献，就是让我们成为了观赏者。它们给予了我们观赏的愉悦，让我们从紧迫的任务与匆忙的事务里抽身，从行动中得到休息。这就是艺术之美为人类做出的伟大的贡献，让我们从日常的压力、需求与实际生活的实用主义中释放出来，并让我们成为了观赏者。

如果从观赏者的角度看待艺术，我们不得不说所有艺术都是某种特定类型的景观。说得更准确一点，作为一种吸引我们注意力的景观，它们都是娱乐。从社会学家的视角而不是观赏某种纯艺术的普通人，我们可以理直气壮地说，所有的纯艺术与普遍意义上的娱乐有着相同之处。巡游狂欢、奖金比赛、球类运动，这些娱乐的低端形式所做出的贡献，与一件伟大的艺术作品的贡献本质相同。这么说不是在贬低纯艺术，只是想说明在人类所有娱乐活动中，纯艺术在人们生活的高级层面发挥着作用，而简单的娱乐与享乐则在低级层面发挥作用，但它们的功能都是将我们变为观赏者，并且让我们在行动中得以休息。

实际上，艺术的阶级问题也值得我们关注。不同阶级的人，有着不同等级的感知力。简单与低级的娱乐形式——这里所说的低级，指的是在并不复杂且易于欣赏这个层面上——主要面向大众且为他们所需要，就像那些受过训练且拥有敏锐的感知力的人，需要最高级精致的艺术品一样。在娱乐的阶级中，娱乐的难度、效果与观众的感知力成比例。

现在，我们对于艺术的讨论就要告一段落了，然而这并不意味着所有的问题都被讨论到了。在之前关于艺术的四场讨论中，我最想强调的一点是，想要理解艺术家的表达，那就得按照艺术家的方式，通过艺术的媒介的语言，而不是试图将艺术翻译成我们普通的语言。只有通过这种方式，我们才能够将画作当作画作来欣赏，将音乐当作音乐来聆听，将诗歌当作诗歌来品鉴。

如何思考正义

当有人使用正义或是真理这类词的时候，人们的第一反应是“我们根本不可能说清楚正义是什么或者真理是什么”。在我漫长的教学生涯中，遇到过许多类似的状况，无论是教室里坐着的学生们还是与我讨论一些基本观念的成年人，他们总说这些词语空洞、宏大，而且没有清晰和确定的含义。

我认为，人们无法说出“正义”或是“真理”的确切含义这种观念的流行主要有两方面的原因。其中一个原因是人们混淆了两个不同的问题。第一个问题是，正义是什么？第二个问题是，在特定情况下，什么是正义的？我倾向于认为，相比说清楚任何特定的事件中什么是正义的，直接回答正义是什么要简单得多。就像说清真理是什么，比在具体案例中阐明真相要容易得多。然而这并不是人们回避这些宽泛如“真理”和“正义”之词的唯一原因。

另一个原因是，他们察觉到了“正义”有着太多自相矛盾的含义。在欧洲思想史中，一方面杰出的哲学家赋予了正义非常丰富的含义，另一方面它在人们的日常交流中被赋予许多不同的含义。从这一点看，我们的确无法定义何为正义。

所以，让我先为大家简短地说明一下正义在被使用时的三种基本含义，也就是我们在生活中每天都在使用的“正义”。无论我们是否喜欢，无论我们是否认为自己已经理解了这个词的含义，我们在使用这个词的时候，都倾向于说“这是公平的”或者说“这是不公平的”。我想提醒大家，当我们说“公平的”或“不公平的”时，指的就是正义。

“正义”的三重含义

首先，正义的第一重含义是由平等这个概念所承载的。也就是说，平等是平等地对待同等级之物，差别对待不同之物。我给大家举几个例子来说明。假设有两个人犯了一样的罪，比如偷东西，如果判处其中一个人3个月的监禁，而判处另一个人9个月的监禁，这是否算公平呢？在我们的认知中，同样的罪行应该受到同样的惩罚。但设想一下与之相反的情况，其中一个只是小偷小摸之人，而另一个则是偷盗巨款并实施了暴力的人，如果对这两个人实施同样的惩罚，又是否算得上公平呢？或者我们是不是应该对后者施以更重的刑罚呢？这就是平等地对待同等级之物或差别对待不同之物。也是我们几乎每天都会说到的“公平”或“不公”。

再来看看另一个例子。在民主制度中，除了少数例外，所有的成年人都被赋予了政治权利与普选权。我们倾向于认为这样做是公平的。但如果在一个社会中只有少数人被承认为公民，而其他的男性和女性则出于种族、性别、宗教或贫穷等原因被排除在外，这种情况就是不公的。我们为什么会产生这样的认知呢？因为在我们的观念里，所有的成年人都是平等的，所以每个人都应当获得宪法规定的同等地位。而这个平等的地位就是公民的身份。因此，我们认为人人平等，也包括将所有人视为公民。

再或者我们用另一个例子来说明正义具有平等的含义。当我们讨论平等交易与不平等交易时，如果一方交换出去的物品价值高于另一方的，那么我们就会说这个交易是不公平的。

接下来再来说说正义的第二重意义，即分配给每个个体所应得的部分，给予每个人本来就属于他的东西。因此，如果一个人偿还他的债务，那么他就是个正义的人，因为他将欠他人的东西归还到了原位。相比之下，盗贼则是非正义的，因为他拿走了本来属于别人的东西。

所以我们所说的正义的政府，就是一个能够尊重并且保障个体的自然权利的政府。为什么呢？因为我们所说的自然权利是公民应当享有的权利。一个不能够给予个体应得之物的政府是不正义的，而那些尊重并且保障个体自然权利的政府则是正义的政府。

最后，正义的第三重含义，也是我们非常熟悉的含义。我们会说一个人是正义的，因为他遵守了他所在的人类共同体的法律。一个正义的人就是一个守法的公民，而犯罪或破坏了法律的人，则是非正义的。

三重含义的交集

正义的三重含义并不是矛盾的，接下来我想要向大家展示这三重含义如何互相融合。我将通过解决令大家费解的难题来说明这三重含义怎样彼此融合。

亚里士多德在《伦理学》中向我们展示了如何将正义的三重概念调和在一起。首先，他区别了普遍正义与特殊正义，也就是说他将正义区分成普遍的和特殊的。在他看来，特殊正义指的是使人与人之间能够公平地交换物品或是分配福利时的道德观。也就是我们在谈到合理的工资、公平的交易、公道的价格时，脑海中浮现出的正义的概念。所以，这种正义关注在经济秩序中人与人之间的商品交易，或是头衔、责任与权利的分配。

而亚里士多德所说的普遍的正义则是另外一种正义。当某人处于某种社会关系中，他能为了追求共同的福祉，以一种不去伤害任何人且完全正确的方式行动，且只为了别人的利益。“这样的一个人构成了普遍意义上的正义。在他对待同伴的行动中，在他为了追求共同的利益与福祉所提供的服务中，他都是一个高尚的人，这些行动充分展现了他的美德。”

然而构成普遍正义的基础又是什么呢？作为区分行为中对与错的一种基本正义，最终取决于我们是否给予他人应得的东西，是否尊重了他人的权利，如果我们不去尊重这些权利，我们就会伤害到他们。因此，我们可以从中得出正义的两种含义，一种是体现交易中的公平性的正义；另一种正义则是我们在与人相处或是社会生活中，给予他人本该获得的东西。

最后是第三种正义，也就是服从法律的正义。亚里士多德将它看作是普遍正义的一部分。因为他倾向于认为，普遍正义对于特殊正义来说，就像是合法性对于公平性。也就是说，只要人们遵守国家的法律，那么他在普遍意义上就是正义的。但我们生活的国家的法律中，只有一部分是关于公平的，如价格公平、薪资公平等等。因此，你会发现这种维护交换的正义，与强调合乎法律的正义也有所交融。

然而虽然这些解释已经足够清楚了，还是会产生一个问题，那就是法律本身的正义性问题。因为如果这些法律本身就是非正义的，那么人们在遵守法律时也将不具有正义性。举个例子，如果你生活在一个法西斯主义的社会中，这个社会中的很多法律都是非正义的。那么遵循这种社会法律的人还会是正义之人吗？他会采取正义的行动吗？我想，任何人都会给出反对答案。只有当法律本身是正义的时候，遵守法律规范才是正义之举。

一旦人们相信这种说法，接下来就将面对一个最为困难的问题。注意了，我们说一个正义的人是法律的遵守者。然而我们又说，只有法律本身是正义的时候，遵守法律的人才是正义的。那么当我们说一个人是正义的，和当我们说法律是正义的时候，这两个句子里的“正义”是同一个意思吗？我们很难说是，因为当我们把“正义”这个词应用在人身上的时候，取决于这个人是否遵循法律，但我们无法用同样的方法来衡量法律的正义性。

自然的正义与约定的正义

我们认为法律是一种正义，守法的人是一种正义，但亚里士多德对此有着完全不同的看法。至少他为我们解决这个问题提供了一个新起点，即区分了自然的正义与约定的正义。比如说，所有现代社会中都有交通法规。按照规定我们必须在某些拐弯处停下，按照某种速度行驶，靠道路的右侧或是左侧。直到相关的法律被制定出来之前，这些事情都不能称之为是正义的或是非正义的。但是一旦我们生活的共同体，单纯地通过立法者或是某种委员会，比如交通委员会达成共识，认为社会中应该确立一系列驾驶的规则，那么一个正义的人就会遵守这些规则，因为这些是他所处社群中的法令与条例。但实际上，靠左行驶与靠右行驶之间实际上并没有对错之分。

然而，即使没有法律涉及偷盗或是谋杀，杀一个人或是强行拿走属于他人的东西，按照亚里士多德的说法，这是本质上的非正义。因此，一条禁止谋杀或者禁止盗窃的法律不是社会规定的正义，而是自然的正义。就像偷盗与谋杀一样，判决此类事件的正义是以天然的是非观为基础。

因此，对于亚里士多德来说，人们必须在自然正义中找到衡量法律正义的尺度。只有通过这个方式，我们才能讨论法律的正义性，探讨一种与合法性的正义或非正义完全不同的正义。

我们先假设自然的正义并不存在。在这种情况下，我们无法衡量法律是正义的或是非正义的，能做的只剩下根据人们是否遵守法律来判断正义与否。如果法律之上没有更高标准的正义，我们就完全无法对法律的正义性或是非正义性作出任何评论。那么法律自身，也就是社会中现存的法律，自然成为了衡量正义的唯一尺度。在这种情况下，一个社会中正义的行为也许在另一个社会中就变成了非正义的行为。但假如存在着自然的正义，有这种放之四海而皆准的正义标准，我们就能够以其为尺度衡量所有社会法律正义与否。而这种存在于法律之上的自然的正义，也是判断当人们依法做事时正义与否的标准。

是否存在自然的正义

我们还面对着一个难题，即法律与政府的正义性的问题。它始终潜存于遵守法律的人们是否正义这个问题之下，这是人们在西方思想史中面对的最严峻的议题之一，至少是与正义密切相关的重要议题。

是否存在着可以衡量国家法律的正义？关于这个问题存在着两种相互冲突的观点。一边提出，国家法律所规定的事情就是正义吗？另一边提出，是否有一种自然的正义要求我们去做正确的事情，即使这些事情并不由法律所制定，同时也是衡量国家及法律是否正义的标准？

关于这个问题，亚里士多德以及一群来自古希腊、古罗马、中世纪以及现代的哲学家们给出了答案。他们坚信自然正义的存在，而且也是国家与社会法律正义的基础。持有这种观点的哲学家们论证如下：人类的理性告诉我们什么是正确与错误，单纯依靠人类反思的本能就会得知诸如偷盗与谋杀这类的事情是错误的，而实施了偷盗与谋杀这些事情的人也是非正义的，所以惩罚这些错误行为的法律也是正义的法律。

他们还论证了人类的尊严在于每个人都拥有某些不可剥夺的自然权利，比如美国宪法以及《独立宣言》中提到的每个人都有追求幸福的权利，有追求自由，包括言论自由和思想自由的权利。并且因为这些权利是人类尊严的一部分，所以那些持有此种观点的人们会说，只有尊重并且保障了这些权利的政府才是正义的，而那些侵犯了人的基本权利的政府，也将因此丧失了正义性。正如《独立宣言》所说，正义的政府应当保障人们最基本的、天生且不可剥夺的权利。根据这种观点我们可以发现，一个国家的法律如果命令我们去做正确的事情，同时禁止那些错误的事情，那么它就是正义的；如果政府和法律保障并且尊重人生而为人，拥有人的尊严，并赋予人们权利，那么它们也是正义的。

另外一种回答否认了自然正义的存在，认为政府与法律决定了社会中什么是正义的与非正义的。而且正因为不同社会有不同的政府与法律，因此不同社会间判定正义与非正义的标准也不同。比如，米底王国①与波斯的律法所认定的正义之事，古希腊的法律不一定认为它是正义的。

关于正义还有一种观点，这种观点否认在法律与政府之上存在任何事物，坚信所有的正义都是由政府或是法律所决定的。现代哲学家霍布斯与本尼迪克特·斯宾诺莎都是这种说法的支持者。

① 米底王国（Median dynasty），是一个以古波斯地区为中心的王国。他们隶属印欧语系，是第一批在伊朗高原地区定居的民族。

如何思考惩罚

在讨论惩罚这一大问题时，我们会将集中注意力讨论一个问题：惩罚的目标。

这是一个相当古老的难题，它存在于每一个时代，每一个人的生活中，无论一个人联想到了社会对于犯罪的惩罚，还是他对于儿女的惩处，还是在学校或在家庭里所存在的责罚，或者是自我惩罚。

现在，关于惩罚是什么，在这一点上几乎所有人的看法是一致的。惩罚是出于某种目的而施加痛苦，它并非漫无目的或是毫无意义，它施加的痛苦具有某种明确目的。当然了，现实中存在着不同类型的痛苦，因此在不同种类的惩罚之间也存在着区别。主要区别在于作家们所说的知觉痛苦和失去的痛苦。一种是也许可以称之为身体的痛苦，当我们遭受鞭笞或是必须遭受皮肉之苦时所感受到的，它与所谓的精神痛苦相反，也就是当我们失去了某些东西时所产生的痛苦，比如当我们被监禁的时候失去了自由，我们无法再随心所欲地做事，即便我们处在一种舒适的环境中，身体上没有感到痛苦，仅仅是失去了自由。

现在，我们要从残酷且不寻常的惩罚与更加人道的惩罚来看知觉痛苦与失去的痛苦之间的区别。比起捆绑，鞭笞，被用大拇指悬吊着，或是肉体上的虐待来说，监禁是一种相对人道一些的惩罚。

但是核心问题不在于哪种惩罚更加人道，哪一种更加残忍，核心在于惩罚的目的——我们为什么要实施惩罚？通过惩罚我们要达成什么目的？不管是在国家执行法律的过程中，还是料理家务事，或管理学校和企业，当我们进行惩罚时，我们的理由是什么?

我相信我们中的每一个人都面临着这个问题。任何一个成年人都可能对他人实施过惩罚，或被惩罚过，以及思考过惩罚的目的。只要你思考过死刑、缓刑、假释与无期徒刑等一系列惩罚制度问题，都会意识到这些问题指的是惩罚目的合理性的问题。

惩罚，是复仇还是预警

关于这个问题的讨论中存在着两种极端。一种极端立场认为，严格意义上讲，惩罚是关于正义的问题。惩罚是关于报应、报偿、精准地惩罚罪人，因为违法做了错事。而另一个极端的立场认为惩罚是一种权宜之计，惩罚的存在是因为它会导致好的结果，比如说它会预防更多的犯罪，防止错误行为的重复。

这有两个基本的词语，或多或少可以概括这两种对立的立场，那就是复仇和预警。一种立场认为惩罚完全是一种报应，它唯一的目的就是对有罪之人施以处罚。另外一个立场则认为，惩罚的目的是预警，要么是通过使罪犯们洗心革面，要么是警示其他人避免做出相似的犯罪行为。

现在我要做的就是试着来描述这两种立场。在描述了这两种立场之后，我再来说明这两种极端立场中各自都存在着哪些难题。最后再向大家提问，这两种立场是否可以以某种方式调和在一起。

先从复仇性质的立场开始，这种立场认为惩罚的唯一目的就是让犯罪者因他们所犯下的罪行赎罪。核心观点是，惩罚仅仅是为了纠正罪行，正义要求及时地惩戒犯罪者，并根据他罪行的严重程度对其定罪。与此同时会产生这样一种感受，如果罪行按照它们的严重程度遭受了惩罚，那么正义就得到了保护。

我确信大家都知道，这种关于惩罚的看法有多么的古老。如古希腊剧作家埃斯库罗斯[1]的伟大的戏剧与系列悲剧之中，其中一个角色为了复仇而展开杀戮，这是一段相当精彩的描述：“正义要求清偿她的账单。那些铁血之人，也终将以自身的血肉饱尝钢铁的滋味。”拿剑之人终将殒命于剑刃之下。

按照这种观点，任何为了将来某个目的，比如为了使得罪犯改过自新，或是为了制止他人犯罪而进行的惩罚，本质上都是非道德的。只有带有复仇性质的正义才能够给予惩罚正当性。

让我为大家读两段关于这种惩罚的经典的陈述，它们来自两位伟大的德国哲学家康德与黑格尔。康德认为，“司法制裁绝不能仅仅被当作一种能带来某种益处的手段来执行，无论是为了罪犯本身，还是为了公民社会，它被执行的原因只能是执行对象犯了罪行。刑法是一种绝对命令”。他认为这是一种有关责任的严厉的规则。你们必须这样做，因为只有这样做是正确的。而那些抱有功利主义之心弯弯绕绕去追求某些好处的人们，他们会消解惩罚的正义性，这让康德总是深感痛苦。

如果转向黑格尔的著作，我们会发现他给出了相似的论述。“犯罪是一种恶，但是惩罚本身并不是恶的。惩罚本身是对的，因为它纠正了一个错误。将惩罚视为带有预警性、威慑性，能感化人的手段，这才是恶。基于这些理论，人们所设想的惩罚的结果其实十分肤浅。他们认为结果会是有益的。但这个问题关键之处在于，人们做了错的事情，惩罚是对于这些错事的纠正。如果你们接受了对于惩罚的肤浅预设，那么就会不愿将纠正错误视为一种客观处理方式。”然后他接着说：“如果你关心的是改造那些犯错的人，让他们变得更好，或是震慑其他人，那么你就会把这些罪有应得之人视为等待被调教的动物，而不是人。因为出于这种理由而惩罚动物是不成问题的，但是基于正义

[1] 埃斯库罗斯（Aischulos，约公元前525—前456），古希腊三大悲剧作家之一。

人们应该受到严格的惩罚。”

以上这两段分别来自康德和黑格尔的论述，已经阐释了这种极端的立场。一种是错误已经发生，它必须通过惩罚才能得到纠正，人们不应该再去考虑其他目的。

与之相反的极端观点认为预防才是惩罚的全部目的，要么是改造和纠正罪犯的品行，要么是通过震慑潜在的罪犯，使得他们不敢走上犯罪的道路。在这里，惩罚的目的是感化或震慑，这也导致有人甚至说，一个人如果只是犯了错，那么他不该受到惩罚，因为错事本身并不是惩罚的理由。

这也许有些难理解，我们可以通过对比来理解这种极端的立场。如果一个人损坏了别人的财产，财产的主人诉诸法律手段解决，最后主人赢了官司并且得到了赔偿，补偿也以某种方式得到了兑现。《旧约》中说，如果你偷了别人的猪，那么你必须要还给他一头猪；如果你毁坏了他的栅栏，你必须要帮他重新修建栅栏。如果有人违反了合同而使得你遭受了某种程度的生意上的损失，那么这个违反合约的人必须按照法律以某种方式补偿你经济上蒙受的损失。

现在问题的焦点在于，尽管在文明社会存在着这种平衡，一种用于弥补错误的补偿，但是关于惩罚功利性的观点则认为惩罚并不是以这种方式运行的。如果有人被杀害了，那么杀死谋杀犯无法补偿被害者的家庭。或者若是有人做了有损国家的事情，国家也并不会通过惩罚他而获得补偿。所以，那些坚持这种理论的人们认为，正义的终极目的不是对于犯罪之人的惩罚。

奥利弗·温德尔·霍姆斯[①]就是这种极端说法的支持者，报复根本不是一种正义的表达，它仅仅是一种带有复仇性质的反击。我来为大家读一段话，他在这段话中表达了自己对这件事的看法。这段话出

---

① 小奥利弗·温德尔·霍姆斯（Oliver Wendell Holmes，1841—1935），美国诗人老奥利弗·温德尔·霍姆斯之子。他是美国法学家，美国最高法院大法官。

自他的名作《普通法》(*The Common Law*)，他说："我想，每日在自我反省之中我们都会产生一种对于'应该如此'的感觉，这种感觉就是做错事而遭受的惩罚，它无条件地只存在于人际交往中。在我看来，没有人会觉得自己受到惩罚是没有必要或适当的，即便是知错就改的人。然而如果事关第三方，哲学家们或许会承认惩罚自己以震慑他人是必要的。但是，若是我们的邻居做了错事，不管他们是否已经悔改，我们难免有冲动想让他们长长心眼下次不敢再犯。所以。这种'应该如此'的感觉，在我看来就是被伪装起来的复仇。"

在这种观点看来，惩罚应该是试着去改造罪犯，改变他的个性，或是震慑他人不要犯罪，那么罪罚应该基于犯罪者的具体情况，而不是罪行。与此同时，人们不应该根据罪行的严重程度而量刑，而是应该考虑到怎样做才能使得犯人变得更好来做出惩罚。你们也许会记得，在吉尔伯特与沙利文的歌剧《日本天皇》[①](*The Mikado*)中，天皇唱道："我的目标十分庄严，我会及时地将它实现；惩罚将与罪行相关联，惩罚将与罪行相关联。"但是根据我们现在所讨论的这种观点，惩罚的裁决并不是基于罪行而是罪犯。

之前我为大家读了一段经典论述，认为报仇是惩罚的终极目标，现在我再来读一段功利主义的著名论述，它认为惩罚是为了预防。这段话出自《柏拉图对话集》(*The Dialogues of Plato*)："人们惩罚做坏事的人，并不仅仅以为那人犯了错误，也不因为他犯了错误——只有野兽在无理性的激怒中才会那样做。凡是主张合理惩罚的，并不对一桩过去了的错误施行报复，因为既成事实不可能再抹去了；他是着意在将来，希望阻止受到惩罚的人以及见到惩罚的人以后再犯错误。"[②]柏拉图的观点正好与康德与黑格尔的截然相反。

---

① 维多利亚时代幽默剧作家威廉·S. 吉尔伯特(William S. Gilbert)与英国作曲家阿瑟·沙利文(Arthur Sullivan)从1871年开始长达25年的合作中，共同创作了14部轻歌剧，其中就包括《日本天皇》。

② 引文参照戴子钦译的《柏拉图对话集》，上海译文出版社，2016年版。

让我再为大家读一段相似的论述，它来自霍布斯，他认为："惩罚的主要目的是通过改造与震慑以维持公共秩序。在惩罚中，我们的重点不在过去已经犯下的错误，而是将要获得多少益处。因此，除了对罪犯的改造或是对其他人的劝诫之外，我们反对除这种目的以外的所有惩罚，并将它们视为一种挑衅。"

之后的卢梭也说过，一个明智的政治家知道如何通过惩罚犯罪来预防犯罪，而最重要的事情就是对罪犯本身的改造。"人性本善，"卢梭说，"任何人都可以被改造，即便是为了树立榜样或典范，国家也没有权力处死任何人，因为每个人的生存权都不该受到威胁。"这种说法也给大家指出了另一种非常极端的立场，即惩罚最主要的是预防未来可能发生的罪行。

两难的抉择

现在，我可以向大家抛出难题了，你们会支持哪种立场呢？接下来，我将罗列一些具体情境，帮助你了解自己会如何抉择。假设你是这个世界上唯一知道某人有犯罪事实的人，他向你承认了罪行，而你也清楚地知道他彻底地悔改，且再也不会犯罪，那么你还会惩罚他吗？如果你选择了复仇的立场，那么你一定会的。他有罪，并且活该受到惩罚。如果你选择预防犯罪的立场，那么你就不会惩罚他，因为他已经改过自新了，并且没有人知道他的罪行，惩罚他起不到震慑的作用。

接下来，再思考一下另外一个情境。假设你知道公开惩罚某一个人能够起到震慑作用，然而你也知道这个人是无辜的，但是你可以用他树立典范并震慑别人。那么你会惩罚他吗？如果你站在复仇的立场上，你当然不会惩罚他，因为他是无罪的。但是如果你选择预警的立场，会认为惩罚是为了预防犯罪和其他错误，那么受惩罚之人有罪或无辜将不再重要，重要的是如果我们惩罚他，就会在震慑他人的过程中获得益处。

这里还有一个例子，你是否宁愿根据一个人所犯下的罪行严格地治罪于他，也不愿意感化他，即便可能会让他变成一个更可怕的罪犯？如果选择复仇的立场，你会严格按照犯罪程度定罪，无论惩罚是否会导致他进一步走向犯罪。但是如果你支持另一立场，你会说，不，在这里重要的是改造这个人。所以，无论你对他包容或严厉，你的核心目的是改造他。

我们还可以想一想另一种情况，这里有两个人，一个人只有一点轻微的过失，而另外一个人则犯下了重罪。但是假设你只有严厉地惩罚那个罪行较轻的人，而轻罚那个犯了重罪的人，这样才会同时改造这两个人，你会这样做吗？如果你选择了惩罚是为了预警的立场，那么你会的，因为你的目的在于因人定罪。但是如果你采取的是复仇性的立场，那么你就不会这样做。你会以较轻的方式惩罚那个罪行不严重的人，而严厉地惩罚那个犯了重罪的人。

以上这些情境展示了你可能遇到的所有选项。有鉴于此，让我再问一次，你们会选择哪一种立场呢？你会选择具有复仇性质的惩罚，还是功利性地考虑长远利益呢？

寻找折中的立场

现在你也许很想说："我为什么要在这些极端的立场中选择呢？难道没有办法将这些立场相结合，或者将两种立场中合理的部分糅合在一起？这里是否存在着某种折中立场，好让我们从这种两难的境地里解脱出来？"

我可以试着为大家展示可能存在的中间立场，因为有一些伟大的思想家与作家似乎提出了折中的方案。比方说，柏拉图说："合理的惩罚应该包含两个方面。受到合理的惩罚的人，要么他会变得更好，或是能够从中受到教育，要么他应该成为典型，他的同伴因为看到他遭受痛苦而产生畏惧，从而选择变得更好。”到此为止，他强调的都还是惩罚的预防作用，对罪犯的改造，以及对潜在的犯人的震慑。然而他接着说：“法律的目标应该是找到正确惩罚的尺度，以及所有罪行都得到应有的惩罚。”在这句话中，“惩罚正确的尺度”，以及“应有的惩罚”表明了柏拉图同样认同有罪之人才应当被惩罚，以及惩罚必须与罪行相匹配。

我们还可以举另一位伟大的思想家为例，阿奎那。他在《神学大全》中也讨论了惩罚的问题，包括神的惩罚与人类的惩罚。这种说法融合了三个方面。阿奎那说，以牙还牙并不是惩罚的唯一原因。“有的时候，惩罚是为了那些被惩罚的人好，有时候是为了震慑他人。”但请注意阿奎那还说了，“除了报复，人们可以为了改造犯罪之人或是防止其他人做错事而进行惩罚”。所以，他的意思似乎是，存在着三种惩罚的理由：报复、改造，以及震慑。

但如果你仔细思考阿奎那的这段话，就会发现他并不认为这三样东西是平等的或者是协调的，因为他的另一段论述说，以牙还牙不仅仅是基础，也是最本质与必不可少的条件。在这之后才是通过改造罪犯来预防其他错误的事情，或是震慑其他人不要犯罪。

假如由我来论证惩罚的报复性立场与预警性立场如何互相调和，我会这样说，一方面，只有有罪的人才应当受到惩罚，任何无辜的人都不应该受罚，这是存在于报复性立场中的真理。这就是为什么我们会拒绝将人当作靶子，为了树立典范而将无辜之人杀害。他们是无辜的，不应该为了任何目的而受到惩罚，只有罪犯才应该被惩罚。但在这个基础上，我还想对报复性惩罚做一些补充，尽管只有有罪之人才应该受到惩罚，以及所有的罪犯都应该得到惩罚，但是我们不应根据罪行的严重程度对他们进行惩罚，而应该使得惩罚适合于罪犯，而非罪行。

带有预警性质的惩罚中，又存在哪些真理呢？那就是所犯的罪行并不是惩罚的理由或是目的，而只是一种条件。尽管我们并不惩罚无罪之人，但是一旦我们做出了惩罚，我们的目标就不仅仅是报复。我们的目的是去改造这些罪犯，并且预防其他人的错误。

那么现在，这两种立场互相交融了吗？我们是否能够将这两种立场合并在一起，总结出一种明晰的惩罚方式呢？我认为这是一个很难得出答案的难题，但我希望大家能自己去寻找答案。在我看来，并不存在单一形式的惩罚，因为有时当我们以报复为目的进行惩罚时，惩罚可能会受到各种原因的阻碍；有时我们很难以震慑或是改造罪犯的方式进行有效的惩罚；有时我们以改造为目的，对犯罪者从轻发落，但也因惩罚程度轻微而无法实现震慑和预防的作用。

所以，在我看来，在惩罚中同时实现这三个目的——有罪之人获得应有惩罚，对其人格的改造，并对其他人起到震慑的作用——是极端困难的。虽然如此，但我相信在司法体系中或惩戒孩子的时候，我们或许以某种方式同时实现了这三个目的。我们不惩罚无辜之人，只因他们有罪才施加惩罚，与此同时我们确实将惩罚的严厉程度与罪行或错误的严重程度相匹配，然而我们也试着去改造那些有罪之人以及遏制犯罪再发生。

30 如何思考语言

我们接下来要讨论的大问题是语言。作为一个被讨论的议题，语言的特殊意义与重要性在于，语言与其他所有的大问题都以一种特殊的方式相关联，因为人类所有的思想与观念都是通过语言表达出来的。人们如何看待语言，对语言的运用或运用时的局限性，都会影响到人们对于其他事物的看法。

我相信大家都很熟悉“语义学”[①]这个词。近些年来，语义科学以及语义艺术十分流行。当一场对话正在进行中，有人开始突然评论某些词语的使用方法，或有人很难找出一个正确的词来表达自己的意思，这时你就会听到有人说：“哦，这是一个语义学难题。”总之，对于语言的兴趣与关注是一个非常现代，甚至是当代的事情。

当代人对语言有着极大的兴趣，但其实一直以来人类都非常关注语言作为表达思想、交流情感的工具。这种关注存在于每一个时代，每一个世纪，无论古代还是现代，我们都一样的重视。

举个例子，如果你们读一读柏拉图的对话录，会发现苏格拉底与和他交谈的人一直在持续关注词语的流动性，以及语言是如何隐藏或是表达思想的。同样在古代世界中，亚里士多德的著作也是一个很好的例子。你们会发现，亚里士多德总是在评论诸如“正义”“政府”，或是“物质”“自由”这些词语的三重、四重，甚至是五重含义。事实

---

① 语义学是指数理逻辑符号学分支之一，是关于符号或语言符号（语词、句子等表达式）与其所指对象关系的学科。

上，他的《形而上学》（*Metaphysics*）只不过是对二十多个基础词语的解释，书中他试着去澄清并区分它们的多重含义。亚里士多德认为，语言作为一种思想工具，保证其词义清晰非常重要。

到了中世纪也是如此。在中世纪，人们总结出详尽的语法和符号理论，以及关于人们如何使用词语来传达不同的意思，如何在讲述中阐明自己的意图的理论等等。而现代，在霍布斯或洛克这样的哲学家的著作里，有不少章节专门讨论词语的使用及滥用的问题，以及如何有效地利用语言，哪些陷阱或错误应该被避免。

然而在对待语言的态度上，古代人与现代人之间存在一个重要的区别。古代人认为，当我们对语言产生误用的时候，错误存在于我们自身。这就像说人类天生在道德方面存在缺陷，所以我们需要培养美德来战胜自身的欲望、嗜好与激情。同理，我们的错误在于误用了语言，但当我们成功掌握了语言时，我们可以利用语言达成各种目的，所产生的回报也属于我们自己。

语言是人类特有的

然而现代人的态度与之截然不同。在他们眼里，语言仿佛是一个陌生的东西，仿佛是我们的一个敌人。人们将言语刻画成了话语的暴政、欺诈的源泉、交流的阻碍，他们给语言套上了困难重重的枷锁，仿佛它并不属于我们自己一样。并且现代人幻想出了一种理想的语言，这是古代人绝不会做的事情，这个理想的语言不像是我们日常生活中使用的语言，它不存在任何沟通障碍，是一种清晰明朗的交流介质。

直到前些年，人们都还普遍赞同语言是人类所特有的。然而近半个世纪以来，关于这一点出现了不同的声音。生物学家认为，他们已经发现了其他生物之间的交流，例如在昆虫之间。研究高等猿人的学生宣称，他们在黑猩猩之中发现了一种语言，它由120个或是125个词汇组成。所以现在人们认为，语言并不是人类的专属物，而是与其他生物所共享的。

顺便说一句，我认为这是错误的。我依旧相信语言或对话是人类特有的，而且只属于人类。我坚持这种想法的原因在于，我认为交流是一件事，而语言或对话是另一件事。当一个动物与另一个动物进行交流的时候，它可能会通过富有感情的嚎叫来进行，人们也会以这种方式来表达愤怒、恐惧、气愤与憎恨的情绪。动物们这样来表达自己的情绪，但是这种从一个动物到另一个动物之间的交流并不是对话。只有思想得到了交流，对话才算是开始。而思想是以语言为介质，词语作为对话的某一组成部分而发挥作用，而句子具有句法，通过句法将对话的部分以某种特定的方式组合在一起，从而形成了句子的结构。

假如有一天，有哪种动物可以说出一个句子，这个句子有着句法结构，词语作为对话的某个部分而起作用，那么我愿意承认除了人类之外的其他动物也会对话，也拥有语言。在那之前，我想我们只能够说其他动物有交流的手段，但是不是通过语言或对话。这一事实将我们带向了一个新的问题——人类语言的本质或是自然性的问题，让我们即刻就来讨论一下。

没有唯一的自然语言

我刚刚说过，语言是人类特有的，人类词语的使用者借助词语来交流思想与情感，这些都是很自然而然的事情。但其他动物却不像人类那样拥有语言。不过，人类也不像动物那样拥有某种自然的语言，一种单一且通用的自然语言。

如果我们观察其他动物的叫声，黑猩猩们对情感的本能表达，或是昆虫通过扇动翅膀的动作与声音进行的交流，我们会发现这些交流的手段对于除人以外所有动物来说是自然形成的。这个意思就是，同一物种的动物都拥有完全一致的交流手段。尽管人类的语言也是自然形成的，但人类拥有着非常丰富多样的语言。不同的部落，不同的种族，不同的国家，都说着不同的语言。从这个意义上看，并不存在自然形成的人类语言。我们所有的语言都是约定俗成的对话模式，语言是人类制造的东西，就像人们搭建了不同类型的房子，穿着不同样式的衣服，在征服自然与控制环境的过程中因事因地制宜。

不同种族，不同国家的人群之间存在着约定俗成的语言。但另一方面，任何一种人类约定俗成的语言所表达的内容，比如法语、英语、俄语、霍屯督语、祖鲁语或是任何一种爱斯基摩人的语言，都可以被翻译成其他任何一种人类语言。

那些穿梭于不同人类部落与种族的人类学家，多多少少都能通过翻译来交流思想——将英语、法语或是德语，也就是某种欧洲的语言，翻译成一种部落语言。而在欧洲语言内部，其中一种自然是能够被翻译为另外一种的。现在这个事实，也就是每一种约定俗成的语言，诸如法语、德语、英语、俄语和意大利语，都可以被翻译成任何其他的语言，似乎就说明了所有的语言都一定存在着某种共通之处，无论它是什么，我们都应该即刻发现它。无论共通之处是什么，它都预示着也许有一天人们可以建构出一种单一的、普世的、一般性的语言，所有人都可以通过这种语言彼此交流。

词语表达思想

这种自然语言的概念为我们提出一个问题。在各种各样约定俗成的语言中，比如英语、德语和法语称呼狗的时候，发音各不相同，它们是如何被赋予意义的呢？它们只是声音而已。或者当我们书写的时候，纸上的这些标记也仅仅是物理上的标记。那么这些一开始只是无意义的声音或标记是如何获得意义的呢？这是当我们思考人类如何建构各种语言时所必须面对的问题。

接着就是词语的歧义问题。实际上，我们所创造的词语很快就会拥有多重含义。而各种各样不同含义会使我们感到迷惑，在语言交流中成为障碍，甚至会引发很刁钻的难题。

现在我们就来试着解决这些问题。我们需要先搞清楚这些词语是怎样获得含义的，再来解决词语的歧义问题。词语是如何获得含义的？它们又是从哪里获得含义？让我纠正一下前面这句话的措辞。我们不应该说词语获得或改变了含义，而应该说发音或文字符号被赋予含义或某种功能后，就会变成词语；当词语的功能改变后，它的含义也会发生改变。如说一个人们标在书页上的无意义符号，或是发出了某种无意义的声音，这些都不能算作是词语。但一个有意义的声音或是符号则是一个词语。而我想要面对的问题是，在语言诞生之初，这些无意义的符号与发音，是如何变得有意义并成为词语的？符号与发音是怎么获得意义的？

这让我想到了语言起源的问题，这是一段关于发明不同发音与符号从而构建出各种语言的历史，总体来说这段历史是无解的。但是在我看来，发音与符号如何变得有意义，这个问题是可以被解决的。让我为大家读两三段精彩评述，这些文字是关于声音或标记是如何变得有意义，进而作为词语发挥功能的。

第一段文字来自亚里士多德，从某种程度上看，它是最令人震惊的论述之一：“口语，是人们内心经验的符号。而书面语则是口语的符号。”亚里士多德接着说，“就像并不是所有人都有着一样的书写”，人们并不都以法语、英语、德语或西班牙语进行写作，“因此人们并不拥有一样的声音，但是这些内心经验”，也就是我们的思想、想象与情感，“这些被发音或语言符号直接象征着的东西，对于所有人来说都是一样的。就如同我们内心经验作为一种想象所指向的事物也是相同的”。在这里亚里士多德试图说明的是，我们的想象与概念直接象征着某些事物的抽象概念，通过发音与语言符号的象征、指示与表达展现了出来。

洛克在亚里士多德的基础上进行了更深入的分析。他说，词语作为人们概念的标志而得到运用，但这并不是通过某种特定的声音与特定的事物之间的自然联结而形成。因为若是如此，那么所有的人类之中就只有一种语言了。实际上，词语是被任意创造出来的，人们自由地将一个标志分派给一种概念。

在亚里士多德和洛克的基础上，阿奎那继续总结道，词语指代概念，而概念则是因为它们和事物之间有相似性，是事物的具象画面，从而成为指代事物的符号。很明显，词语通过头脑中的概念或意象来表达事物的意义。换句话说就是，只有通过我们思维中的概念与想象，词语才能够指代世界上存在的事物。阿奎那还在其他文章里说过，我们只有真正理解了某事物，才能够将其命名。

“狗”这个词是怎样指向这种动物的呢？根据阿奎那的说法，只有通过我们脑海中对于狗的概念和想象才能够实现。也就是说，我们运用的词语，我们发出的声音，标志着狗的概念，而狗的概念，因为它是关于狗的想象，同时对应为客观存在的狗。词语并不直接指向事物，更无法直接从事物中获取意义，他们只能够通过我们前面所说的路径来指向事物。我们所使用的词语，我们所发明的发音与语言符号，都必须依附于我们所拥有的概念之上，因为这些概念是对于事物自然的想象，而词语通过象征这些概念性的想象而获得意义。

理解这一点是极为重要的。因为如果理解了这一点，你们就会发现客观存在的语言与存在于精神世界的语言，两者之间是有区别的。词语或语言符号均为一种客观存在，它们可以写在纸上或是成为我们发出的一种声音。但是存在于精神世界的语言只是一种概念。所以，客观存在的语言与精神上的词语之间的区别在于，精神语言拥有含义，而客观存在的语言依赖它获得意义。

换句话说，如果没有精神上的语言，没有概念，那么词就不会获得任何含义，我们也就不会拥有客观存在的语言。而我们之所以可以将一种人类语言翻译成其他语言，那是因为这些不同语种表达的都是人类对世界的同一种认知，从而保证了一种语言可以翻译成另一种语言。但是，请允许我再重复一遍，语言最重要的是人类的思维。我们所拥有的所有意义，都来自人类思维中的概念与想象，而这些意义构建成了各种各样的词汇，并赋予它们存在的重要意义。

词语的歧义

在剩下的时间里，我想要快速处理一下另一个与语言有关的问题，也就是语言的歧义。有时同一个词语可能会拥有很多种含义，但有时我们会用很多个词语来表达同一个概念，这两个方面的原因确实是会阻碍人际交流。

我们来思考一下，交流到底意味着什么。交流是人们联结成整体的根基。它涉及两个人的两种思维共享同一个概念。在这个过程中，两个人只是用同样的词语还远远不够。因为如果他们使用同一个词语，但是两人赋予了这个词不同的含义，那么这两个人实际并没有在交流。只有在这两个人使用同样的词语表达同样的观念、情感、想法、意图时，交流才得以实现。只有通过这种方式，人们才能够使得思想凝聚在一起，达成共识，共享精神上与感情上的经历。

人们必须得面对的一个问题，就是如何来克服这个障碍？有人说，如果我们发明一种理想的语言，其中每一个词语都只有一个含义，那么这个问题就能够解决。但我并不这么认为，因为如果是这样，我们就必须创造出其他词汇来表达各种各样的含义之间的关系与联结。比如说，我们常常在不同的语境中使用“自由”一词的不同含义，但是这些含义是彼此联系的。而这些含义之间的联系也是“自由”这个词的重要性的一部分。如果我们用不同的词汇来表达“自由”这个词的不同含义的话，那么我们也无法表达出不同含义之间的微妙联系。

对于词语的歧义成为交流的障碍和发言中的困难，我想唯一的解决方法，并不是发明一种理想化的或是完美的语言，而应当运用已有的语言与词汇，来阐明我们词语中的含义。我们必须运用语言使语言自身变得更加完美，更方便使用，或是更加高效。这是一个艰难的工作，人们必须持之以恒地专注于此。只有致力于此，我们才能够让我们的思想通过语言的媒介凝聚在一起。

31 如何思考工作

当论及工作或劳动这一大问题时，我们首先关注到的是关于劳动与资本的对立，还有工会组织、劳动的分类、劳动价值理论或是劳动作为一种经济权利之类的议题。这些对于劳动这个概念来说都是非常重要的，但是接下来我们将从另外一个角度讨论劳动——人类生活中劳动的性质与必要性。我们将关注劳动与人类的其他活动之间的关系，了解不同种类劳动的多样性，并希望对人类劳动的基本尊严这一重大议题所辐射出的多种问题展开讨论。

人生的三个阶段

我们的讨论将从人生的组成部分这个问题展开。当我们提出问题说人生的各个部分是什么时，我们指的是什么呢？首先，我们需要搞清楚所谓的人生到底是什么。通常人们所说的人生，是指包含着规律性的人类活动和清晰的成长模式的某一时间跨度。一旦用这种方式来看待人生，我们难免会想到莎士比亚所说的人的七个阶段。但在接下来的讨论中，我将把人生分为三个大的阶段：一端是婴儿或是孩提时期，另一端则是衰老或者说暮年，我将位于两者之间的中间阶段笼统地称为成年，同时不对青年与中年做出区分。

在这三个阶段中，只有一段是人生中的工作时段。我们并不指望着婴儿或是孩童去工作，也不期望老人继续工作。只有中间阶段，这段人生中漫长的中间时期，我会将它称为工作阶段。因为在这个阶段的所有人都需要参与工作。

而在我们人生的工作阶段中，我们又会如何利用时间呢？对于这个问题，几乎每一个现代人都会给出一个标准答案：把每一天的24个小时平均分为三个部分，8个小时用来睡觉，8个小时用来工作，而剩下的大约8个小时留给自由活动。请注意“自由”这个词，也就是在这里用来形容最后三分之一的时间的词，指的是从睡眠与工作中解脱出来且没有被占用的时间。

如果你继续问：我们怎样充实自由时间呢？在自由时间里都做些什么？人们或许会说：“玩儿，找各种乐子，把时间花在娱乐项目上纵情享乐，或者干脆休息。”总之，当被问及如何充实自由时间的时候，现代人往往会用玩耍、休闲和休息这三个词语，仿佛它们指的是同一件事情。

我想要谈一谈这个标准答案。对比人们在工业化社会的生活与前工业贵族制社会，无论是在美国被殖民地时期，还是欧洲的封建社会，抑或是古希腊与古罗马，在所有这些过去的前工业贵族制社会中，人们被分为两个阶级。他们若是奴隶或工匠，就隶属于劳动阶级；他们若是自由人，那么就属于有闲阶级。而大多数人自然是属于劳动阶级，有闲阶级只是少数。

这两种阶级的生活又各分为两种。前工业社会的奴隶们的生活中只有工作和睡觉，这两件事几乎平分了他们的时间。而对于剩下的那一小部分，对此我存疑，也就是在12个或是14个小时的工作之后，紧接着12个小时的睡眠用以摆脱劳动带来的疲倦之后，整整一个星期中他们或许只有一点点剩余的时间，也许会剩下一天，或者剩下1个小时。从大体上看，在所有前工业化的社会中，属于劳动阶级的奴隶们绝大部分时间被分为两个部分：一半是工作，一半是睡眠。

而在这些社会中还生活着另外一个阶级的人们，那些自由人，也就是我们所说的有闲阶级。他们也有两部分的生活。他们也会睡觉，但是他们不需要睡那么久，因为他们不必劳动。他们只需要一些睡眠，而剩余的所有时间都是自由时间。他们生活中的两部分不包括劳动。因为通过积累财富、剥削奴隶们的劳动成果或是其他手段，这些人从劳动中解脱了出来。所以，他们的生活被分为两部分，而这两部分却并不均等：三分之一的时间用于睡眠，其余三分之二则是自由支配的时间。

然而这并不是全部，因为我必须要补充一点。我必须指出这个有闲阶级也包括两种人。有些人是有用的公民，尽管脱离了工作，他们也将时间贡献给了人类福利，或是投身于一些可以提升自己并获得声誉的活动中。这些人是拥有美德的。而这个阶级所剩下的那一部分人，我们将他们称为无用之人，他们可能是花花公子和纨绔子弟，自由时间都被用在低俗的玩乐消遣中。

实际上，“懒惰”这个词，或者说懒惰最恶劣之处，是一个人对自由时间的滥用。这里所说的滥用，并不是指时间全部被用来睡觉，而是指通过享乐、消遣、无所事事而将它挥霍掉。然而事实上，如果你换一种角度看就会发现孩童正过着这样的生活。除了睡觉，他们的自由时间就是用来玩耍。而如果一个成年人也以这种方式生活，除了睡眠时间之外，所有的剩余时间都用来娱乐，那么他仍是一个心智不成熟的幼稚之人。

但现代人的生活由三个部分组成，这种生活融合了前工业社会中的两种阶级的生活，一种是奴隶们只是工作与睡觉，以及有闲阶级可自由支配的时间。因此，你们可能会发现，通过区分享乐、休闲活动与休息，我们也许能够看出人类生活并不仅仅由三个部分组成，而是有五个部分：补偿性的睡眠，工作，享乐，休闲活动与休息。这就是人类生活可能包括的五个部分。

休闲与享乐的区别

劳埃德·卢克曼：截至目前，我们收到了5位观众提问，其中一个来自帕罗奥图的罗伯特·V.麦克菲尔逊先生。这个问题简单而直接。他说："从价值观的层面上看，工作究竟有多重要呢？"

莫提默·J. 艾德勒：这个问题有很多答案。在前工业化贵族制社会里，工作是一件低级的事情，所以一个自由之人的理想状态和理想生活方式，就是从工作中解脱出来。

实际上，从工作中解脱出来，每天什么都不用干，这种理想贯穿了人类历史的始终。我来为大家读几段名著中的原话。罗马诗人卢克莱修就曾描绘过一个物质充盈的黄金年代，人们丰衣足食，不用从事任何劳动。而到了近代，卢梭也描述了他心中的黄金时代，在那个时候地球上的所有产物能够满足人类的所有需求，本能会告诉人类该怎样利用自己的时间，也就是本能地歌唱与舞蹈，它们是爱与闲适感的真正来源，一种真正的娱乐活动。此外，维吉尔[①]也刻画了人类的两个时代，一个是克罗诺斯[②]的时代，人们根本无需工作；另一个则是朱庇特[③]的时代，在这个时代人类疲于奔命，并且承担着繁重的劳动。

而在基督教故事里，亚当与夏娃被驱逐出无需劳动的伊甸园后，天使将他们及其后代放逐至另一个世界，并对他们说："你的脸上流下多少汗水，你就会挣得多少吃食，你的一生将会受尽艰辛与劳苦。"

这就是我们的历史，也是对麦克菲尔逊先生所提问题的回答。但是在现代社会，我认为还存在着另外两种可能的答案。在我们的工业化社会中，如果我们一天有三分之一的时间主要是用来纵情享乐，那么我想答案将会是：工作是人类生活中最重要的一部分，因为没有成

---

① 维吉尔（Virgil，前70—前19），奥古斯都时代的古罗马诗人。

② 克罗诺斯（Cronus），第一代提坦十二神的领袖。他是天空之神乌拉诺斯和大地之神盖亚的儿子。他推翻了他父亲乌拉诺斯的残暴统治并且领导了希腊神话中的黄金时代。

③ 朱庇特（Jupiter），古罗马神话中的众神之王。

年人会认为他活着是为了享乐。

但如果空闲的这一部分是用来做一些休闲活动，那么我会认为工作不如休闲活动重要，而当我们思考工作与休闲活动各自应占的比例时，我们自然会考虑到工作的种类与工作量。

所以，如果我们不对休闲活动与享乐的区别做出更加清晰的解释的话，我们也许无法完全明白这个问题。所以接下来我们将主要讨论这个非常的重要的问题，因为我感觉在现代社会休闲活动的概念几乎无时无刻不与玩耍、娱乐与消遣的概念相混淆。接下来我会试着说明它们是截然相反的两个概念。

休闲的含义

劳埃德 · 卢克曼： 有观众提问，他是来自旧金山的唐纳德 · 米尔斯。米尔斯先生似乎也承认劳动与睡觉和享乐是相区别的，但是他继续问道："将劳动与休闲区分开来是必要的吗？假设劳动作为一个概括性术语，包括各种各样的劳动活动，那么劳动是否有可能成为休闲的一种呢？"

莫提默 · J. 艾德勒： 我想在某种意义上，米尔斯先生已经部分回答了自己的问题。正如你所说的，他承认工作与睡眠和享乐都有所不同。我认为，如果我们能够懂得睡眠、享乐与工作是不同的，那么我们应该也能够明白休闲与工作，或者说与劳动也不同。

睡眠与工作有何不同呢？很简单，睡眠实际上不算一种活动。如果我们把吃饭、洗澡都与睡眠归为一类，那么这一类维持生命所需的事情并不能算作是一种人类活动，或者仅仅是一种生物活动，而工作则显然是一种人类活动。

享乐与工作是怎样区分的呢？这二者的区别有一个非常显著的标志，即通过享乐我们不会得到报酬。没有人会指望通过玩耍来获得补偿。而在正常人的思维中，没人喜欢干没有报酬的工作。我们先来思考一下这个论点。当我们享乐时，不会有人给我们付钱，我们也不期望会得到工资或是其他报酬，但是通过工作我们当然期望能够得到这些。尽管这二者都是人类活动，但享乐是没有酬劳的，而在任何一个公正自由的社会中，劳动理应获得相应的报酬。那么，我们在可自由支配的时间里无论是在享乐还是休闲，我们都是在进行一种人类活动，但同时也是一种不会得到任何报酬的人类活动。因此，我们已经对工作与享乐做出最为基础的区分，主要问题仍然集中在自由时间的部分，怎样将享乐与休闲活动区别开来。而在我们做出这个区分时，工作的性质与意义也会受到很大的影响。

劳埃德 · 卢克曼：好吧，我希望我们还有时间再讨论一个观众提问，它来自门罗帕克的安格斯 · 巴勃考克先生。这个问题是："关于劳动这个议题可以从这样一个角度来看待，艾德勒博士，我想听听您对此会有何评价。我接受了这样一种理论，那就是对于人类的体力的保存与劳动分工的出现促使休闲活动的产生。现在我们已经达到了这样一种状态，大部分的体力劳动已经被机器所取代，而劳动分工则更加细化。然而在我看来，50年前的家庭更加懂得如何去休闲放松，如今的家庭只会按下电视的播放键。我们一家用来收看您的电视节目的这半个小时放松时间是非常愉快的，但是在您的节目之后紧接着的半个小时，想要与亲戚朋友们吃着饼干聊聊天儿，或许只能算是乌托邦的幻想了。我感到非常遗憾，现在已经没有时间来讨论、消化与吸收这类活动中所产生的奇妙感受了。"

莫提默 · J. 艾德勒：巴勃考克先生，非常感谢你的问题，以及对我们节目的赞美。让我非常高兴的是，巴勃考克先生将收看我们的节目当作是休闲活动，而不是工作或是娱乐，当然我也希望不是用来催眠。劳埃德，其实你也知道，我们面对着这样一个难题：当我们在录这个节目的时候，我们是在工作还是在休闲呢？如果排除我们获得收入这件事，那么我想说我和卢克曼既不把它当成玩乐，也不当成工作，而是把它视为一种有趣而令人激动的休闲活动。

我再从另一个角度简要地回答一下巴勃考克先生的问题，您所说的时间匮乏，是因为时间被某种消遣或是娱乐活动给占用了，这些活动甚至可能占用了全部的自由时间。如今美国人的生活中最糟糕的地方，不是有太多的时间用在工作上，而是享乐与消遣占用了我们太多的自由时间，以至于像巴勃考克先生所指出的那样，留给我们休闲的时间太少了，而休闲才是最有益于生活的人类活动。

在下一章节，我们会把这个问题彻底搞清楚。

32 工作、享乐与休闲

上一周我们也思考了五种不同类型的活动，它们可以填满人们生活的每时每刻。它们是：睡眠，工作（或者说劳动），享乐（或者说消遣），休闲活动。

所以这期节目我们的任务，一方面是要去理解工作与休闲之间的区别，另一方面则是理解休闲与享乐之间的区别。我和劳埃德在阅读观众提问时发现，关于工作、享乐与休闲的这个问题实际上是非常有趣的。我们挑选了一些问题，我们认为这些问题会有助于说明这次将要讨论的问题。

劳埃德·卢克曼：第一个问题来自普林泰斯·戈尔德斯通夫人，她居住在米尔谷。她在信中写道：“我们之中有很多人，自由时间仍然在履行自己的责任，而这些责任在本质上更像是工作。那么以这种方式被使用的这段时间，真的能被看作是用于休闲的吗？”

莫提默·J. 艾德勒：戈尔德斯通夫人对有责任做的事和不必做的事进行了区分，同时暗示工作属于责任。顺便说一句，我们收到了另一个问题，来自丹妮夫人，她在信中说，她所有的时间都被睡眠与履行责任所瓜分，好像责任与睡眠是相对立的。

工作的核心并不是获得报酬

劳埃德·卢克曼：这个问题提得很好。这里还有一个问题，来自海伦·维顿夫人，她居住在伯克利。她说："工作是为了经济上的报酬，这一点很好理解。但是，难道就没有不为报酬的工作吗？"您会怎样来描述她的问题中所说的这类活动呢？

莫提默·J. 艾德勒： 是的，她的观点是报酬并不足以成为工作的标志或是定义工作的全部内容。人们也会将一些其他的活动视为工作，尽管并不会得到酬劳。

劳埃德·卢克曼： 是的，这就是她想要表达的。这里还有另外两个似乎是属于同一类的问题，可以供您参考。从这些问题中我发现，关于劳动与休闲这个话题，您似乎还有很多东西需要解释。现在，我要读给大家听的这两个问题，都是与家庭责任有关。而我非常高兴地发现，其中一个问题来自一位丈夫，而另一个来自一位妻子。

莫提默·J. 艾德勒： 那很好啊，太好了。

劳埃德·卢克曼： 他们都想知道某些责任是属于工作还是休闲。住在旧金山的高登·库勒先生写道："难道不应该有四分之一的时间用于对家庭和家人的照料吗？我认为将时间分为休闲、休息与享乐是以人们自由支配为前提的。由于家庭的重任必须有人去承担，那么一个有家庭的普通男人，是否还有时间去玩乐或是休闲？"

而来自纳帕的布罗德逊夫人问："当涉及家务劳动的时候，您能否清晰地说明与劳动相对的休闲的含义呢？我倾向于认为家务是为了爱而劳动，而不是为了报酬。那么对于我个人而言，我是否可以将它称为休闲？"这是布罗德逊夫人的问题。

莫提默·J. 艾德勒： 我认为这些问题都非常好，因为它们都对我们的讨论起到了推动作用。如我所见，尽管这些信的表述方式各有差异，但它们的中心思想是一致的：工作与非工作的区别在于，它是否获得了某种报偿，是否是必须做的，是否是强制性的。如果它是我们不得不去做的事情，那么我们将它称为工作；然而如果它是我们随自己的心意可做可不做的事情，我们对此有选择权，那么它就不会产生工作的感觉。因此，从主观的角度来说，强制性也是工作的一个标志，它与自由相对。而这一点似乎比报酬更具代表性。

但从我的角度来看，这依旧没有抓住这个问题的重点。因为我并不认为，责任与义务能完全代表工作。

举个例子，我会说任何人都有追求真理的责任，所有人都有义务在思想层面提升自己。我们都有作为公民的义务，也有与人为善的义务。这些对于我们来说都是强制性的，然而尽管其中包含着责任，但是这并不代表它们就是工作，更不是享乐。因此，我们必须找到另外一种标准来区分休闲与工作，以及休闲与享乐，因为似乎在工作与休闲中都会出现责任与义务。

因此，我们接下来的目标就是搞明白这个问题，但这是一个很难的问题。

我认为人们之中普遍存在着一种错误的印象。人们总是认为工作伴随着痛苦与疲劳，它是一件艰苦但被迫必须完成的事情。而现在人们都应该知道这并不是事实。我的意思是，当我们玩儿得特别起劲儿的时候，特别是在进行任何一种体育运动的时候，疲劳感自然而然也在增加。当我们坐下来看电影的时候，也很容易疲倦。当然还有其他的一些事情可以让人感到痛苦。我常常将思考看作是一项休闲活动，但是我可以向你们发誓，思考其实是一件非常痛苦的事情，但是我并不会将它称为工作。因此，痛苦与疲劳并不是工作的标志。

我之前提到过，报酬是劳动的标志之一。这个说法目前引起大家讨论，我想要回到这一点上，进一步讨论这个问题。

让我暂时先给工作下个定义：它是我们为了维持生计而不得不去做的事情，工作是为了购买生活必需品。因此，如果工作是我们为了生存而必须要做的事情，那么我们一定获得报酬，想想要么是可以使用的物品的形式，要么是通过金钱的形式，我们可以用钱去买自己需要的商品或服务。

我们可以立即验证一下这个定义是否准确。假设一个人存储了足够的财富，这笔资产可以保障他的一生衣食无忧。你们会说这个人在工作，或者他所做的任何一件事情可以被称为工作吗？我的答案是否定的。我的意思并不是他所做的一切都是无用功，相反他可能会做出很多有益的事情，他也许会制造实用的商品，或是令人愉悦的艺术品，但是由于他在生活保障方面毫无顾虑，所以我认为我们不应该说他从事了工作或者劳动。而如果整个社会的资源与保障都十分富足，那么我会说整个社会都从工作中被解脱出来。当然了，这样的一个社会还从未在地球上存在过。

工作、休闲与杂务

劳埃德 · 卢克曼：艾德勒博士，我很好奇世界上是否还存在着一些人们不得不做，但做了也无法获得报酬的事。我们或许可以把这类活动统称为杂务，有着悠久历史的家庭杂务，我们都得做，而且我们的子孙后代也要继续承担。我想听听您对此作何评价，这些杂务属于劳动还是休闲呢？

莫提默 · J. 艾德勒：我很高兴你引入了“杂务”这个词。因为我认为这个词正是人们苦苦寻找且能概括令他们感到困扰之事的总称。杂务，包括农场上的杂务，家庭中的杂务，诸如刷牙、寄信这些，都是我们不得不去做的。劳埃德，事实上在上周讨论巴勃考克先生的问题时，我并没有给出一个准确答案，因为我想巴勃考克先生所担忧的，是杂务占用了我们太多的时间，所以我们没有足够的时间留给休闲活动了。

杂务是什么？它的特征又有哪些呢？它们算是工作还是休闲呢？它们其实更像是工作或是劳动，而非休闲。它们有着以下这些特征。首先，杂务是我们不得不去做的事情，尽管我们不会通过它们得到报酬，但杂务是我们生活中不可或缺的一部分。其次，就像我们大多数的工作一样，杂务也是重复性的。而我认为正是因为这种重复性才让我们感到厌倦。而除了无报酬、强制性和重复性这些特质之外，大部分杂物在本质上是不被人们所赞赏的。如果不是必须做的话，我们可能或选择不做，或让孩子帮助我们做杂务。如果能够找到别人帮忙，我们更会觉得松了一口气。

因此，如果我们把杂务放在工作那一边的话，那么我们会发现休闲活动具有两个方面。一方面，它对于我们来说，并不是为了生存而必做的事情。我们所进行的休闲活动，对于维持我们身体的存在与健康也并不是强制性的。另一方面，休闲活动并不是我们不得不去做的事情，它是我们可以选择做或不做的事情。

休闲的定义

让我来想一想，是否能够将休闲与杂务和工作区分开来。我们暂时把杂务与工作归为一类，这样就能更充分地解释休闲的含义。在给休闲下定义之前，我们还有两个步骤需要完成。

我们可以列举出一些休闲活动，以此来展开讨论。有一些我们可以独自完成的事情，都属于休闲的一部分，比如任何形式的学习与思考，像阅读主要是为了在思想上提升自己，而不是为了打发时间。还有任何形式的艺术，从木匠活儿到最高级的艺术品，写作、绘画、摄影，以及对艺术品的欣赏。以上这些在私人生活中都属于休闲活动的部分。

另外还有人们的社会生活，比如交谈，这里指的不是闲聊，而是可以有所收获的交流。当然还包括写信，这里特指与朋友通信，但不包括商务通信。所有这些增进友谊的活动，我们都将其称作社会性的休闲活动。我们抚育孩子的活动，自然也提供了另外一种形式的休闲。另外，休闲活动也有政治性的方面，包括所有的公民义务，比方说选举。你们看，现在我们可以快速列出很多种休闲活动。

解释休闲的第二步，则是了解这个词的词源。关于这个问题，我思考得越深入，就越是被它深深地吸引。事实上，我已经被“休闲”一词极富趣味性的发展史征服了。我想向大家展示，在被翻译成英语之前，“休闲”这个词在三种语言中是如何产生的。

古希腊人将休闲活动命名为schole，当追溯这个词在希腊语著作中是如何被使用的时候，我们发现它最初仅仅意味着“自由时间”。而在柏拉图与亚里士多德的著作中，这个词的用法变得稍微复杂了一些，schole这个词语代表了某种特定的使用时间的方式，它不再仅仅是指可以自由支配的时间，而是要把这段时间用来学习。我们将schole翻译为“休闲”，它的第一重含义仅仅是指“自由时间”，而第二重含义，则是利用这段时间来学习。

而当古罗马人将schole翻译为拉丁语时，他们用了两个不同的词。一个是otium，意思是“空白的”；另一个是schola，也是英语中“学校”（school）一词的词源。请注意，希腊语中代表“休闲”的词语，经由拉丁语最终成为了英语中“学校”。但现在人们在英语中用leisure一词来代指休闲两种不同的含义，我们在说“休闲时间”的时候，指代的是“自由时间”（otium），而在我们说“休闲活动”的时候，脑海中会浮现出一些活动的形式，那么此时我们联想到的其实是schole代表的带有学习性质的活动。

但实际上leisure这个词来源于法语中的“自由”（loisir），它代表纯粹的自由，那些我们被允许去做，而非强制去做的事务。而“自由的”为一种被允许的状态，与“被强迫的”相对立。

而在我们的童年时代，我们所说的玩耍，实际上完全代替了休闲活动在成年人生活中所扮演的角色。因为孩子们总是能够通过玩耍学习与成长。因此，玩耍在孩子们的生活中，与成年人的休闲活动是一样的。

然而，你们知道孩子们是如何把上学看作是一项工作的吗？他们难道不是经常说“学校作业”这个词吗？把学习当成工作而非玩耍，这是小孩所特有的。而变成大人的标志，则是将学习看作与工作对立的东西。如果一个男孩能问自己：“在这个学年之后，我是要去工作呢，还是继续上学？”说明他认为工作与继续上学相对立，那么这就是他长大的标志之一。

有了这些解释我们就能够给休闲下定义了。我想将休闲定义为，人们能够通过它在道德上、智力上以及精神上获得成长，能够使得自己更加优秀，并履行道德与政治责任的所有活动。我想请大家注意，我并没有说休闲活动中不存在责任与义务。我们之前所列出的那些休闲活动，只是我们应该去做的事情，但也可以按照自己的意愿去做或是不做，它们并不像工作或是杂务。其实有很多应该去做的事情，我们都可以在做与不做之间自主选择，就像与休闲相对的享乐活动，也是可以自由选择的活动。对比休闲，休息与享乐都缺少了“应该”的要素，我们并没有义务去享乐。

现在我们已经有了享乐、工作与休闲这三个部分。而享乐也分为两种，一种只是为了娱乐。然而有时我们享乐并不是为了高兴，而是一种消遣与放松的方式。如果我们仔细观察一下recreation（消遣）这个词就会发现，它意味着重新创造我们的能量[①]，使得我们从疲劳中得以恢复，这种享乐是有益的。它就像睡眠一样，因为通过睡眠我们也能够使得自己的体力得以恢复。享乐中的消遣放松就属于这一类，其余消遣活动则是为了娱乐。

与之相反，工作是维持生计所必需的且在本质上需要获得报酬的活动。而且工作也是一种实现目标的手段，是一件有用的事。而杂务，就像我们之前讨论的，它本身隶属于工作。

---

① 英语中recreation这个词，前缀re-有“再一次地”的意思，而“creation”则有“创造、创生”的含义。

除了这两者之外，休闲则是既能满足个人自我发展的需要，本质上也很有价值的事情。

休闲比工作更重要

我们可以想一想，怎样将这几项活动按照价值从低到高来进行排序。纯粹的享乐排在最末尾，排在享乐前面的是工作，因为工作有用，而且可以达成某些目的。而排在首位的则是休闲活动，因为休闲活动本质上有益于人的发展，它们会带来积极向上的影响，使人们更加高尚。工作比享乐高级，而休闲又比工作更高级。所以，休闲就是人类活动最高等的形式。

工作既包括处理杂务和能够获得报酬的劳动，也包括道德情感层面上我们有义务完成的事情，以及我们没有选择只能去做的事情。而当我们通过劳动获得报酬的时候，它又与杂务相对立。

如果我们将享乐看作娱乐而非消遣的话，我们会发现我们没有去享乐的道德义务，我们可以自由选择玩或不玩，我们可以按照自己的意愿做或不做享乐之事。总之，享乐只不过是人们用来找乐子的活动。

然而休闲活动则兼具工作与享乐的特征。我们提过的所有休闲活动，都是我们在道德上有义务去做的事情：学习、阅读、履行政治责任以及加深友谊。我们有道德责任去做这些事情，但是不同于劳动和杂务，我们也享有自由选择权。尽管我们在道德上应该去做，但是我们也可以遵循自己的心意，选择做或不做。

因此你们会发现，休闲活动有时候与工作相似，有时候又和享乐相似。我猜想，没有人会把工作与享乐相混淆。但是处于二者之间的休闲活动，有时像工作，有时又像享乐。

在工作与休闲之间其实还有一条模糊的分界线。人们会为了得到报酬而做很多的事情，然而也有一些事情，虽然不会得到报酬，但人们依旧乐意去做。他们感到自己在道德上有义务去做这些事情，即使他们的生活已有足够的保障，他们还是自觉自愿地选择去这么做。实际上这就导致了劳动与休闲之间的边界十分模糊。而能够使得这个边界清晰起来的唯一方法就是厘清花样繁多的工作种类，从最低级的苦力的形式，到最高级的充满尊严的形式，也就是那种即使人们拥有了全世界的财富，仍然愿意从事的工作。

这些问题会在接下来的讨论中详细展开，剩余的一点时间我可以再回答两位观众提问。

劳埃德 · 卢克曼：首先是来自旧金山的詹姆斯 · D. 盖比先生的提问。他问道："上班族们所要求的休闲活动的总量是否应该有一个限度呢？因为他们之中的很多人其实没有机会享受能促进智力成长的休闲活动。"

莫提默 · J. 艾德勒：对于盖比先生的问题，我的答案是否定的。我认为这个问题应该由通识教育来解决，实际上，这是我们如今的通识教育所面对的首要问题，如何让有时间休息的人们更妥当地利用时间。人们应该被赋予更多的自由时间，并且为了利用好这段时间做出更加充足的准备。

劳埃德 · 卢克曼：关于您刚刚回答的这个问题，还有另外一个角度的看法。这个问题来自同样居住在旧金山的约翰 · J. 麦克加文先生。他这样问道："假设一个生活水平居于平均线以上的普通人，他将所有的自由时间都用于消遣享乐（实际上我认为现状就是如此），那么他真的会比那些只能工作的奴隶们更快乐吗？"

莫提默 · J. 艾德勒：是的，麦克加文先生，我认为他要比那些奴隶们更快乐。因为如果您能够回忆起我们关于快乐的讨论，您会发现享乐是一件好事儿，它属于幸福的生活。愉悦是对人有益的，且任何人都值得拥有。因此，我们作为能够通过享乐而收获愉悦的自由人，的确要比以前的奴隶更加快乐。

33 存在于工作中的尊严

正如我上次所提到的，休闲是介于工作与享乐之间的活动。休闲活动，就像纯粹的享乐一样，是我们可以自由选择的活动。但是休闲活动也像是工作，因为尽管我们对于这些应该做的事情有选择的自由，但是对于我们自己来说，我们有进行这些休闲活动的义务，因为它们是我们可以在道德上、精神上以及智力上获得成长的机会。

在上一次的讨论中，我提出了关于工作与休闲之间的模糊边界的问题。上一周我给出的答案是，因为休闲既像是工作又像是享乐，所以有时它会与工作或劳动相混淆。但是这个问题有一个更加深刻的答案，顺便说一句，我们正好收到了一封关于这个问题的信。

劳埃德 · 卢克曼： 是的，住在核桃溪的汤普森先生这样问道："鉴于休闲与工作都可以被描述为义务性的，又因为休闲主要是由道德义务所驱使，而工作的动机既有道德义务，又有维持生计的物质需要，那么是否可以通过计算一份工作中动机所占的比例，来评价这份工作的理想性呢？"他还说道："是不是一份工作与人们生存问题的关联越少，就越是道德高尚的呢？这个标准是否能够衡量出工作的谱系，也就是从繁重的苦力劳动到只有微薄报酬的休闲活动？"

莫提默 · J. 艾德勒： 劳埃德，正如我所说，这个问题极为出色。它不仅仅是一个问题，因为汤普森先生对于这个问题已经给出了自己的答案，而他的答案中包含着对于工作与休闲这个问题深刻的洞见，特别是他对于"工作的谱系"这个词组的运用。让我重复一下他的话，工作谱系的一端是繁重的苦力，而另一端则是“报酬微薄的休闲活动”。顺便说一句，汤普森先生，您发明的“报酬微薄的休闲活动”这个词组非常好。如果我的理解没错的话，您所说的“报酬微薄的休闲活动”是指那些人们欣然去做的事情，即使没有工资或补偿。它们就像是休闲活动，虽然也有人通过它们来赚钱。

在汤普森先生的观点中，我可以总结出两点。他认为存在着两种义务：道德义务，也就是我们应该去做可以提升自己、让自己成长的事情；以及我们为了生存而必须要做的工作。与道德义务相伴的是内心的满足感，而我们为了生计不得不去做的事情则带来的外在的报酬。而正如汤普森先生所说，以繁重的苦力劳动作为一个极端，而只有微薄报酬的休闲活动作为另一个极端，两者之间就是整个工作的谱系。

我认为这个观点已经十分清晰了，也希望通过接下来的讨论能够更加充分地说明这一点。但是首先，我想分享一些个人看法，在我看来，同样的一种活动可以既是工作，又是休闲或者享乐。让我们通过舞蹈和足球的例子来思考一下这个问题。对于有些人来说，舞蹈算是消遣或者娱乐，但是对于专业的舞蹈演员来说，舞蹈就是他们的工作；比如足球，对于很多中小学或者大学的小伙子们，踢足球对于他们是娱乐，而不是工作，但对于专业的足球队伍来说踢足球就是工作；再比如很多人都会整理花园和做木工，这可能是他们休闲生活的一部分，但是对于园艺师与木匠来说，这是他们的工作。诸如此类的事情还有很多，对于有些人来说是休闲活动，而对于另外一些人来说这是他们的生计。最后还有学习，正如我上一周所说，孩子们把学习当成是工作，然而对于成年人，学习并不是工作，而是一种最高级的休闲活动。

劳埃德·卢克曼：我认为，您之前说到学习对孩子来说就是工作，这个评论为我们插入以下这个问题提供了一个合适的机会。来自旧金山的朱蒂斯·普尔夫人问：“由于孩子们还不能够从事真正的休闲活动，那么一个明智的家长在培养孩子未来的休闲趣味时，应该把学习作为玩乐还是作为工作来展示呢？对于孩子们来说，义务就意味着工作，而自由意味着玩耍。那么，在孩子的童年时期应该着重强调哪一项，怎样才能够使他们更好地成长呢？”

莫提默 · J. 艾德勒：我的答案可能会与普尔夫人想听到的相反。在我看来，学习在人们的童年时代应该是工作而非玩耍。它应该为了孩子们在成年以后可以从事的工作做准备。所以，学习是人们在童年时代最重要的义务，它与人们在成年之后从事的工作一样重要。在孩童时期，玩耍才是休闲活动的前身，而在这里我们很容易犯下一个严重的错误。我们会认为孩子们的玩耍完全是为了娱乐，当然，有些玩耍确实如此。但是也有一部分更像是休闲活动，它们在本质上可以提升个人能力，并不完全是娱乐。

我们收到过很多来自中小学的孩子们以及大学生们的来信，他们都在询问学习到底算是工作还是享乐。我认为，至少我希望，现在这个答案对于大家来说已经是清晰无疑了。那就是对于孩子们来说，学习就是工作，而随着他们的成长，学习就越来越不像是工作，而是某种形式的休闲活动了。每个人都可以通过这个变化来测试一下自己更像是个孩子还是一个大人。

劳埃德 · 卢克曼：好吧，我认为您确实已经解决了大学生们的困惑，关于他们现在所做的是工作还是休闲活动的问题，我也和您一样认为大学生们应该成熟到能将学习视为一种休闲活动。但是我仍然不能确定，这个答案能否解决来自圣马特奥社区学院的弗里德里克 · 洛夫先生的问题。洛夫先生想要知道，学校和教师们是否应该一直试图把学习变得“有趣”，“还是应该让学生们意识到，学习其实就是艰苦的、令人生厌的工作。克服困难才是学习的核心”。

莫提默 · J. 艾德勒：我上周所说的内容已经部分地回答了这个问题。我曾经说过，我们为了获得报酬所做的工作，并不是我们生命中唯一艰难痛苦、令人生厌的事情。思考也是困难并且痛苦的，而大量的学习同样异常艰苦。但我们并不能够仅仅因为某件事情包含着痛苦、艰辛，并且需要付出努力，于是把它视为工作。如果仅仅因为学习痛苦而将其视为工作，那么就大错特错了，这会混淆工作与休闲活动之间的区别，我希望对于这个区别我们能够一直保持清楚的认知。

痛苦的工作以及为兴趣而工作

让我试着再把工作与休闲的区别讲得更加透彻一些，同时也为大家说明，为什么它们之间存在着一条模糊的分界线。首先我想展示两种区分方式，第一种出自斯密的《国富论》，是对生产性劳动与非生产性劳动之间的区分。第二个区分则更加深刻，是奴隶的劳动与自由劳动之间的区别。

斯密在《国富论》中认为，创造出有经济价值的商品与服务的是生产性劳动，而管理性的服务、医生的服务、教师的服务，以及政府官员所提供的服务，他将其统称为非生产性劳动。

在工作的分类这个问题上，我们会用不同名称指代不同工作的报酬。比如我们会说工钱与薪水，工钱是指人们通过从事比较低端的工作所获得的报酬；而薪水则是针对包含一点点休闲活动成分的工作。而一旦人们所付出的劳动超过了工作的范畴，那么我们就不会再使用工钱与薪水这两个词了。比如，付给医生的叫做费用，而支付给艺术家与演讲者的称为酬金。事实上，付给教师们的钱，我们也会称之为费用或酬金，而非薪水。最后我们再看看牧师与公职人员，我们会说牧师或官员得到了资助，甚至都不会用费用与酬金这样的词汇。我认为，不同工作对报酬的不同叫法，也显示出工作种类的差异。因此，我们现在转向第二个区别，我希望它能够使得我们对于工作分类的概念更加清晰，也就是位于两个极端的奴隶劳动与自由劳动。

我为大家来解释一下这两个极端，所有其他的人类工作都处于这二者之间。在一个极端，工作被称为苦力，它完全是一种奴隶的工作。这种工作有点像是我们上周所说的“杂务”，然而它又是有报酬的。这项工作日复一日地重复着，使得人们的精神僵化，除非是为了挣钱，否则没有人愿意做这样的工作。如果有其他的方式可以维持生计，那么人们不会主动选择这种工作的方式。

而在另一个极端则是这样一种工作形式——劳埃德，你是否还记得上一次有观众提问时所说的“出于兴趣的劳动”？

劳埃德 · 卢克曼：是的。

莫提默 · J. 艾德勒：什么样的工作我会将它称为出于兴趣的劳动？它是完全自由的，日复一日地变化着，有可能实现自我提升而不是日渐僵化的。哪怕不会获得报偿，人们也愿意投身于这种工作之中，因为它更像是一种休闲活动，具有自我激励的性质，并且能够使人产生满足感。

整个工作类别的谱系都散落在这两个极端之间，苦力落在底层，出于兴趣的劳动则处在顶端，而其他的所有工作介于这两者之间。越是靠近顶层的工作越是自由，而若是从上往下走，那么越靠近底端的工作就越容易受到奴役。其实每一个人的工作，每一个人谋生的手段，都包含着自由的成分与受奴役的成分，它一方面像是休闲活动，另一方面又像是苦力劳动。

如果你们继续问我，在你们自己的生活、工作中，有多少兴趣活动的成分，又有多少是苦力的成分，那么我会给你们两个判断标准。首先，你们需要自问，这份工作的报酬对于自己来说有多重要？如果你们不需要以此谋生的话，你们还愿意继续从事这份工作吗？如果你们不愿意，甚至明天就想停止工作，这份工作仅仅是为了生存的话，那么我会说你的工作中包含了很多苦力的成分。但如果你已经拥有了大量财富，仍愿意继续从事这份工作，那么我认为你的工作有很多休闲的成分。

第二个评判标准就是，你在工作的时候是否频繁地看时间呢？如果工作时间与你的自由时间截然分开，而你的自由时间是留给休闲与享乐的，你就会频繁地看时间，希望工作时段早早结束，那么你的工作很大程度上属于苦力劳动。如果工作时段与留给休闲活动的时段之间的界限是模糊的，甚至几乎没有界限，那么你的工作本身就更像是休闲活动。举个例子，劳埃德，对于你我而言，我们能够成为教师是非常幸运的，因为我们就从事着这样一种工作。而且我相信且十分确定，对于我们二人来说，即使不存在谋生的压力，我们也愿意继续投身于现在这份工作。在这份工作中我很难察觉，我的工作时段是何时结束的，这恰恰是这份工作的优点所在。我的工作持续过渡到了休闲活动中，从某种意义上来说，我的自由时间反而变少了。这么说听起来挺傻的，因为其实我有很多很多的自由时间，我的工作与休闲活动如此地密不可分，以至于我的所有时间都变成了自由时间。在梳理工作的谱系时就会发现，这正是我心目中的出于爱好的工作。

劳埃德 · 卢克曼： 我这儿有一个问题，希望您能够解答。它来自伯克利的克奇先生，我想它其实与我们讨论过的话题有关。他这样写道："按照您的说法，如果工作只是谋生的手段而已，那么通过激发他们的成就感，夸赞他们的工艺或是设置竞争以此激励工人的做法，是否是错误的呢？"

莫提默 · J. 艾德勒： 克奇先生，这并不是错误的，这些激励手段很好。但是我得提醒一下，有很多的雇主使用这些激励手段时，过于空洞与肤浅了。除非这些工作本身就是有价值的，除非工人们真的能够从这份工作中感受到骄傲，并且能够从心中自然地产生匠人精神，否则通过激发自尊自信，通过竞争或是宣扬手艺人精神诸如此类的激励手段，不可能是真诚的。激励不应该掺假，它必须要是诚挚的，前提是这份工作本身值得人们投身于此。

这也许是一个好的时机，我可以就此对劳动问题做出一个整体的评价。工资与工时是一个终极难题，我们永远找不到最优解决之道。只要工作中包含着苦力劳动的成分，那么职员们永远都渴望更多的报酬、更少的工时。顺便说一句，我想大家都认可这一点，这并没有什么不好。那就是如果人们不得不从事苦力劳动，那么人们都希望干更少的活儿，拿更多的钱。所以，在我看来，劳动问题的终极解决方法与工资和工时无关。真正的解决之道应该是使得工作本身包含更少的苦力劳动成分，同时提升职员们的幸福感与成就感，这样这个工作就会变得更加自由，更像是一种出于爱好的劳动了。

劳动的尊严

接下来就是劳动问题的最后一个要点，也就是劳动的性质与职员成就感之间的关系，这也引出了我们这个时代所产生的最伟大的概念之一——“劳工神圣”。在150年前，人们从未听说甚至无法想象，劳动可以是一个有关“尊严”的问题。在所有以往的前工业化封建社会中，劳动的尊严是毫无意义的。实际上，唯一拥有尊严的活动就是休闲活动，因为休闲就是自由之人的事业。劳动是没有尊严的，因为劳动是奴隶们所做的事情。

然而进入工业化社会后，社会并不存在真正意义上的阶级，因为所有的个体既是职工又是休闲活动的主体，劳动第一次获得了尊严，因为历史上第一次出现了自由人也要工作的现象。那些拥有公民权、自由享受休闲时光的个体，也是从事工作的人们，工作也因此变成一项有尊严的活动。这是劳动尊严的外在体验，也就是因为现代社会的劳动者不再是奴隶，而是自由人。

然而劳动的尊严也有其内在与精神性的一面，它与所从事的劳动的特征有关。如果工作本身就是有价值的，同时具有自由的因素与休闲活动的因素，那么这份工作也在内在精神层面拥有了尊严。这就是劳工神圣的内在特质，值得人类为之奋斗。

劳动的尊严还存在于工作的终极目标之中。如果一种工作的最终目的是为了劳动者或是整个社会的终极福利，而不仅仅是为了他人的一己私欲，那么这份工作从本质上看也是具有尊严的。

如果劳动中包含着自由，那么我们也会认为它拥有尊严。这里指的是合同的自由，雇佣关系的自由——人们可以按照自己的意愿接受或是放弃这份工作，自由选择他的职业与谋生手段，但奴隶无法这样做。合约自由与职业选择权是劳动尊严的一部分。而劳动尊严的另一部分，则来自工作的特征与目的。这份工作本身必须具有价值，并且它的目的是为了劳动者的利益，为了他所生活的社会的共同福利，而不仅仅是为了私人利益。

34 工作与休闲的发展简史

你是否也发现了这样一个事实，思想就像是种子一样，如果把它们埋在肥沃的土壤里，悉心照看，它们自然会开花结果。那么关于劳动与休闲的这个问题，我希望在前几次的讨论中，我们已经好好地培育了这颗思想的种子，现在我们就能够从对这个基本概念的思考中得到一些收获，得出一些重要的结论。

我要提醒大家注意，上周我们已经讨论过的一些事情。首先，是我们对工作、休闲与享乐三者的区分。我们已经清楚地区分了这三个基本概念，也发现把它们运用到具体的案例中会出现一些难题。比如说，同样的一件事情，对于不同的人来说可能会变成不同种类的活动。对于一些人来说是工作的事情，对于另外一些人也许是休闲活动；对于一些人是苦力的工作，对于其他人可能是出于爱好的自由劳动。我们也发现了，工作与休闲、苦力劳动与自由的工作之间的分界线往往是模糊不清的，只能根据具体情况灵活判断。

我想，这就能够回答我们收到的很多观众提问，劳埃德。我们收到的很多信件，都在询问某种活动到底是属于工作还是休闲，苦力劳动还是出于爱好的劳动，这些问题都取决于人们的态度，以及完成这些任务时的心态。

劳埃德 · 卢克曼：总体上说，我同意您的观点。您所指的那些问题都在我这里，没错，您已经回答了绝大部分的问题。但是其中有一封信，我认为它的重点在于人们的能力与智慧，因此我很想把这个问题抛给您。这封信来自旧金山的艾伦 · 寇尔甘先生，他问：“难道没有一种对于劳动的分类，像是苦力、出于爱好的劳动或是休闲，是以人们的能力作为标准来划分的吗？”

莫提默 · J. 艾德勒：是的，我认为这也是另外一个非常重要的因素。寇尔甘先生，我认为如果一项任务远低于人们自身的能力的话，它就很容易变成一种苦力。因为如果是一份富有趣味的好工作的话，那么必然会对工作者的能力有所要求。一个人的能力是担任一份工作的前提，但事实上这份工作本身应该能激发出员工的潜能，并使得他完全发挥出他的能力。

上一次我们讨论了劳工神圣的问题，而且发现了劳动的尊严以劳动者的自由为基础，它不再只是专属于奴隶们的事情，以及工作本身对于劳动者也应该是有价值的。至此我们触及到了一件很重要的事，也就是在整个人类历史上，劳工神圣的概念在近代如何被确立，在人们、在整个社会的眼中，所有形式的劳动如何开始有了尊严？

基于我们上周已经解决了这两个要点，我现在向大家介绍这周我们将讨论的另外两点。首先，在已经搞清楚了人类生活由工作、玩乐与休闲几个部分组成，接下来我们将讨论如何合理安排这些部分。其次，我们已经认识到，所有劳动形式的尊严是一个近代才出现的概念，那么我想和大家一起讨论我们当代另一场伟大的革命，在我看来，算得上是人类历史上第二场大革命。

工作本身并不是目的

首先谈谈第一个要点。正如我们在另外一期节目中所说的，幸福似乎就是拥有所有美好的事物，而为了拥有所有这些美好的事物，我们必须保证它们位于正确的位置上，为了做到这一点，我们需要合理安排生活中的不同组成部分。幸福本身也可以从工作、休闲和享乐的角度被更加具体地定义，因为在美好的生活中，这三个部分应该得到合理的安排。

劳埃德，我似乎想起来了，有一封来自卡里甘先生的信，他在信中提出了这个我们将要回答的问题。

劳埃德·卢克曼： 普莱维特·卡里甘先生是一名美国陆军军人，现在居住在旧金山。他的问题是："人们是为了享受自由时间去工作，还是因为有了可支配的自由时间才去工作？"

莫提默·J. 艾德勒： 我想，如果我们没有将纯粹的享乐与真正的休闲活动区别开来的话，那么这两种答案都是对的。但是既然我们已经试图区分了享乐与休闲活动，那么我对这个问题的答案是：作为消遣放松的享乐就像睡眠一样，它是为工作而服务的，而工作反过来是为了有时间休闲。换句话说，在我看来，我们首先得活着，维持生命的活力，这样才能继续靠赚钱谋生。而赚钱谋生的全部目的则是为了能够享受生活。

睡眠与其他类似的生理活动，以及作为一种有效的休息手段的享乐，都是我们维持生命的必要条件。而满足了这两个条件，我们才能够去工作，赚取物资或者金钱。劳动自然也包括没有报酬的杂务。所以，有报酬的劳动与没有报酬但是我们不得不做的杂务，它们的目的都是为了让我们生活得更快乐。而快乐的生活又是由相对自由的工作、休闲活动以及适度享乐所构成的。

假如我们将生活中的组成部分安排错误会怎样？当然，为了睡觉而长睡不起是错误的；为了打发时间、排遣无聊的情绪而玩乐也同样是不对的。我想精神病科医生会告诉你们，为睡觉而睡觉，为玩乐而玩乐，不仅是一种逃避现实的行为，也是一种蕴藏负面情绪的神经病症。

然而将工作视为目的而非手段也同样是一种错误的看法。当然，我们也不会认为工作是为了享乐。我们在安排自己的生活时，可能会犯第三种错误，就是完全忽略了休闲活动，将所有的自由时间都用于玩乐。

现在，我会借用前人的话来总结一下这个问题。在西方文明中，有关工作、享乐与休闲活动的基本概念有着非常悠久的历史。在公元前五至四世纪，这些概念就被人们所发现并理解了，并在之后的漫长岁月中对这些概念有了更深刻的理解，然而现在我们之中的一些人似乎已经忘记它们了。

亚里士多德对工作与休闲的论述

我想为大家读一小段亚里士多德在《伦理学》与《政治学》中关于幸福问题的论述，他对于几个根本问题做出了非常简洁而明了的阐释。第一段摘自《伦理学》，他是这样说的："幸福并不存在于娱乐之中。如果说生命就是为了娱乐，人们在一生中经受着无数苦难与艰辛只是为了享乐，那么这样的人生十分怪异。以娱乐作为人们发挥才能、努力工作的目的，这种想法是非常愚蠢并且极度幼稚的。但是如果说人们通过娱乐才能更好地发挥自己的才能，那就没什么问题了。因为娱乐是人们放松自己的一种方式，我们需要放松，因为我们无法持续地工作下去。反过来看，工作是为了休闲活动，就像战争是为了和平。而幸福与休闲活动的关系，要比幸福与其他事物的关系紧密得多。"

他的另外一本著作《政治学》同样谈到了这个基础的主题。在我接下来读的这段话中，他继续发展了这一思想："休闲活动所带来的个人提升与美德，不一定只能通过休闲活动实现，因为有些具有实用性的美德可以在商业或工作中获得。在开始休闲活动前，我们得优先满足生存需求。"但他也补充道："我们不仅需要那些可以让我们顺利工作的美德，也需要能让我们全身心享受休闲活动的美德。因为所有人类活动的最终目标和第一准则，就是为了休闲活动。休闲就是享受生活，开展休闲活动就是去做那些使生命变得有价值的事情。”

我想就此补充一点，按照亚里士多德的看法，幸福由两部分组成，有道德地工作、有道德地休闲。那么人类的两大通病，或者说是人类的两大痛苦来源：第一，没有正当的工作，没有可以发挥个人能力、个人潜力的工作可做；第二，将时间白白地浪费掉。那么据此来看，一个幸福的人，就是能够享受他的工作且没有浪费时间的人。

接下来，让我们转向第二点，从伦理层面的劳动与休闲，转向社会、政治与经济层面的考量，思考我们正身处其中的大革命。

生活与工作中的两场革命

劳埃德·卢克曼：艾德勒博士，有一个问题在困扰着我。从您为我们读的那段亚里士多德的论述中，您已经非常清晰地展示了古希腊人对于劳动与休闲的概念的深刻见解。那么您所说的（至少您这样暗示过），我们对于这两个概念的理解都经历过革命，又是什么意思呢？

莫提默·J. 艾德勒：劳埃德，你能够提出这个问题我非常高兴。我们将要谈到的这场革命，严格说来并不是我们对于劳动与休闲的理解所经历的革命，而是有关劳动与休闲的社会、经济与政治现实中所发生的革命。那么现在，我要从思想的层面转向现实的层面，与大家讨论一些事实。我希望大家能够允许我身为一个哲学家，却放弃了对于思想的讨论，转向对客观事实的讨论，但现在我不得不这样做。

在人类历史中爆发过两次彻底改变人们生活的大革命。第一次发生在公元前750年，而这次革命对于人们生活的影响从公元前750年，一直延续到1750年。在第一次革命发生的时候，劳动分工已经存在，使得少量个体成为了有闲阶级，他们有足够的休闲时间去发展艺术与科学，去建立宪法与共和政体，并且去履行公民的政治义务。但这场生产模式的大变革，对于人们的生活产生了正反两方面的影响。

好的影响就是城市的兴起。人们离开了族群、部落以及乡村，融入了城市生活之中。通过城市中的劳动分工，他们建立了共和政体，成为了公民，并且有了足够的休闲时间去发展艺术与科学。

关于这一点，亚里士多德的书中同样有一段相当精辟的论述。在《形而上学》（*Metaphysics*）的第一篇，他这样写道："在所有这些发明相继建立以后，又出现了既不为生活所必需，也不以世俗快乐为目标的一些知识，这些知识最先出现于拥有闲暇时光的群体之间。数学兴起于埃及，就因为那里的僧侣阶级被特许拥有闲暇时光。"[①]

但是这场革命也产生了负面影响，那就是它将人们或是整个社会分成了两个阶级——庞大的劳动阶级，以及极少数有闲阶级，并从中衍生出了剥削关系。

第二次大革命，在我看来比第一次还要伟大。它就是发生于1750年左右，并持续至今的工业革命。通过这场生产方式的革命，手工生产被机械化生产所代替，手工业转变为机械化大工业，从而彻底改变了劳动的条件与休闲时间的分配。在我看来，它的影响要比第一次革命更加深远，但同样带来了正反两方面的影响。

让我们基于历史事实来思考这个问题。首先，回顾一下近百年来生产力的变革。在1850年，人力和畜力提供了货物生产所需的95%的能量，而机器只提供了5%。在100年后的1950年，机器生产了84%的商品，而人力与畜力只生产了16%。假设以1940年的商品价格为标准，在1850年人力产能在每一个工时能够生产17美分价值的商品，而到了1950年，人力产能每个工时能够生产87美分的商品。

让我们好好思考一下，这一变化会给人们的工作时间带来怎样的影响。在1850年，人们平均一周要工作70多个小时，在1890年，一周的工作时间缩减为63个小时。而在1920年，它跌落到51个小时。1950

---

① 引文参照吴寿彭翻译的《形而上学》，商务印书馆，1997年版。

年，它继续降低到40个小时。尽管工作时长逐渐降低，但每小时的人均产出量在持续增加，而这也预示着人们在生产与休闲中都经历了非同寻常的变化。

我们先来看看它对于教育的影响。举例来说，1890年，在14至17岁年龄段的少年中，只有6.7%的人在上高中。1920年，这个比例上升为37.9%，而在1950年，70%的少年都可以读高中。

然后我们再来看看这个巨大的变化对于政治的影响。在1850年，只有16%的人行使了选举权，1920年为25%，而在1950年，这个数字是39%。更加令人震惊的是，在1890年，只有29%的人被登记可以进行投票，1920年51%的人口被登记可以投票，而在1950年，65%的人口得到了登记。

那么现在，我们可以从这些非比寻常但显而易见的事实中，总结一下工业革命所导致的基本结果。在前工业化社会中，人们分为劳动阶级与有闲阶级。然而随着工业化经济的发展，我们拥有了一个人人平等无阶级的社会，我们既是劳动者又是休闲活动的主体。前工业化社会的经济体是一种贵族掌权的模式，制定规则的权力掌握在少数人手中。只有在工业化经济中，我们才有了民主制与普选权。在所有过往的前工业化的经济体中，只有享有闲暇以及少数受过教育的专业人士才拥有尊严。然而现如今的工业社会中，所有劳动形式都享有尊严。

在前工业化社会中，绝大多数的人都是奴隶或雇工，他们的生活被分为两部分：睡觉与工作。然而在工业化社会里，所有作为公民的个体，既是劳动者，也是休闲活动的主体，所有人的生活都可能由四部分组成。但这也引发了一种可能，工业革命在带来了一些好的结果的同时，也带来了一些坏的影响。我希望大家和我一起思考一下，这场革命的负面影响，这样我们才可以在好的影响与坏的影响之间取得平衡。

工业化的不良影响

最后让我们来思考一下，工业革命带来的负面结果。首先，就是生产的机械化与平庸化。对于流水线上的劳动工人来说，他们在生产中获得的快乐、个人手工艺的价值都被抹杀了。

工业化的第二个罪行就是炮制了一种广泛流传的谬论，即提高生产力才是生活的终极目的，我们付出的所有努力就是为了生产出越来越多的商品。实际上我们应该将生产力看作是手段而非目标。

如果我们将生产本身当作生活的目标的话，那么就会导致第三个后果，人们开始相信所有的自由时间都应该被用于享乐与消遣，这样才能更快地重返工作岗位，生产更多的商品。而那些适当参与休闲活动的人，则被视为游手好闲之人。现在的大趋势是，许多人将所有的自由时间都用于享乐与消遣，因为他们的生活重心全部在于生产活动之中。

最后，工业革命以及我们社会生活各个方面的工业化导致通识教育（liberal education）①的缺失与堕落。这是所有工业化后果之中最大的不幸，因为只有通过通识教育，我们才有希望修正与克服工业化的其他不良后果，从而将工业化所带来的积极的可能性变成现实。

劳埃德·卢克曼：艾德勒博士，我不得不再打断您一次。作为一个教育工作者，我必须得指出这里有一个明显的悖论。一方面，您刚才已经非常清晰地指出，工业革命带来了学校数量的增加，并让更多人有了接受教育的机会。但是现在您又指出，是工业革命摧毁了教育。在我看来，工业革命反过来破坏了它自己的成果。所以我想，要么您

① 通识教育有两层意义，一是指通才教育；二是指全人教育。通识教育作为近代开始普及的一门学科，其概念可上溯至先秦时代的六艺教育思想，在西方可追溯到古希腊时期的博雅教育意念。到了19世纪，有不少欧美学者有感于现代大学的学术分科太过专门、知识被严重割裂，于是创造出通识教育，目的是培养学生能独立思考且对不同的学科有所认识，能将不同的知识融会贯通，最终目的是培养出完全、完整的人。自20世纪后，通识教育已成为欧美大学的一项必修科目。

对此还有进一步的解释，要么这就是一个明显的悖论。

莫提默 · J. 艾德勒：没错，劳埃德，这是一个悖论，但我认为只是表面看来有悖。一方面，工业革命彻底改变了人们劳动与休闲的方式，第一次使得所有孩子与成人都能够获得通识教育。另一方面，教育的总量在增加，分配给每个人的教育资源也在增加，但教育的质量却在退化。

所以我的基本观点是，如果我们想要实现工业革命自身所带来的那些积极的可能性的话，想要充分利用闲暇时光实现美好而快乐的生活，那么所有人都应该加强通识教育。

这将是我们下一次讨论的主题——解决工业化民主社会中通识教育的问题，在这个社会中所有人都是公民，每个人都可以选择好好利用或是浪费自己的休闲时间，而浪费或利用取决于通识教育的水平。

35 工作、休闲与通识教育

前面对于工业革命、劳动组织以及休闲分配的讨论，为我们接下来要思考的问题做好了准备。

前面我们已经讨论过了，近200年来，工业革命给个体与社会带来了广泛而巨大的进步。我们了解了，工业化的生产模式是怎样打破，甚至是摧毁了劳动阶级与有闲阶级之间的鸿沟。我们也明白了，它怎样影响着劳动者尊严这一概念的诞生。同时，我们也看到了它的政治影响，个体是如何从艰辛的劳动中被解放出来并开始拥有闲暇时间，他们如何开始享受政治权利并履行义务。

但与此同时，我们也经历着工业革命所带来的恶劣的影响。我们发现，随着自由时间的增加，人们又倾向于滥用自由时间，把自由时间浪费在纯粹的享乐上。我们也看到，至少我断定，与这种变化伴随而来的是通识教育的堕落。

学校在兴起，教育在衰落

在之前的讨论中我提到了，在美国14至17周岁的孩子们中，高中生所占的比例有了很大的提升。另外一个迹象则是，在第一次世界大战时期，75%的被征召的士兵所受到的教育时间，都在8年或是8年以下；而在20年后的第二次世界大战时期，68%的士兵都受到过9年及其以上的基础教育。而其中39%的士兵甚至受到过12年甚至更多的教育，而20年前这个比例只有9.5%。

这些数据似乎都证明了，教育事业的确是日渐繁荣。但是如果你仔细思考这些事实，它们只是在数量上增加，但教育质量并没有提升。如果我们问问自己，在过去的50年中教育的质量是否得到了提升呢？不幸的是，劳埃德，我觉得随着人们建立起越来越多的学校，教育反而在堕落，因为通识教育正在式微。

如果我们把重点放在“通识”（liberal）这个词上，我想我们就会更理解近50年来教育究竟是在哪一方面退化了。接下来就用两封观众来信引出这次的讨论，一封来自卡尔瓦诺夫人，另一封来自斯塔克先生。

劳埃德 · 卢克曼：是的，居住在利弗莫尔的卡尔瓦诺夫人在信中这样说：“因为‘通识’这个词有太多的含义了，所以在您开始讨论的时候，能否先给教育范畴下的‘通识’下个定义呢？”

莫提默 · J. 艾德勒：我很高兴卡尔瓦诺夫人严格圈定这个问题的范围，也就是教育范畴下的“通识”这个词的定义。实际上，如果你注意到“通识”与“自由”（liberty）有着相同的词根，它们在拉丁语中都含有“自由的”（free）意思，那么你会立刻明白，通识教育是针对自由人的教育，用来教会他们如何支配自己的自由时间，他们属于社会中的统治阶级或有闲阶级。

通识教育的含义

劳埃德 · 卢克曼：如果大家记住了这一点，那么我们就可以继续讨论第二个问题了，它来自佩塔卢马的埃尔默 · 斯塔克先生。这个问题很简短也很有趣，他问道：“通识教育到底包括什么呢？”

莫提默 · J. 艾德勒：回答斯塔克先生的问题需要一本书，而不是一两句话。因为需要一本书，所以我想推荐一些图书给您，也推荐给对通识教育感兴趣的人。这个书单很长，写作时间从公元前5世纪算起，一直持续到今天。但这次主要为大家推荐其中的4本，我认为它们对于通识教育都有着深刻见解。第一本书是杜威的《民主主义与教育》(*Democracy in Education*)，它成书于20世纪初，出版于1916年。第二本书来自马克·范·多伦[①]，它出版于1943年，名字非常简短，叫做《通识教育》(*Liberal Education*)。剩下的两本书则出自我的朋友罗伯特·M.哈钦斯[②]之手，1943年的《自由教育》(*Education for Freedom*)，以及1951年出版的《教育上的冲突》(*The Conflict in Education*)。

但这还不足以回答斯塔克先生的提问，让我试着用两句话简要地概括一下通识教育到底是什么。学校中的通识教育就是教学生掌握学习行为本身所需的思想方法，让他们懂得如何去学习新的知识，并且去了解人们要终其一生进行探索的思想。同时，人们在学校中学到的思想方法与准则，将在他们接下来的学习与探索中得到运用。

回答完这两个问题后，我想我可以陈述我的主要论点了。在我看来，随着工业化的发展，人们普遍开始拥有休闲的时间与作为国家公民的政治权利，伴随而来的结果是工业化社会也让每个孩子都有接受通识教育的机会，因为这些孩子都将成长为自由人，拥有自由的休闲时间与公民权力。而通识教育的目的，是为这些孩子长大后能够充分利用休闲时间做好准备，而休闲时间的一个主要用途，就是在成年生活中继续学习、不断进步。

在前工业化的贵族社会中，教育只是针对极少数的有闲阶级与统治阶级，那时的教育也包括着通识教育以及成年后的自由学习，但绝

---

① 马克·范·多伦(Mark Van Doren，1894—1972)，美国诗人、作家和评论家。他曾在哥伦比亚大学任教近40年，其间启发了一代极具影响力的作家和思想家，其中包括托马斯·默顿、罗伯特·拉克斯、约翰·贝里曼，以及“垮掉派”的作家，如艾伦·金斯堡和杰克·凯鲁亚克。

② 罗伯特·梅纳德·哈钦斯(Robert Maynard Hutchins，1899—1977)，教育哲学家，1927年至1929年任耶鲁法学院院长，1929年至1945年任芝加哥大学校长，1945年至1951年任名誉校长。

不存在面向普通大众的基础教育。人们认为，根本没有必要去教育奴隶与苦工。他们没有自由，也没有闲暇，甚至没有公民权利。所以，他们并不需要教育，他们唯一需要的是手艺和技术。因此，他们在成年后也不会腾出时间学习。

我需要强调一个事实，那就是在前工业化社会中，通识教育就是唯一的教育。人们并不会说哪些内容属于通识教育，哪些又属于职业培训。教育就是一种针对自由人的教育，人们根本不会把职业培训视作教育，职业培训只是对于苦工与奴隶们的训练。然而一旦人们意识到教育的本质就是自由，那么就会发现它绝不可能在学校完成，在学校它不过是刚刚开始，人们需要一生的时间才能完成通识教育的主要目标与内容。

到了现代工业化社会，所有人都是公民，也都是统治阶级，他们不仅仅是劳动者，他们也是自由的劳动者，拥有劳动的尊严，也享有闲暇时光。只有在这样的社会中，人们才可以期待通识教育是面向所有人的教育，而且每个人在成年后都有继续自由学习的机会与条件。

美国教育的失败

那么在高度工业化的美国，是否已经实现了通识教育的普及呢？很遗憾，答案是否定的。在美国，我们对所有儿童进行了大约8年的基础教育，但这不足以教会他们享受休闲活动和行使公民权。在这8年的基础教育之后，我们就将孩子们分为两类：少数孩子被送去艺术院校与大学，接受质量并不高的通识教育；更多的孩子被送进了职业培训学校接受训练，而不是在工作岗位上接受实践训练。除此以外，在这个绝大多数成年人都有着充足的闲暇时间的国家里，对于成年人的通识教育同样是缺失的。

说完这些，大家或许会明白为什么说美国的教育是失败的。因为对所有的孩子都进行通识教育，是这个工业化社会必须完成的任务，但实际上这个问题比过去所有教育工作者所面对的问题都更为严峻。而美国教育在毫无准备的情况下，突然撞上了这个问题，所以人们还没有看清问题是什么就已经被其吞噬了。我认为，美国的教育者们在20世纪前25年或30年未能解决问题，尚且可以理解。但不可原谅的是，他们至今还没有直面这个问题。如今教育体制的主流，仍然可以分为接受通识教育的少数人与接受职业培训的大多数人。可以说美国教育者们并没有直面困难。在必须直面困难、采取措施才能解决问题的时刻，他们仍然选择了逃避。

我的意思并不是说我知道解决这个问题的方法。实际上，我觉得此时此刻的美国，没有一位教育者知道如何解决这个问题。我们只能够确定解决问题的方法需要哪些条件。我们只有通过努力思考，付出长久的耐心与努力，才能够找到给孩子同等教育的方法，而这种教育就是前工业化贵族制社会中极少数孩子才能接受的通识教育。

劳埃德 · 卢克曼： 艾德勒博士，我个人十分赞同您所说的我们需要解决的问题，也同意我们必须去解决它。但是我也知道有很多的教育工作者不会同意您的观点。我想知道您会怎样回答他们的质疑。

莫提默 · J. 艾德勒： 他们的质疑是什么呢？劳埃德，难道他们只有一种反对意见？

劳埃德 · 卢克曼： 不，相信您也知道反对意见很多，但是只有一条直击要害，它陈述了一些与您的观点相反的事实。这个世界上至少一半的孩子可能无法从通识教育中获益，因此我们还有一种选择，就是把这些孩子送去接受职业培训。

莫提默 · J. 艾德勒： 劳埃德，你的这句话中包含着一个基础性的错误。持有这种观点的人误解了教育机会平等这一基本原则。他们认为这条准则指的是，如果我们给所有的孩子等量的学校教育，那么就意味着孩子们拥有着同样的受教育机会。我认为对于这条准则正确的解释应该是，平等的受教育机会意味着所有的孩子不仅应该受到等量的学校教育，他们还应该享有相同种类、相同质量的教育，而这里所说的质量应该覆盖各个领域。

所有我们承认的且真实存在的个体差异也无法改变我刚刚所说的这个准则。

假设我这里有两个容器，一个是一夸脱的，另一个是一品脱的。这个一夸脱的容器代表着一个可以接受一夸脱的通识教育的孩子，而这个一品脱的容器代表着能够接受一品脱的通识教育的孩子。那么教育机会均等这个民主准则意味着什么呢？它是否意味着，只是从数量上将这两个容器都填满，我们把奶油倒入较大的容器，而把牛奶或是脱脂牛奶，或更糟糕地把水倒入了那个较小的容器呢？因为与通识教育相比，职业训练只不过是水而已。而这条准则的含义并非如此。对于这两个并不相等的容器，它们分别代表着孩子们不同的天赋水平，我们应该做的是在它们之中注入同样的液体。如果以奶油来表示通识教育的话，那么我们应该把一夸脱的奶油注入一夸脱的容器中，一品脱的奶油注入一品脱的容器中，这才是平等对待两种孩子的教育方式。

我认为，美国如今的教育在原则上所犯下的错误，就像托马斯·杰斐逊[①]在1817年犯的错一样。他提议弗吉尼亚的立法机构规定只提供给所有弗吉尼亚的孩子3年的普遍教育，仅此而已。在3年之后，他建议把注定要从事劳动的孩子们挑选出来，然后送到农场与商店里当学徒。而那些适合人文领域与参政的孩子，将会被送进大学。与那个时候相比，我们已经进步了，对吗？从某些角度看，我们确实进步了。我们现在有了8年的普遍教育，但这仅仅是工业革命的成果。在8年的普遍教育后，就像托马斯·杰斐逊一样，我们把孩子们分开，分成注定要从事劳动的和注定要从事人文活动与政治活动的人，然而实

① 托马斯·杰斐逊（Thomas Jefferson，1743—1826），美利坚合众国第3任总统，也是《美国独立宣言》主要起草人。

际上，所有人都有资格从事人文性工作或成为政客。

所有人都能够从通识教育中受益

我们应该坚持不仅仅为所有孩子提供8年基础教育，还应该保证进行充足的通识教育。甚至在我看来，所有孩子都应该受到文科学士水平的教育与训练，才能够保证他们在自由生活中扮演好自己的角色，合理利用自己的闲暇时光，履行政治责任。

但如果这个理想不能够实现的话，那么我们就应当放弃民主制，彻底地放弃它，并且退回到贵族制之中，将自由人与奴隶分开。因为只有在这种社会中，拥有休闲时间的统治阶级与没有任何特权的奴隶与苦工才是相互分离的。

我必须告诉你们，因为将普选权与休闲权利赋予那些无法接受通识教育的人，对于他们自身与社会来说都是十分危险的。他们拥有休闲时间，却没有人教会他们如何正确使用。我认为这是不对的，所有人都应该受到通识教育。但是如果他们不能的话，那么我们就应该放弃民主制。

劳埃德 · 卢克曼：好吧，艾德勒博士，假设您所说的这些能够实现，尽管我们离实现这个理想还有很远的距离。但是我们仍有一个难题需要解决。这个问题存在于通识教育与劳动的关系之中，而非通识教育与休闲时间。我们的一位观众奈尔森先生恰巧指出了这个问题。他问您："如果每个人都受到了通识教育，也没有人愿意去做那些琐碎又讨厌的底层工作，到时候我们又该怎么办呢？"

莫提默 · J. 艾德勒：这个问题很好。奈尔森先生的问题也困扰着其他人。这些年来，我和很多人都谈论过关于通识教育的话题。有趣的是，当我们提出这样一种可能性，在理想状态下所有的孩子都能够上大学，他们都能够获得通识教育，而职业训练不再存在，所有孩子都为休闲活动与公民权利做好了准备的时候，观众中总会有一个人提出这个问题，“那么，那些相对低端而令人生厌的工作，由谁去做呢？”

这个问题有两个答案。第一个答案来自我们的一位观众，爱德华·C. 奇彻先生，他居住在伯克利，在加州大学教授工业工程学。他在信中的观点是，未来自动化工厂会承担很多重复性的人力劳动，所以很多之前由人来完成的苦力劳动都会消失。这只是答案的一部分。

另一部分的答案在于，在所有人都接受了符合自己能力的通识教育后，个体之间的差异仍将继续存在。不管人们具有一夸脱的能力，还是一品脱的能力，个体差异性会导致人们继续从事着层次高低不一的工作，即使是自动化工厂消除了很多繁琐、低级的工作，人力得到了解放，劳动者也受到了自由的教育，人们之间的不平等还是会存在。所以，我不认为按个人能力分工会是一件麻烦事。

劳埃德，我想还有时间再多回答一个问题。

劳埃德·卢克曼：那太好了。来自奥克兰的阿斯图里亚斯先生希望知道，在我们这个工业化时代中，女性是否应该得到与男性同等质量的通识教育。

莫提默·J. 艾德勒：阿斯图里亚斯先生，我认为您的问题也非常好，而且也很常见。

当我们谈及这个问题时必须面对的是，女性是公民吗？女性在工作时，无论是在做家务还是在办公室上班，她们享有休闲的权利吗？如果她们是公民并且享有休闲权利的话，那么她们应当得到与男人们同等程度的通识教育。

36 如何思考法律

我们开始讨论法律这个大问题。在讨论开始时，我想请大家留意一些显而易见的事实：法律在我们的思维和现实生活中的意义和重大作用。我们认为，法律与其他一些基本的概念紧密相连，比如正义、自由、政府与社会和谐。举个例子，在最高法院的大楼上有句话大家都不陌生："法律面前人人平等。"关于自由，我们都知道有一对根本矛盾：要么是自由对抗法律，要么是法律之下自由的发展。也许你还能回忆起之前讨论过政府在法律上的三大职能：法律的制定、在具体案件中运用法律以及执行法律。

这里或许还有一个不那么明显的相关问题，那就是法律与社会和谐的联系。我想读两段关于法律的论述，让这个关联变得明晰起来。其中一段来自伟大的意大利政治哲学家尼科洛·马基雅维利，另一段来自洛克。马基雅维利说："世界上有两种斗争方式：一种通过法律，一种通过暴力。第一种途径适用于人类，而第二种适用于动物。"一个多世纪后，约翰·洛克重复了第一句话："人类有两种竞争的途径，一种通过法律实现，另一种通过暴力。"对此他评论说："当我们用法律控制冲突与分歧时，那么我们称它为'和谐'的统治，然而当我们不得不用暴力来解决分歧与竞争时，那么我们就进入了战争。依法解决的尽头，往往是暴力解决问题的开端。法律的统治便是和谐的统治，法律的缺席就是战争。"

现在，还有一个方法能让我们快速理解法律在人们生活中的重要性，法律是人类文明中三门最古老、最伟大的专业之一，其余两个分别是医学与神学。

法律在我们生活中的重要性的第三个体现是，我们对于合法与非法的普遍感受。

让我来快速地为大家说明一下这个事情。我们脑海中合法与非法的对立，其实是秩序与混乱的对立。所有合法的事物都是有秩序的，非法的事物都是混乱的。同时也是正确与错误的对立，合法的是正确的，而非法的是错误的。大体上来说，我们还有着一种深刻的意识：合法的代表着我们生活中的理性，理性的统治；而非法的代表着失控或暴力的统治。

现在如果我从这些高深的思考转向我们的日常生活。当我们说到法律的时候，脑海里浮现出警察的形象，以及违反法律后的种种后果。

但如果刑法占据了我们心目中的中心地位，那将是非常不幸的。我们不应该以刑法来定义法律，或是用审讯、定罪、对犯罪的惩罚来理解法律。尽管刑法是重要的，它实际上只是法律的一小部分，用于保护我们日常生活、经商、家庭以及企业事务、财产、权利等等方面。因为除了刑法之外，还有民法。

法律是什么

劳埃德 · 卢克曼：我们常驻旧金山的通讯员查尔斯 · 科罗迪先生，他也同意您关于法律对于我们日常生活的重要性的看法。像您一样，他说，法律似乎渗入了我们日常生活的方方面面。但是他有一些问题希望您能够解答。他想问：“法律是什么？所有事物都受法律的统治吗？所有的法律都需要遵守吗？人可不可以按自己的意愿选择遵守或者不遵守法律呢？”

莫提默 · J. 艾德勒：劳埃德，这些问题已经足够让我们展开讨论了。事实上，科罗迪先生的第一个问题“法律是什么”就足够让我们思考好一阵子。

“法律是什么？”我想我们对于法律有三种基本理解：首先，是一种泛称，特指一种规则，这种规则是社群管理的工具；其次，具体某个条例不算法律，因为它不具有一般性；最后，一条科学“定律”或某种抽象概括也不是法律，因为它不能指导行为。另外，如果规则是与艺术有关的规则，如果它们仅仅是艺术层面上的，那么也不能算作法律。因为规则只有在管理人类群体中起到工具性的作用时，它才是法律。

让我再详细地说明一下这三点。我们先来看它的一般性。例如，“这里有个火柴盒，现在掉在了桌子上”，这句话不是一条法律，只是关于某个具体事件的陈述。而法律必须是广泛意义上的概况。它必须适用于某一种类下的所有事物或可能行为。再举个例子，它与火柴的表述恰好相反，“地球大气中的所有物体都会趋向于落到地面上”，这就是你们所熟知的万有引力定律，一条科学定律。尽管万有引力定律被科学家们称为“定律”，但它仍不属于我们前面讨论的法律，也不是规则。

图书馆的书架上有千万本法律图书，其中记载着成千上万条法律条文，但没有一条像万有引力定律这样。法律书籍中的法规都是指导行动的规则，但像万有引力定律这种科学定律，它们与法典中作为指导行动的规则与法律有明显的区别。

“法律”这个词的一般性陈述可分为两种：描述性的一般性陈述，以及规范性的一般性陈述。其中，描述性陈述特指对科学现象的概括或是对事物运动情况的事实描述。这些陈述无法违背，它们是不可侵犯的自然法则。这就像康德所说：“在物理世界中和受必然性支配事物范围内，我们拥有一套法则。”但是如果转向法律的规范性，我们就会发现一些与科学性陈述截然不同的事情。规范性法则也被称为法律法规。这些法律法规并不指涉事物实际运行规律，而是指导人们应该如何表现。这些指导人类行动的法则可以被违背，也容易受侵犯，它不属于被必然性支配的范畴，而在人类可自由支配的范围。这也是法律的两种含义的本质区别，但我们在讨论中只关注到了作为法则的法律。

从某种意义上看，规律确实统治支配着一切事物。但是能统治支配一切的规律也分为两种：首先是不受人类控制的事物，它们属于描述性法则，是由概括性的自然定律所支配，这些规律是由物理学家、化学家或其他人发现的，被描述性的科学概括所限制。而人类除了受到科学法则规律的支配以外，也受到社会制定的法律法规的统治。

然而所有指导人类的规则都是法律吗？这个问题的答案是否定的。人类生活中的很多规则都不是法律。例如与技艺有关的法则、烹饪的方法、驾驶的规则，很多支配我们日常生活运作的特定规则都不是法律。为什么不是法律呢？因为它们不是涉及如何统治人类。唯有那些与技艺法则和其他运行规则相对的才能称之为法律，它在治理人类共同体中发挥着工具性的作用。

我想这就解释了为什么我们会用“法律与秩序”这个短语。因为法律是关于社会秩序的原则。这句话的意思是，法律就是将许多人维系在一起组成一个共同体和单一组织。就像印在美元硬币上的那句短语“合众为一”①，它的意思就是团结统一。如果没有法律的话，也无法实现团结，而成为集体中的一员也必须通过法律实现。因为有了法律规范个体的行为，他们才能够在一起生活与行动。因为法律规范了人类行为并使之一致，人们才可以追求共同利益，而不是个人利益至上。

关于法律的两种观点

到目前为止，我们已经明白了法律是管理人类社会的基本法则。

---

① “e pluribus unum”为拉丁文，其意为“合众为一”，出现在美国国徽的正面。

相信所有学习过法律的人，法律系学生和法律哲学家都会赞同这一点。但是我们一旦再进一步，就会陷入困境。因为我们将会遇到法律哲学中最根本的分歧，它也存在于人们对法律的认知中。

让我试着通过两种理论框架来介绍这一根本性的分歧。关于法律是什么这一问题，有两种针锋相对的观点。我先从阿奎那关于法律的观点开始，早在公元前5世纪，亚里士多德就提出了这个观点。而同样持有此种观点的，还有洛克和美国的开国元勋们。

这种观点可以表述为："法律是为了社会共同利益而制定的规则，它是理性的，由合法组成的权力机关的意志所决定，且强制执行。"让我来解释一下这段话，意思是如果一个法律不是为了全社会共同利益，而只是为了某些人的私人利益，那么它就不是法律。一个法律不会为任何个人设立，即便某些人能做到法律只为他一人服务。法律的制定必须由合法组成的权力机关确立专门的立法机制，要么是通过全体人民，要么是经过全体人民认可的人民代表来制定。如果没有这样的权威机构，那么法律只是一个摆设，甚至可能成为一种暴力。然而，尽管法律不能成为一种暴力，但它不能缺少强制力的支撑，因为如果没有强制力，法律规则便成为了建议或告诫。如果法律想要有效率地治理社会，那么法律必须既要约束坏人，也要约束好人。对于好人，法律是通过权威和人们良知中的理性形成了约束。而对于坏人，则必须通过运用强制力和惩罚所带来的震慑力来约束。好了，请大家记住，法律是通过权威和良知来约束好人的，是通过惩罚的震慑作用来约束坏人的。

但伟大的罗马法学家乌尔比安①提出了与上述观点相反的看法。当时罗马诸皇帝正在实行残酷的暴政，乌尔比安对于法律的本质做如下的表述，这是一个相当华丽的对立观点："令权贵满意之物便具有法

① 乌尔比安（Ulpian，约170—223），古罗马法学家和帝国官员。由罗马帝国皇帝瓦伦提尼安三世命名为五大法学家之一。

律效力。”你可以将“权贵”替换为“政府”，或者“党派”和“当权者”。任何取悦权贵之物都具有法律的力量，而不是基于社会福祉而制定。法律可以是为了最有权有势的人，权贵、独裁者，或是当权政党的利益而服务。它也不一定需要建立在理性的基础上，很可能是根据任何有权力之人的意愿而强制执行。权贵不需要设置万民拥戴的权力机构或人民代表，他可以像暴君一样篡取权力。这样一来法律体现的便只是他的权力，他的暴力。那么这样的法律只是通过一种手段且只有这一种手段来约束人们，那就是暴力，最终只剩下通过惩罚来震慑人们。而当他们这样看待法律的同时，也抹掉了法律约束好人与坏人时的差别。

对法律持有这种观点的不仅是乌尔比安。霍布斯也是这个看法，在英国他是君主专制政体的重量级的捍卫者。到了现代，霍姆斯也赞成这一观点。

让我为大家读两段话来说明这点，一段是霍布斯的，另一段是霍姆斯的。霍布斯认为，法律是一种命令，而命令代表的是意志，不是理性。他说：“所有成文和不成文的法律，其权威和力量都来自统治者的意志。一切法律都是公正的，因为法律的制定基于统治者的权力，而权力所作的一切都是正当的。”

霍姆斯曾在哈佛法学院做过一次著名的报告，报告中他说：“是什么构成了法律？你会发现有些作家告诉你，它是一个理性的体系，是关于道德准则及其他准则的推论。但如果站在恶人的角度来看，我们会发现，恶人压根不关心理性的推演并将其视为无价值的东西。他关心的仅仅在于法庭将会采取何种行动。”霍姆斯继续为自己的观点辩护道：“不仅对于坏人，对于任何法庭来说，专注于结果都是一件很做作的事。这就是我眼中的法律。”

总结一下，亚里士多德、阿奎那、洛克等人认为法律的本质和法学精神是：法律基于理性，并取决于人类意志。因为法律是权力与强制力的结合，因此法律会利用遵守法律的良知和对惩罚的恐惧来约束人们遵守法律，也就是以良知约束好人，以恐惧约束坏人。我们将这样的法律称为合理的法律。

同时也存在着与之相反的观点，它来自古代的乌尔比安、近代的霍布斯和霍姆斯。他们认为法律是一种非理性的、由意志严格控制的存在。因为它由且仅由意志所控制，所以它只有强制力而没有权威性，即便有权威也只是来自暴力本身。它仅仅通过恐惧来约束，而不是良知。这就是我们所说的专制的法律。

我强调一下这一点。当法律具备权威性时，它是理性的法律；当法律由意志所左右时，它是专制的法律。所有被意志所左右的都是专制的法律。

劳埃德 · 卢克曼：您刚刚的总结让我想到了阿兰 · 弗洛尔先生的来信，他在信中首先提到了一个古老的观点，就是法律是为了强者的利益而制定的。最先提出这个问题的人应该是《理想国》里的塞拉西马柯。弗洛尔先生接着问道："如果是这样，法律是为了强者的利益而制定的，那么民主体制下的公民凭什么说自己的政体要比其他的政体优越呢？"

莫提默 · J. 艾德勒：这正是我们讨论的重点。我刚刚解释了两种对立的法律理论，从本质上看，《理想国》中塞拉西马柯的立场与乌尔比安、霍布斯和霍姆斯一样。从这个立场出发，民主制的法律并不优越于专制的法律，民主政体也不一定比专制要好。事实上，根据这种说法，所有的政府都是专制的。

但如果我们采取与之相反的观点，也就是亚里士多德、阿奎那等人的观点，法律不受当权者的意志所左右，法律是为了社会共同的福利。不仅如此，它要么必须如洛克所说，"受到所有被统治者的认同"，要么如阿奎那所说"由人民代表所通过"。在这种观点看来，民主要比专制好很多。

好了现在，劳埃德，今天下午我们从谈论法律问题中引出了很多其他的基本议题，比如关于法律公正性的话题，或是好的法律与坏的法律的区别。还包括其他的一些问题，比如科罗迪先生在一开始提出的，我们是否可以不遵守法律，以及在哪种情况下可以不遵守法律。

关于这些问题，对法律的本质持不同观点的人会给出截然相反的答案。例如，有人认为权贵喜欢的事物都具有法律力量，他们认为没有标准可以评判法律是否正义。就像我为你们读的霍布斯所写的那段话：“如果法律来源于权贵的绝对权力，那么我们也不能说法律是不公正的。因为法律可以主持公道，而公道不一定是区分好法律与坏法律的标准。”

我们刚才讨论的关于法律本质的问题，以及其中针锋相对的观点还不足以解决全部问题，还有许多问题有待解决，关于法律的正义性、善恶，以及是否可以违反法律这些非常难回答的问题，想要回答它们，就不得不考虑不同类型的法律。刚才所说的法律，是地方法律还是国家法律呢？是唯一一种支配人类的法律吗？是约束行为的法则，还是管理社会时的法则？

除了思考法律的不同类型，我们还要问问自己法律是如何制定的。法律的制定涉及哪些方面？接着，我们还可以由此想到一个终极问题，即关于法律的正义性。我们以何种标准来衡量法律的优劣，正义或是非正义，合理或是不合理？又或者像很多人所想的那样，人们无法讨论法律的正义性，因为法律是正义的来源，而正义无法衡量法律的好坏？

这些就是我们计划在接下来的几周里将要讨论的议题。实际上，我们讨论的顺序是，先讨论法律的种类，再讨论法律的制定问题，最后我们将讨论法律正义性的问题。

37 法律的种类

在上一次讨论中，我们讨论了日常生活中关于法律的概念。我们明白了法律是由人们可能遵守也可能不遵守的行为规则构成，一般意义上的法律是由权力机关制定的，而政府是法律的来源。我们也搞清楚了，通常情况下我们对法律的理解是，将其分为好的法律和坏的法律、正义的和非正义的。我们甚至开始思考，有没有违背法律的正当性。

说到法律时，我的脑海中会浮现出加州的法律和纽约州的法律，或是美国的法律和英国的法律。当我们对法律有这样的印象时，我们就需要思考以下两点：法律是随着时间而变化的；不同国家、不同地区有各自不同的法律。

我想通过几个问题来呈现我们这次讨论的要点。首先，存在着不同类型的法律吗？当我说“不同的类型法律”时，我所指的不是内容上的不同，比如交通法不同于行政法，民法不同于刑法。我指的是更根本的一些不同，比如它们是如何制定的，并通过什么方法规范人们的行为。其次，如果确实有不同类型的法律，那么不同的法律之间的相似性和差异又有哪些呢？再次，哪种法律才是我们熟悉的法律？最后，这些不同类型的法律是否存在内在联系？它们彼此之间是否存在冲突？

劳埃德，如果你能给大家念几个关于法律种类的观众提问，我想这将有助于使我们刚刚提到的那些问题变得更具体。

劳埃德 · 卢克曼：您说得很对，艾德勒博士。我这里有几个问题或许能引起人们关注到法律的不同类型。这些问题简洁明了，有趣又切中要害。

第一个问题是旧金山的M. F. 普理查德夫人问的，她问道："不成文法（unwritten law）是什么意思呢？它是否和加利福尼亚州法有相同的含义？"下一个问题来自旧金山的彼得 · 拉文先生，他提醒您说如您上一期所讲，法律是由政府或权力机构制定，因此也是由同一机构强制执行。因此他想问，是谁制定了国际法并由谁强制执行的呢？

莫提默 · J. 艾德勒：这些问题都很好，劳埃德。我看我现在可以用最简洁的方式来回答这些问题。首先是普理查德夫人的问题，不成文法和加利福尼亚州法不一样。绝大多数的不成文法，其实是自然法则，但有时人们也通过不成文法理解具有法律效力的社会惯例，在这个意义上不成文法倒是和加利福尼亚州法很相似。不成文的法律和立法机构制定的法律之间的关系又是什么呢？在我看来，将人法划分为法律和不成文的规则显然还不够。就像之前我和普理查德夫人说的那样，不成文法代表着很多东西，有时候它代表着一个国家的传统，它具有某种"法律"效益，因为它早已成为地方风俗，是一种不成文的规矩。在另一种情况下，它是与欧美社会的法官所制定的成文法相对立的不成文法。但不成文的法律还有第三重含义，它代表着更高级的法律，不由人类共同体制定，也不来自法官或是一种习俗。

然后是拉文先生的问题，国际法可以分为两类，普通法和特殊法。我们所说的特殊国际法，是由主权国家之间的契约和条约构成。如果这些法律被违背，人们只能通过战争来强制执行。另一方面，普通国际法是由一些基本准则和自然法构成，它不由任何统治机构制定，也没有机构负责强制执行。但同样，如果违反了这类法律，战争将是唯一的解决办法。

实在法与自然法

关于人类法律，还有一组更深层的区分，人们所遵守的法律是由人们制定的，还是被人们发现的？在回答之前，我给出三条初步评论。第一点，我们所讨论的法律，无论是由人制定的还是由人发现的，它都是指导人们行为的准则，人们可以遵守也可以违背。第二点，尽管我说有些法律是被发现的，而非由人制定的，但我不想陷入它是否由神创造的争论中，而是专注于探讨这些法律是如何被发现的。也许这些法律根本就不是被创造出来的，也许它们本就简单地存在于万物本质之中，我们不必将其过度理论化。第三点，我必须得面对这样一个问题：法则是如何被发现的？它与伟大的科学家们发现定律一样吗？接下来你就会发现，这个问题的答案是部分肯定，部分否定的。

现在，我想给你们两个术语名称，以此区别被发现的法律和被制定的法律，它们分别是“自然法”[①]和“实在法”[②]。我们可以将由人发现的法律称为“自然法”，把被人制定的法律称为“实在法”。实在法意味着人们不仅仅构建了这些法律，还必须借助权力机关的权威来维护它们。举个非常恰当的例子，加利福尼亚州的法律或是旧金山市当地的法规。在这里，无论是法官制定的成文法律，还是不成文风俗习惯，它们都是实在法。

而一旦进入到关于自然法的讨论中，我们必须要相当谨慎，防止自己误解自然法的含义。我用“自然法”这个词，并不是科学家们所指的自然规律。科学家们的自然规律，如动能定理或是牛顿的其他定律，无人可以违背。我指的是律师们所说的自然法，是指被人类发现

① 自然法，是指以昭示着宇宙和谐秩序的自然法为正义的标准，它是独立于政治上的实在法而存在的司法体系。通常而言，自然法的意义包括道德理论与法学理论。

② 实在法，是指西方法律思想史上针对人类社会当时法学体系统称，它也描述了个人或团体具体权利的建立，由享有立法权的君主个人或代议制立法机构，或直接民主制中的民众大会制定。实在法的概念与自然法相对。

的，但可以被违背的法律。因为这里所说的自然法是一种可以被违背的行为指导法则，我们通常将其称为自然道德准则，这样我们就不会将自然法的含义与科学家们发现的自然规律相混淆了。

劳埃德 · 卢克曼： 艾德勒博士，您使用的这个短语“自然道德准则”，使我立刻联想到了住在旧金山南区的露西勒 · 麦高文夫人的问题。她的提问很简单，她希望您解释一下法律与伦理之间的关系。

莫提默 · J. 艾德勒： 这个简单的问题非常好。但我现在不能回答它，麦高文夫人。我只能说，如果我们弄清楚了自然法和实在法的关系，那么也就得到了法律与伦理之间关系的答案。在我看来，如果这个问题指的是，是否有某种标准来判断法律是好是坏，正义还是非正义，那么在讨论结束后你会发现，答案在于实在法，也就是国家立法和自然法之间的关系。所以，我会稍晚一点回答这个问题，但在之后的讨论中，答案会逐渐浮现。

现在让我们回过头来谈一谈自然道德准则，它是人类必须服从的规则或法律分支之一，这也引出一个比较棘手的问题：我们是怎样发现自然道德准则的呢？我刚刚说过，我们并不是像牛顿发现运动定律那样发现了这些根植于人性之中的“应当”，也就是从根本上指导人类行为的法则。实际上，我们是运用了自己的理性，或是通过“观察”自己，通过理性的自我反省和反思发现了这些基本的“应当”。

所有人都能够理解这一点，内省激活了我们的良知，由此唤起自己的是非之心。那么当然你按照这种方式自省时会想到什么呢？你可会想到一条金科玉律：待人如待己。或是有时被称为所有自然道德准则中的第一法则：多多行善，既不要伤害任何人，也应当给予每个人本该他得到的东西。如果你秉持这两条原则，只需简单的思考就能很快发现一系列其他的基本行为规则。

盗窃就是你拿走了不属于你的东西，谋杀就是伤害他人，除了字面上的意义，我们所说不应盗窃、不应谋杀还指什么呢？背后更为本质的道德的自然法则就是：你不应伤害任何人。所以，人们只需要内省并且找到是非之心与良知，就能发现这些基本的准则，因为它们都植根于人们的心灵与天性之中。

如果我们将实在法，比如加利福尼亚州法律和自然道德准则相比较的话，许多问题也随之而来。实在法是立法者根据理性推导并由立法者制度化的法律。它由一个符合法律规定的权力机关制定并发布，比如立法院或是某个管理部门。而且它只可以通过记忆去学习，除了背下来，并没有其他的途径。除此以外，实在法是通过强制力，或以惩罚相威胁和约束人们，有时也用良知来约束人。

那么如果将自然的道德法与实在法的四个特质放在一起比较，我们会发现什么呢？首先，自然的道德法则是被理性所发现的，其中不包括个人意志。其次，通过自省，任何人都能发现并掌握自然法，而不是被权力机关教会的。再次，任何人都能够通过理性的探寻学会它，自然法只通过良知，而不是强制力来约束人。

实在法与更高级法律的冲突

实在法中的很多内容都与道德无涉。我的意思是说，实在法中有很多规则，比如交通条例、许可规则、许多合同条款和财产规则，它们与善恶无关，只是为了社会便利。实在法中的规则可以是好的或坏的，正义的或非正义的，恰当的或不当的。它们可以被改变或改进，实在法也经常根据实际情况做出适时的调整。

与之相反，自然道德法则中的所有内容必然与道德有关。准确地说，自然道德法则中的所有规则都是正确且正义的。自然道德法则永远不可能是为了便利。除了认识和理解自然的道德法以外，我们还可以提升和改善对自然法的认知，但这种法则本身是不变的。它不会因时因地而异，因为它存在于最本初的人性之中。无论在哪里，只要人类是相同的，自然道德法则自然也是相同的。

好了，劳埃德，我记得我在一开始提出了四个问题，在你看来我是否已经全都回答了呢？尽管这些答案也许有些简短。

劳埃德·卢克曼： 是的，您用自己的方式回答了前三个问题，但我想您必须回答第四个问题了。回答之前，我先来总结一下前三个问题的答案，您已经向我们解释了不同类型的法律，包括实在法和自然的道德法则。现在这些区别已经很明显了，我们也很清楚，人法是法律的一种，它是经过立法、颁布而强制执行的实在法，就像加利福尼亚州的法律一样。

此外，您也解释了，所有法律的共同特征，是一种所有人都必须遵守的行为准则。

但您还没有说明这些法律彼此之间的关联是什么，特别是不同种类的法律是否会相互联系？

莫提默·J. 艾德勒： 我想想是否可以利用最后一点时间说明这一点。它们确实会出现冲突。实际上，有些经典的案例反映了国家法律与更高级的法律之间的冲突。古代有一个悲剧，名叫《安提戈涅》（*The Tragedy of Antigone*）[①]。我来为大家读一小段：安提戈涅违背了国王克里昂的法令，她把当了叛徒的兄弟埋葬了。但国王克里昂曾经签发法令，不能埋葬叛徒。安提戈涅说："如果不去这样做，如果我不埋葬我的兄弟，就违背了天理，这法律不始于今日或昨日，而是从始至终皆是如此。"

史上所有伟大的宗教殉道者和伟大的政治改革家，像美国的亨利·戴维·梭罗或是印度的甘地[②]，或是为了遵从更高层级的法律而违背国家法律的人，他们遵从的是更高层级的法律，即良知之法。

---

① 《安提戈涅》是古希腊悲剧作家索福克勒斯公元前442年的一部作品，被公认为是戏剧史上最伟大的作品之一。

② 莫罕达斯·卡拉姆昌德·甘地（Mohandas Karamchand Gandhi，1869—1948），被人尊称为"圣雄甘地"，印度民族解放运动的领导人、印度国民大会党领袖。

由此也引出了法律的好与坏、正义与非正义的问题。请仔细听我接下来的一段话。如果一些人法是坏的，因为它们违背了更高级的法律，如自然之法，那么是否可以推断，一些人法被视为正义或好的法律，那是因为它们与更高级的法律相一致，或是根据更高级的法律被制定出来，或是由它们而衍生？如果人法违背了更高层级的法，如自然之法时，便是恶法，那么能不能得出这样的结论：如果人法是基于自然之法，并与之相吻合，便是良法呢？我刚做出的这个陈述是否解决了这个问题呢？有些人接受了更高层级法律的存在，认为国家法律应该与之相关，并且应该是从中衍生出来的，对这些人来说，那么这句话的确是回答了良法与恶法、正义之法与非正义之法的问题。但对于那些否认更高级法律的存在，那些认为不存在自然道德准则的人来说，问题并没有解决。对他们来说，是什么决定了法律的好坏、正义与非正义，这个问题依然存在。现在这就触及了法律哲学的中心议题，即与自然法有关的问题，一个与国家制定的实在法相对的自然道德准则的问题。

我希望在接下来关于法律的制定和法律的正义性的讨论中，能回答这个问题。

38 法律的制定

我们接下来要讨论的问题是人类法律是怎样被制定出来的。当然，我们的讨论范围仅限于人们有能力制定的法律。正如我们上周谈到的，不是所有针对人的法律都由人制定。有一些法律是人们发现的，如自然道德法则，当人们向内自省时就会发现它。而有些法律又是人们被动接受的。

我们之前讨论过关于人类法律的两种深刻对立的观点，这两个观点会直接影响我们如何看待人类法律的制定。一种观点认为，人法是基于理性的；另一种认为，它仅仅是掌权者意志的体现。而人类法律是如何与自然之法相关联的，其中有两种观点也会影响我们接下来的讨论。一种观点认为，人类法律是从自然之法中衍生而来。与之相对的观点则认为人法与自然法并不相关。持有这种观点的人要么否认自然之法的存在，要么坚持认为即使自然之法存在，它也与实在法的形成毫无关联。

前两次讨论我们收到了一些观众来信，劳埃德，你是否可以选出一两个相关问题，以此展开讨论？

我们为什么需要法律

劳埃德 · 卢克曼：好的，因为您现在要开始讨论人法的制定问题，我觉得住在旧金山的弗兰克 · 米利甘提出的问题正好切题。他在信中这样写道："如果人人都拥护且遵守十诫，那么其他各式各样的法律还有必要存在吗？当然，这只是一种假设。"我想米利甘先生只是想请您在讨论人们如何制定法律之前，先解释一下人类为什么要制定法律。

莫提默·J. 艾德勒："为什么"的问题确实应该出现在"怎么做"之前。但是米利甘先生的问题恰恰包含了部分的答案，而答案就藏在您用的"如果"一词中。如果所有人都像圣人一样拥护且遵守十诫，就像是当我们讨论政府时说的，如果所有人都是天使，那么政府也没有存在的必要了。但亚历山大·汉密尔顿很清楚人类不是天使，我相信米利甘先生也很清楚，所有人都是圣人，都能完美地遵守十诫，这个假设并不成立。正是因为这个假设与事实不符，我们也有了一个制定人类法律的理由：因为不是所有人都拥护并遵守十诫，所以需要由人制定给人的法律。

顺便说一句，曾有人问一位伟大的神学家，既然上帝赋予了人类十诫，那人类为什么还要自己拟定法律，那时他给出了相同的答案。还有一个措辞一模一样的问题是，人类拟定的法律是否有用？阿奎那说："因为我们发现有些人堕落腐化，深陷于罪恶之中，言语规劝已无法轻易改变。对于这些人必须使用暴力和恐吓，使其不至于邪恶，至少可以停止作恶，以换取他人的安宁。而这些恶人，一旦习惯了这种暴力方式，也许会因为恐惧自然而然地放弃作恶，从而变得有道德。"

然而，这并不是我们需要人法的最深层的原因，实际上，还有一个更深刻的原因。你甚至可以假设，所有人都完美地遵守的十诫，但我们仍然需要人法。米利甘先生，让我想想能不能通过两种方式向您解释这个问题。首先，以十诫中的"不可偷盗"为例。人们偷盗有很多种途径，偷盗也有各种各样的形式。但所有的偷盗都是一样的吗？是否有比较严重的偷盗和不那么严重的偷盗之分呢？它们都应该以同样的方式来惩戒吗？这样的问题都应该由人法来回答。

另外还要考虑这样一个事实，像自然交规这样的规则不属于自然法。我相信无论您是行人还是轿车司机，都会意识到人类对交通法规的需求有多么强烈。这就是人法超越自然法的另外一个原因，虽然所有人都必须同时遵守这两种法律。

劳埃德 · 卢克曼： 艾德勒博士，您对米利甘先生问题的回答似乎又绕回到两周前的问题，您当时说霍姆斯与乌尔比安都认为，凡是取悦权贵之事就具有法律的效力。换句话来说，法律是权力而非理性的表达。我想这个论点或许可以引出帕特 · 弗瑞恩先生的提问。他想请您评论一下霍姆斯的观点，即法律不是逻辑而是经验。

莫提默 · J. 艾德勒： 弗瑞恩先生，我记得霍姆斯对此准确的表述是："法律的生命不是逻辑，而是经验。"这让我想起霍姆斯的另一句话，那就是在研究法律时，史书一页能抵逻辑一堆。

在我看来，霍姆斯的这两句话部分正确。首先，法律的发展当然不完全是理性的功劳，它确实是从我们的社会经验中发展而来，为了人类能成功且高效地居住在一起，法律始终在努力完善。所以，为了理解今天法律的具体细节，我们必须去回顾历史，这当然也是对的。另一方面，纯粹的逻辑不能解释法律。到目前为止霍姆斯先生都是正确的。除非他的意思是，逻辑与法律的本质完全无关。

现在这两个问题，一个是米利甘先生提出的，一个是弗瑞恩先生提出的，他们将我们带入了这次的讨论重点。我想如果我们考察了人法的制定，我们将会更全面地回答这两个问题。

我们先回顾一下关于人法是什么的两种观点，以及实在法与自然法关系的两种观点。首先，是自然道德法则本身，然后引申出关于实在法的两种观点：一种认为实在法是理性地植根于自然法之中；另一种则认为实在法与自然道德法则毫无关系，仅仅是出于人的意愿并被强制执行的戒律。

自然法被视为理性自身的展现，实在法则是与之相对的另一个极端，实证主义者将实在法视为只是出于意志被强制施行的，与理性无关。哪怕实在法被认为是理性地植根于自然法的，它也被看作是基于理性但通过意志而确立的。

自然的道德法是以正义作为准则和标准。而实在法则截然相反，实证主义者认为，这是由单方面意志决定并被强制施行的法律，无所谓正义与否，只是为了提供便利。但自然主义者认为，实在法是基于自然法的，所以它兼具正义与便利性。

法律如何使人服从

最后，让我们从法律如何约束人们，即人为什么会服从法律的角度来思考以下三件事情。自然道德法则只是通过良知来约束人们，实在法通过暴力形成了约束力，但如果你不用如此极端的方式看待实在法，而将其视作理性地植根于自然法的东西，你会发现它既通过良知也通过强制力来约束人。

现在我打算对此提出三点评论：第一，你会发现即使实在法中有些部分是脱胎于自然法的，但自然主义者还是将实在法视为与自然法对立的存在，将其置于自然法与实在法两极之间，一极为自然法，另一极为纯粹的实在法。从自然主义的角度看，只有自然法是通过良知来约束人。从实证主义的角度看，实在法只是通过暴力来约束人。但如果将实在法看作是从自然法中衍生出来的，那么它通过以下两种方式来约束人类——如同自然法一样，通过良知来约束；也可以作为实在法，通过强制力约束人。

我之前对于实在法的表述可能给大家留下了一个错误的印象，人们可能会将其视为从自然法中衍生出的东西。从实证主义的角度出发，实在法和自然法之间存在着更尖锐的冲突，甚至有人认为实在法与自然法毫不相关。

劳埃德·卢克曼： 艾德勒博士，我想您刚才所说的恰巧解释了弗兰克·J.巴克利神父的问题，他在圣何塞的贝拉明大学预科班任职。巴克利神父问您："国家颁布的实在法可以避免通过良知来约束人类吗？如果法的本质涉及公共利益，那么在我看来，因为法律与公共利益的联系，法律也无法避开通过良知来约束人。"

莫提默·J.艾德勒：这个问题的答案取决于您对实在法抱有什么样的观点，巴克利神父。我猜您属于我所说的中间立场，也就是相信实在法是从自然法衍生出来的。如果您持这个立场，那么您也会认为实在法是为了公共利益而创设，并同时通过良知与强制力来约束人。但是您暂时忽视了一个对立观点，有人认为实在法与自然法完全无关，法律只通过强制力来约束人，无论这些法律是否为了公共利益，无论它是否公正，它们都具有法律效力。

我的第三条评论是基于我们刚刚讨论提出的，从极端实证主义的角度出发，毫无疑问实在法是人定的。制定人法唯一需要的条件，就是保证法律具有效力。但如果你认为实在法是通过某种方式从自然法中演化出来的，那么你需要面对这个问题——它们是如何从自然法中演化出来的？在制定人法的过程中，这些法规是如何从自然法的准则中发展出来的？这个问题正是我接下来要回答的。

实在法如何从自然法中衍生出来

好的，在我回答这个问题之前，我想请大家先同意一个假设：自然法的第一原则、实践理性的核心理念，这些原则都是完全正确的真理。有时候这些表述会被说成"行善避恶"或"做善事，不要伤害任何人，也不要夺走他人应有的东西"。

问题在于，从第一原则这个最普遍的行为准则出发，更进一步的行为准则是怎么衍生出来的？主要通过两种方式：首先，通过推导；其次，通过认定。我来具体说明一下这两种方式。任何具有思考能力的人，当他思考“不要伤害任何人”这一戒律时，他自然会推断出不应偷窃他人财物，或是不应夺取他人的性命，他会得出结论：杀人是错误的，偷窃也是错误的。这是任何人都能够得出的结论，是对于第一原则“不要伤害任何人，也不要夺走他人应有的东西”的理性推导。而“不要杀害任何人，不要偷任何人的东西”，这些被推导出的准则也因此被称作自然法的次级准则。

然而我们如何能超越这些次级准则进入到下一步呢？当然不是通过继续推导。霍姆斯提供了一种正确方法：逻辑没什么用，我们只能界定出那些次级准则，如“你不应杀戮”“你不应盗窃”。

我们可以通过加州法律的例子进一步解释这个问题。在加利福尼亚州刑法中，打劫是偷盗的一种，但它与入室盗窃不同，也不同于任何程度的偷窃，它与盗用公款、勒索、虚假交易和欺诈也不同。加州刑法针对不同类型的犯罪做出不同定义，其中包含各种类型的特定的盗窃行为。而通过对不同类型的盗窃行为的界定，也丰富了自然法则中的“不应偷窃”的定义。

让我们看看加州法律如何处理打劫，加州刑法对于抢劫的定义是：“违背他人意志，以暴力或从其人身或是在其直接在场情况下，夺取其所拥有的个人财产的严重犯罪行为。”

这就是人类法律为自然法增加的内容。如果你看过加州刑法中关于抢劫犯罪的剩余内容，就会发现刑法第一节定义了何为抢劫，之后它划分了抢劫罪的等级，抢劫过程中可能造成的几种社会恐慌，以及对于抢劫罪的惩罚。刑法中将抢劫罪分为一级和二级，判断标准是实施抢劫或是盗窃的过程中，是否使用了致命的武器。如果罪犯没有使用致命的武器，那便是二级抢劫。那么刑法也会据此给出裁决：“抢劫罪可根据以下规定判处监禁：一级抢劫不得少于5年监禁，二级抢劫不得少于一年。”

从这个例子中你可以看出，一方面界定出不同类型的盗窃罪，另一方面根据不同类型的犯罪进行判处。以上这两个裁决就是人类法律从自然法中衍生出的内容，也是人法从自然法中衍生出来的方式。

自然法下命令，实在法来定义

还有另外一件事需要注意。刑法没有对任何一个人说过“不要偷窃”，它只是定义了不同种类的偷窃，并且对每种罪行予以特定的惩罚。这一点非常重要，因为乍一看很像是刑法在告诫人们不要盗窃。但实际情况是，自然法告诫人类“不要偷窃”，而刑法只是定义了偷盗的类型，并且对应不同种类的犯罪设置了不同等级的惩罚。

不光是盗窃，这些道理同样适用于实在法的其他方面。我们只是没有时间来讨论细节，如果我们现在转向杀人罪，你会发现自然法所要求的“不要杀人”，在实在法中被界定为一级谋杀和二级谋杀，以及其他各种形式的谋杀，而所有这些又与无罪杀人、过失杀人不同。

并不只是刑法才会这样，更为庞杂繁复的民法也如此。我们可以以合同法为例，涉及人与人之间、公司之间合的合同法，它与刑法一样，都是以自然法的一条原则作为起点，这项原则也就是我们都知道的“信守你的承诺”，因为如果你不能够信守承诺，那么其他与你有约定的人将会利益受损。合同法也包括界定在什么情况下合约是成立的。那么，合同法是如何被制定的呢？违背合同法会受到怎样的惩罚呢？这些都是从自然法的“诚信”这一简单原则中衍生出的一整套规则。

我想通过这些例子你们会发现，自然法更像一种不变的、普遍的原则，民法中各式规则都是在它们的基础上制定的。这一点也同时回答了之前一个观众的提问，即由露西勒·麦高文夫人提出的，关于法律与伦理关系的问题，她想知道法律的道德内涵是什么？

露西勒·麦高文夫人，我想现在答案已经非常明显了。因为法律的道德基础是自然法准则，这些准则潜藏在实在法的诸多定义之中。

而实在法本身所制定的定义其实与道德无涉。不同的州法律都各自界定了什么是入室盗窃、什么是抢劫、什么是伪造、什么是贪污，并基于此设置了各种处罚标准。这些都与道德无关，仅仅是从可行性与便利性的角度来进行判断。但无论如何，抢劫和盗窃应该被禁止，这种行为也应该受到惩罚，根据其犯罪的严重程度划分出不同程度的刑法，这是正义的一部分，也是实在法的道德体现。

劳埃德 · 卢克曼：艾德勒博士，我对此仍有疑问。就拿交通规则来说，靠道路右侧行驶或是靠左侧行驶，在本质上到底有无对错？像交通规则这样，它们怎么会是基于基本的道德准则而制定的法律呢？

莫提默 · J. 艾德勒：没错，劳埃德，交通法规实际本质上没有什么善恶之分。而且很多原始社会根本就没有交通规则，但有一点很重要，也许有些原始社会根本就没有交通规则，可是在这个世界上的任何一个社会无论是过去还是现在，无论原始社会还是现代文明社会，都会对杀人和盗窃制定相关规则。

所以，交通法其实属于另一个法律类型，它并非不可或缺。然而在某些特定的条件下，比如在一个有着大量机动车和交通系统复杂的社会，交通规则很有存在的必要，而且对公众有益。因为自然法的第一准则就是要求人们为了社群的安全、利益与安定而做任何我们必须做的事情。而在现代社会中，交通法规对于社会整体的安全是不可缺少的。因此劳埃德，我对你的回答是，无论法律规定人和车该靠左行还是靠右行，本质没什么区别，但是以某种方式调节交通流量，或组织交通运行对于我们每个人的生活都有重大的意义。

法律为何具有权威性

最后我想讨论一个尚未有人回答过的问题，关于制定法律的权力或是权威从何而来？就像我之前所说的，任何人都可以通过自省由自然法第一准则推导出谋杀或者偷窃是错误的，但不是所有人都有能力界定什么是抢劫，什么是入室盗窃，以及交通法规是什么。那么制定这些的权威又来源于何处呢？答案就是，它来源于全体人民或人民的代表。

人民制定的法律主要有以下两种类型。第一种是约定俗成，人们默认遵守的传统具有和法律一样的强制力，它有时候甚至能够废止法律或是改变法律。第二种是人类作为整体共同制定的法律，也就是我们所说的宪法，它实际上是创立与监督立法权与执法权的国家基本法。

相信大家都记得英国与美国历史上两个伟大的片段。英格兰男爵们作为英国最高贵的贵族，从约翰国王那里得到宪章，获得了涉及审讯、惩罚和制定法律的基本权利。那是1215年发布的《大宪章》。几个世纪之后的1787年，人民代表们齐聚费城，在制宪会议上起草了《美利坚合众国宪法》，并由民众投票决定法律通过。你们会发现这样的法律是人民作为一个整体而制定的。他们必须批准这些法律，因为他们就是制宪人。而这些基本法律便是之后立法者有权立法的凭证，也是法官司法权力和警察执法权力的基础。

根据我们对于法律制定过程的理解，法律想要成为真正意义上的法律，必须满足两个条件。其一，法律要么是像关于杀人和盗窃的法律从自然法中衍生出来，要么像交通法规那样；其二，法律必须以恰当的方式由全体人民或是人民代表所制定，并具有充分的权威。

在这里我最想要说明的一点是，第二个条件并不能够保证法律的正义性，因为大多数人的意志可能和暴君的一样是错误的。因此，我们必须要面对这个问题：正义最终在法律中处于什么地位？是什么确保法律从确立过程到内容都是正确的？我希望在后来的讨论中能够花点时间进行探讨。这不仅会涉及关于法律正义性的问题，也会涉及正义与安全的问题，以及如何完善法律，如何使法律越来越代表正义的问题。

39 法律的正义性

本章将要讨论正义与法律的关系问题。我相信大家会发现，我们的讨论无法覆盖到与正义有关的所有问题。但即使我们只是讨论法律的正义，讨论法律的运用、制定，以及本质的正义性问题，但回答这些问题，对我们理解何为正义也有很大的帮助。

现在大部分人都会逃避这个问题，就像他们会逃避回答真理是什么一样，或像本丢·彼拉多一样觉得自己没有时间去等待这个答案。但是彼拉多错了，所有认定这个问题很难回答的人都错了。正义是什么？真理是什么？这两个问题不难。真正的难题在于在特定的情况下真理是什么？是否存在真伪？某个法律正义与否？这些才是难以回答的问题。但是关于正义是什么这个问题，我想我们可以快速给出答案。

正义是什么？这个问题最著名的一个答案，来自罗马皇帝查士丁尼大帝[①]的《法学阶梯》(*The Institutes of Justinian*)。它是查士丁尼大帝下令召集了罗马伟大的法学家们共同编纂而成的，也被视为所有罗马法律的汇编。我来读一下这本书著名的卷首语的译文："正义是使所有人获得应得的诚挚、持久的意志。"我更喜欢下面这种翻译："正义是给予每个人应得之物的永恒意志。"

这还只是正义的一部分，另一部分在于平等，公平地对待同等的事物，有差别地对待不同的事物。

---

① 查士丁尼一世（Justinian the Great，约483—565），罗马帝国皇帝，史称查士丁尼大帝。他收复了许多失土，重建圣索菲亚教堂，并组织编纂了《查士丁尼法典》。

我想任何人都能够理解这一点，在家庭中大多数父母对待他们的子女，以及大多数子女对待他们的父母都是如此。比如说，假设一个家庭有两个孩子，其中一个孩子做了坏事并以某种方式受到惩罚，那么正义便会要求，如果另外一个孩子也做了同样的事情，也应该受到同样的处罚。如果父母不这么做的话，那么孩子们就会哭喊着不公平。而家庭中的另外一种正义在于，允许年龄大一点的孩子比年龄小的孩子晚睡一会儿，或者是对于不同年龄的孩子分配不同数量的零花钱，给小一点的孩子零花钱少一些，给大一点的孩子多一些。这就是根据对象的具体情况区别对待时所表现出的正义。这样你们就能理解我所说的，所有人都对正义有一个基本了解，当然也包括孩子。

劳埃德 · 卢克曼： 我赞同您说的孩子们都知道正义是什么。而且我确信大人也知道，即便是那些没有念过大学的成年人，就算没有听教授讲解什么是正义或如何定义正义，他们也能理解正义是什么。然而尽管如此，正义与法律之间的关系并不是一个简单的问题。这个棘手的问题让我回想起尼诺 · 古塔达罗夫人的问题。她住在帕洛阿尔托，她想知道："人们怎么能说法律就是正义呢？事实已经证明了存在着恶法或不公平的法律，因此我坚持认为正义是用来衡量法律的标尺。对此您怎么看呢？"

莫提默 · J. 艾德勒： 我的观点和您一样，古塔达罗夫人，法律应该通过正义来衡量，而不能说法律即正义。但有些人并不这么看，并提出了一种相反的观点。

那么我们就从法律与正义的关系这一基本的议题开始吧。让我们首先来讨论法律即正义这种观点。持有这种观点的人，通常将法律视为统治者意志的表达或是取悦权贵的东西，他们还认为法律与自然法毫不相关。

对于持有这种观点的人来说，法律就是正义，是衡量人们行为的尺度。行为正义与否，取决于是否符合当地的法律。按照这种观点，正如律师所说，人们所做的错事都被称为邪恶——用拉丁语来说就是“禁忌之恶”（mala prohibita），也就是因为法律禁止才让行为成了错误行为。按照这种观点，谋杀是一种罪恶，因为法律反对谋杀，靠左侧行驶也是罪恶，因为法律反对在街上靠左行驶，谋杀和在街上靠左侧行驶成了一样的罪恶。因此，如果没有法律反对谋杀或是反对靠左行驶，那么这两者都不是罪恶。但由于有些国家或地区的法律禁止，这两者便成了同种程度的罪恶。

但我的观点与此相反，我认为法律植根于理性，并且相信法律最终是从自然法中衍生出来的。所有持有此观点的人都认为，正义高于法律，是法律的尺度，因为正义可以衡量法律，所以法律反过来被分为公正的和不公的。相比符合了正义原则的法律，那些不符合正义原则的法律就是不公之法。

换句话来说，第二种观点丰富了这个问题的内容。它认为正义高于法律，正义的原则决定了哪些法律是公正的，哪些是不公的。拉丁语中的“恶之本质”（mala perse），不仅仅指法律所禁止的邪恶，而是邪恶本身。第二种观点认为，有两种类型的错误。第一种类似靠街道左侧行驶，由于法律禁止这种行为而成了错误。但像谋杀这种罪恶，不应该是因为法律禁止才是错的，而是因为它违背了正义的本质所以才有罪。

另外，关于法律与正义之间关系的讨论中存在两种观点，第一种观点否认了人的自然权利，所有人权都是法律权利，是国家所赋予的，国家可以收回。但是第二种观点认为，正义是衡量法律的唯一标尺，每个人天生拥有的自然权利应该凌驾于法律之上。

我想继续就第二种观点展开讨论，它认为正义是法律的标准与尺度，决定了法律公正与否。在我们继续讨论的过程中，我想从三个方面深入讨论。首先我想讨论司法的正义性，也就是法院对法律的实施；其次是立法的正义性；最后是法律的本质、内容，以及存在于法律自身的正义性。

司法的正义性

所谓司法，就是指在法庭判决的过程中，司法人员如何运用法律解决具体案件。那么，什么是正义呢？我们都知道正义是由公平和稳定这两部分组成。一视同仁地对待所有相似的个体，不高看任何人也不偏袒谁，在法律面前不承认任何特权阶级。你们应该都还记得刻在联邦最高法院大楼顶部的文字："法律面前人人平等。"这意味着法律面前所有人都是平等的，人民应该受到平等的对待。这就是司法的正义。

正义女神的雕像也在时刻提醒我们何为司法正义，她是一位拿着剑与天平的盲人，这个著名的雕塑包括了天平、剑与蒙住正义女神眼睛的布巾，我来简要地说明一下这三个象征物。正义女神手中的天平象征着平等；剑代表着执行正义过程中的强制性力量；而遮住正义女神眼睛的布巾代表着法律正义无所偏颇，一视同仁地对待所有人。从这些事实中我们发现了公正的又一重要原则，即任何人都不能够担任与自己有关的案件的法官。因为没有人可以在自己的案件中做到绝对公平，在正义的执行过程中，没有人可以在审判自己时蒙住眼睛。

立法的正义性

接下来我们继续讨论立法的正义性。这里有一条原则，如果法律是被一位适合的人以一种合理的方式为一个正当的目而制定，那么法律制定就具有正义性。制定法律的正当的目的是什么呢？为集体利益而不为任何人谋私利。谁是适合的立法者呢？之前我们已经回答过这个问题：要么是全体人民，要么是通过合理方式组成的人民代表。换句话说，为了法律能够被正当地制定出来，它必须是由正当的立法机关所制定。那么法律如何被合理地制定出来呢？它必须通过正当的法律程序，即宪法赋予立法者的权限之内进行。你会发现，在美国政府中或者是任何符合宪法的政府中，法律的合宪性几乎等同于法律的正义性。在这种情况下，如果法律是以合乎宪法原则的方式被制定，那么就可以说它是被正确地制定的。如果它不合乎宪法要求，那么它几乎就是个非法的法律或是不公正的法律。

另外，劳埃德，这让我想到威拉德·诺特先生在信中提到的一个问题，他提出了一个很好的问题，不是吗？

劳埃德·卢克曼：是的，但这个问题很长，所以我只读一段与我们讨论的话题相关的内容。诺特先生在信中问道："根据我对您所说的内容的理解，法律是约束人类行为的准则，它具有强制性力量，由绝大多数人或是人民代表为了共同的利益而设立的。"我想这是您的定义。

莫提默·J. 艾德勒：没错。

劳埃德·卢克曼：诺特先生继续说："然而在我看来，如果对这个定义不加任何条件限制，那么南方诸州的吉姆·克劳法[①]就是完全合乎法律程序的了。白人占绝大多数，这些法律只符合白人的共同利益。"诺特先生接着提出："天赋人权是一种绝对的权利，它们不可由投票或是暴力所代替。如果一个法律想要废除或是侵犯人的基本权利，即便它是由大多数人投票通过，它也是非正义的。我觉得从天赋人权的角度约束人类法律，这是美国政治制度的优势，尽管我们至今也没有按照应有的标准实现这一原则。"

莫提默·J. 艾德勒：我只想就一个问题纠正一下诺特先生。在我们对法律的定义中，我们所说的是法律是被全体人民或是人民代表所

① 吉姆·克劳法（Jim Crow laws）指1876年至1965年间，美国南部各州以及边境各州对有色人种实行种族隔离制度的法律。

制定的。您这里并没有提到少数服从多数的原则。除此之外，诺特先生，在我看来您的论证有理有据的。如果一位合适的立法者以少数服从多数的原则制定法律，那么这个人的确在以合乎宪法要求的方式立法。然而这正如您所指出的，这样的法律，虽然合乎宪法规定，但是也可能导致不公正，因为它违反了一些如您所说的固有的本质的，不可剥夺的自然权利和人的权利。当然，诺特先生，在这种情况下，如果它违反了天赋人权，那么所设置的法律也不会是为了共同利益。如果它违反了人们的自然权利，如果它与天然正义不相吻合，那么这个法律自然会违反正义原则。

法律本质上的正义

诺特先生的提问将我们带到了这次讨论的最后一个问题，也就是法律的正义性，我们凭借什么来确定法律的本质是正义还是非正义呢？在展开讨论前，我想要回顾一下之前在讨论司法问题时所说的内容。我们说法律必须要正义而公平地适用于具体的案件。但是在司法过程中还有一个问题，那就是关于公平的问题。人们常说司法要严格地遵守正义，否则法律可能会比没有法律更加不公。但问题是，有时一般性法律不能适用于所有情况，所以具体案件具体对待显得尤为重要。正如有种说法认为，在案件中不使用法律更能伸张正义。

顺便一提的是，关于这一点有一段经典论述，相信所有的律师和学法律的人都有所耳闻，它出自亚里士多德的《伦理学》，书中写道：“公平即正义，这里的正义并不是指法律中的正义，更确切地说应该是被修正后的法律上的正义。原因在于所有的法律都是普适性的。但是并不存在一个普遍适用于所有具体的事件的原则。在这些情况下，我们需要一种具有普适性的说法，但法律无法保证面对所有情况都能完全正确。法律只是针对一般情况。因此，假如法律的一般性概况无法解决具体案例，错不在法律而在于立法者过分简化法律，那么此时用特殊案例来修正法律就是正确的。也就是假设立法者本人面对具体案例时，他针对具体事件做出的判断，可以成为新的法律。因此，以公平为目标的正义，比单一的正义要好，虽然它比不上绝对正义。但是公平即正义比单一的正义因为无法普遍适用于具体情况中而引发错误要好。这就是公平的本质，因为极具概括性的法律条例不可能适用于所有特殊情况，所以更像是对法律的修正。”

现在，让我们再次回到诺特先生提出的法律本质上的正义性的问题，这里存在着两个标准。首先，法律的措辞和表达方式上要符合公正的标准；其次，法律应该与人们的自然权利相对应，也就是法律的设置要符合自然权利的标准。

我来首先阐释一下第一条。让我们来想象一下，如果我们的刑法对比较轻的罪行惩治得更加严厉，而对重罪以比较轻的方式惩罚。或者有两种罪行，一种是程度较轻微的犯罪，而另一种是非常严重的罪行，而两种都以同样的方式来惩罚。我想任何人都能够发现这种法律是不公平的。只有根据罪行的严重程度而给予其相应的惩罚时，法律才是正义的。

或者我们来想一想与税收有关的法律。我们认为分等级纳税比单一的税制要好，因为我们通常觉得富人应该比收入较少的人缴纳更多的税。因此，我们将应缴税额按照财富总量进行分配，视为正义的法律。

这些都是平等地或按照比例来分配法律责任的例子。如果法律是正义的法律，那么它自然会按照平等或相称的方式分配义务。

现在，这里有另外一个原则，另外一个衡量法律正义性的标准，也就是以自然权利作为衡量标准。如果法律违背了固有的自然权利，那么它便是非正义的。比如诺特先生所提到的吉姆·克劳法，它违背了每个人都应该被同等对待的自然权利，违背了每个人都应该被当作人或独立个体来对待的自然权利，每个人都与其他所有人一样有尊严。所以，在法律允许奴隶制存在的年代，这样的法律都是非正义的，因为它违背了每个人都应该被当作自由人对待的权利。在美国对选举权进行修正之前，公民的选举权也是受到限制的，比如妇女没有选举权，这样的法规同样是非正义的。在工会被法律禁止、集体谈判被视为非法的时期，相关法律也都是非正义的，因为工人们有着自然权利，他们天生有权利在劳动中团结起来进行集体谈判。这些自然权利决定了早先那些制裁工人活动的法律法规都不具有正义性。

法律的完善

现在，就美国的宪法而言，它几乎将自然权利的存在作为立法的根基，在《人权法案》中就有所体现。如果一条法律违背了自然权利，那么就可以说它违背了宪法。在这种情况下，法律的合宪性就等于它的正义性。但是如果把法律的合宪性等同于它的正义性，那么就大错特错了。错误的原因在于，宪法本身也可能存在非正义性。毕竟它们也都是人定法。就像美国的联邦宪法，在内战修正案之前它是非正义的。因为在妇女参政权修正案确立之前她们无权参与政治，即使当时妇女占总人口的一半，且理应被视为公民。直到修正案之后，女性才第一次被赋予了公民权，才开始在美国这个民主国家完全获得了作为公民的所有权利。

关于修改和完善法律的问题也因此产生了。也就是如何让宪法以及其他的实在法更加符合正义与自然权利的标准，从而彰显法律的正义性？

劳埃德 · 卢克曼：您现在提出的关于法律的修正，以及它们与正义更契合的问题，反过来又让我想起了另一个问题，是由住在伯林格姆的恩内斯特 · 斯拉格先生向您提出的。首先，他问是否真的存在普遍的、内在的、自然的人的权利，根据这种人的权利可以发展出正义且始终如一的司法体系，还是说社会随意地承认了权利，因为它只是一种权宜之计?

莫提默 · J. 艾德勒：我不得不再次重申，斯拉格先生，这里有两种截然相反的观点。一些人认为所有权利都是法律权利，人们所拥有的任何权利都是国家根据法律赋予的，国家也可以将它们收回。与之相反的观点则断言，世界存在着自然权利，这些权利神圣不可侵犯，因为它们既不是由国家赋予，也不可被国家收回。这种观点认为，只有当法律承认这些自然权利的时候，国家政府才能达到最大限度的正义。如果法律违背了自然权利，那么政府就是非正义的。

但是无论任何时候，我们都不能想当然地认为自己已经完全了解什么是自然权利。比如，在某一个时期，奴隶制不算违反了自然权利。但是现在，我们都知道奴隶制确实违反了。在某一个时期，劳动权利并不为人所知，但是如今我们很确定劳动权利是自然权利，任何法律都不应侵犯人类的劳动权利。

我认为这也引出了我们不可能一次性讨论清楚的问题，即如何理解自然权利的问题，这个问题的探讨也许会一直持续到时间的尽头。

在我看来，这次我们已经提出了很多难以回答的问题，除此以外还有许多重要问题没时间展开。

比如说，我们只是蜻蜓点水地谈到除了法律这一大问题之外的另外两个大问题——正义及权利，特别是自然权利。而这两个概念本身都值得我们花更多时间展开一系列讨论。

40 如何思考民主

接下来我们将要讨论民主这个大问题。很少有问题比民主更能引起人们的兴趣，而且没有任何一个问题比民主还需要解释，因为在日常交谈中我们所有人都在非常宽泛的意义上使用“民主”一词，但这个词实际上包含了很多种含义。不幸的是，在没有明确定义的情况下，我们就开始频繁使用它。这也是为什么我们需要仔细理解这个概念，并且在使用这个词时要尽量精确。

让我先来说明一下，“民主”不是什么。民主不是简单的人民主权，尽管民主与民主机构会涉及人民主权。民主也不是简单的少数服从多数的原则，虽然民主机构也涉及少数服从多数的原则。但是这两者，人民主权和少数服从多数的原则，也可以发生在非民主国家中。

民主的本质是平等

民主的本质就是平等，所有人的平等。因此，民主政府的定义就是：它是一个赋予所有人普选权的宪制政府。从这个定义中可以发现两个与民主制敌对的政体。就民主包括立宪政府或法制政府而言，它与专制相对立。从普选权这个方面来说，它与所有形式的寡头制，也就是我们所理解的所有存在特权阶层的政体相对立。因为在民主制中没有特权阶层。

关于民主的两处争议

在西方社会的语境中，人们在骨子里和思想里都知道民主的必要性。

但关于民主制还有一些争议。事实上，存在着两个重大争议，它们主要是由贵族制或贵族制的观念所引发的。其中的一个争议对民主本身提出了质疑。这种观点坚持认为，民主制平等对待所有人，并给予他们平等的公民地位是错误的。

另一个争议并没有强烈攻击民主观念或民主制本身，而是提问什么才算健全的民主观。关于这个问题，争议的双方一边是崇尚极端平等，一边是更加温和的民主概念，它将民主制的原则与贵族制遗韵相融合。

接下来我会按照这种顺序来讨论这两个议题：首先是贵族制对民主制的根本性的质疑；其次来讨论合理的民主观是什么样的。也就是说，第一点关于民主宪政的公正性，第二点关于民主制的正确认识。

民主制的公正性

之前我们已经充分说明了为什么民主制是公正的，而所有专制统治，比如僭主制，在本质上是不公正的。

我们一起思考一下这个场景，人类可以管理的实际上有三种事物或者说对象。我们把人看作统治者，然后用“事物”这个词来概括所有无生命的东西和野蛮的动物，用“儿童”来概括人类的幼时形态，用“成人”代指人类的成年形态。现在人类想要管理事物，成人想要管理儿童，同时也想要统治其它成人。

一个成年人，他管理一个事物是为了人类的利益。他不会为了这个事物的利益而管理它，事实上他这样做非常恰当。他利用了这个事物，出于人类自身利益而管理事物。父母管理儿童，实际上是为了儿童的利益，但在这个过程中儿童处于受管教的地位，所以成人对孩子的管理实际上是一种绝对统治。但是当一个成人要管理另外一个与他平等的成人的时候，他并不能把另一个成人当作事物，或是只为了他的利益而进行管理，而应该争取他的同意并且允许他在自我管理中发表意见。

现在如果人们把其他成人当作事物来统治，那么就是不公正的僭主制。如果人们把其他成人当作儿童来统治，那就是不公正的专制统治。哪怕它是一种开明专制，哪怕它实际上是为了被统治者利益的绝对统治，它仍是不公正的，因为成人不是只能被管教的孩子，而是与管理者平等的成年人。因此，成人与成人之间唯一公正的关系，表现在统治者和被统治者的关系中，就是统治者和被统治者享有平等的地位且受到平等对待。这就是我们所理解的宪制政府。这种政府的基本职责是保障所有的成人都被平等地当作公民对待，这也是为什么我们认为宪制政府是公正的。而在专制政府的管理之下，被统治的人被视为儿童，在僭主制政府的统治下，被统治的人被视为事物，因此这两者在本质上就是不公正的。

然而现在尽管我们已经理解了宪制政府是公正的，而君主专制和僭主制是不公正的，我们还面临着一个与公正性有关的严峻问题：在宪制政府管理下的共和国中，谁应该被视为公民？或许你已经猜到了答案。从民主的立场出发，所有人从生而为人的尊严上来说都是平等的，所以民主的答案就是所有人都应该享有平等的权利、平等的政治地位，而这些就包含在公民权利之中。

从民主的立场上出发，坚持公民权利的平等，因此任何特权阶级的存在代表着一种不公正。如果将公民身份限制为天生先天就具有某些优势的人，那些在财富上具有优势的人，或者在性别、种族和信仰上有特殊性的人，根据民主的观点，这些都会带来不公正的歧视，为不应该得到特权的人不公正地赋予了特权。

顺便说一句，曾经有一段时间，特权阶级看上去就像是上等人一样，他们有着出身与财富的优势，因为他们坐拥着普罗大众所没有的娱乐与受教育的机会，这些优势也让特权阶级似乎具备作为统治者的特殊能力。但是现如今，随着工业化带来的显著的社会进步，随着所有人都拥有了娱乐与受教育的机会，社会图景已经发生了变化。我们已经不能说出身、财富、地位是判断一个人是否具备成为统治者的能力或拥有公民身份的标准了。

贵族制对于民主制的挑战

然而，尽管民主对于特权阶级做出了回应，但民主制的真正的挑战其实来自贵族制——贵族制从根本上质疑人类平等这一事实。它反对民主制，声称在统治能力方面人类是不平等的。只有一部分人，且只是很少一部分人能够依靠天赋或是通过训练获得管理自身的能力，而其他人应该被当作孩子一样对待，为了他们的共同利益他们应被统治，而他们则不被允许积极参与到对自身的管理之中。

现在，对于这个挑战民主制也有自己的答案，民主制可以在事实的层面回答这个问题。因为这个挑战是在事实的层面提出的。民主制并不否认贵族制提出的这样一个事实，即有些人在智慧、美德或是其他方面超过其他人，但是民主制的支持者想说的是，除了人们之间存在不平等这个事实之外，他们之间还存在着更为根本的平等。这种平等在于所有人都有人格尊严、理性和自由意志。而正因为这些最根本的平等，他们都应该享有平等的公民地位。这是基于人人平等的事实，而不是否认他们之间存在的差异。可以这么说，民主主义者已经回答或者说批判了由少数优秀的人组成的政府才是理想政府这一谬论。让我给大家读一下穆勒，民主制的倡导者之一，对此所做的一些议论。

穆勒在他的《代议制政府》中说："理想情况下的最佳政体是，主权或最高控制权最终归于整个社会集体，每个公民都能够在最终主权的行使过程中发表意见。"那么穆勒所说的每个公民又意味着什么呢？他曾说过，在一个成熟而文明的国家中不应该有贱民。除了有罪在身，任何人都不应该被剥夺政治权利。为什么他要说这些呢？因为这是公正的关键点。他说："如果在处理某公共事务时，当事人不能发表意见，那么对于他个人来说是很不公平的。"

除了刚才所说的，我想还可以补充一点，那就是在过去当贵族制还在具体实施的时候，它也很少真正按照贵族制应有的样子运行。那些由少数贤者组成的政府，常常会逐渐沦为寡头制政府，变得不再是由少数贤者组成的政府，而是变成了由在出身、财富、种族或是信仰等方面享有特权之人组成的政府。

极端平等的民主制的谬误

尽管我认为，作为政体来说，贵族制显然不如民主制更公正，但是它对民主制的挑战，对于形成健全的民主制观念有着相当深刻的意义。这也是我们现在将要讨论的话题。

我刚刚说过，贵族制作为一个政体之所以是错误的，是因为它否认人人平等这个基本事实。然而另一方面，一种不健全的民主制观念同样是错的，它犯下了完全相反的错误，即否认了人类之间存在的不平等性。这种观点坚持认为，人类从根本上是平等的，意味着他们在任何方面都是同等的且应当受到同等对待。这也就是为什么这种对于民主制的极端认知会被称为极端平等民主制。但你也许会问，谁呢？是谁坚持这种关于民主的极端观点？

这个问题的答案可以分为两个层面。如果我们回到古代民主社会，比如说雅典，我们会发现这种极端平等的观念体现为，尽管只有少数人被视为公民，但是这些公民在所有方面都是被平等对待的。这一点我们是从雅典人在政治活动中进行抽签这个事实获知的。他们习惯用抽签的方式从公民中选出承担公共事务的人。这就表明，他们认为所有的公民都是平等的，不是吗？他们不必耗费时间为了某个特定的职务去挑出最优秀的人，而仅仅通过抽签来决定谁在一段时间内担任公职。

当然，在我们的时代已经没有类似抽签这样的事情了。所以，也许你会说：“好吧，但是我们又不像古代雅典人，有着这种错误且极端民主的观念。”我知道这么说没错；我们确实没有抽签了，但是请好好思考一下我们政治生活的某些方面。美国已经有了太多的民意调查了，也有很多可以给政府施加压力的群体。因此，20世纪美国政治生活的整体趋势就是，通过民意调查、通过向国会议员提意见，或借助游说团体和施压组织的力量使得全体选民都参与到政府的每项事务中来。选民几乎是直接地管理政府，使得所有公职人员都像傀儡一样被公共舆论和压力操纵得团团转，无论他们是行政、司法还是立法人员。

然而现在，我们民主生活的性质发生了一个巨大的转变。最近，沃尔特·李普曼[①]的新书《公共哲学》（*Public Philosophy*）分析了18世纪到20世纪期间民主的衰败迹象。时至今日，民主制的本质已经被扭曲，而民主也不再是它原本的样子。他主要想要控诉的是担负着管理责任的行政高官们，他们本应该根据自己的判断进行管理，实际上却将注意力过多地集中于全体选民中不同派别与群体的意见上。他们过度关注民意调查的结果，结果让自己被选民所控制，而不是由选民选出之后再去管理选民。

李普曼的批评描述的就是当今的混乱局面，你可以将其称为民主的堕落，从一个正确的观念堕落为一个不健全的观念。在李普曼之前，

① 沃尔特·李普曼（Walter Lippmann，1889—1974），美国新闻评论家和作家。他是传播学史上具有重要影响的学者之一，在宣传分析和舆论研究方面享有很高的声誉。

法国的政治思想家孟德斯鸠和英国的穆勒也表达过相同的看法。

我来为大家念一段孟德斯鸠的话，他说：“大部分的公民都有能力参与投票，但他们没有能力参与选举。所以，这些人虽然有能力去要求他人为其服务，却没有能力亲身参与到行政工作中。”穆勒则希望由选民推选出的人民代表们能保持独立判断的能力，以确保既对自己负责，又不必受到公投、罢免等监督机制的压力。穆勒寻求的是，受过训练或是天才领导者们能够逐渐地改变民主体制内的大众，而少数人的专业性和智慧能够提高大众的整体水平。

健全民主制中的贵族制要素

那么，我们继续从批判极端平等的民主制这个角度思考。关于民主制，什么才是一种健全的观念？我想在我之前的论述中答案已经慢慢浮现出了。这是一种基于人人平等原则的民主宪政，这种原则通过普选权表现出来，然而也混合了贵族制的精神。因此，我们必须同时考虑两个因素而非一个，也就是通过普选权体现出的人人平等，以及人与人之间能力高低不同的不平等性。因此，这里问题的焦点在于，如何让代表人民主权的普选权与让最优秀人的成为领导者，这两者相结合。

简单来说，民主的原则就是保证公民才是统治阶级，但并不意味着他们应该参与到政府的日常工作之中。那么，公民是统治阶级意味着什么呢？我认为它有着三重含义。首先，最终主权属于全体选民，所有有选举权的人都享有公民身份。

其次，所有政府的特殊职位，无论是行政、司法还是立法，都应直接或间接地由公民选举出来。除此以外，政府的行为，包括基本决策和基本政策，都应该得到选民的赞成。若是选民不赞成，则政府不得强制执行。换句话说，这就是同意原则。选民不仅有选出政府机构的权力，也有赞成或否决政府行为的权力。

最后，公民是统治阶级这个概念，虽然承认了他们是政府的参与者，但这并不代表他们应该参与到政府的日常管理中去，而是指公民参与到对公共议题的讨论，并且在大选之时行使自己的投票权。这就是一个健全的民主制中民主的体现。

那么在健全的民主制中，贵族制的方面又体现在哪里呢？贵族制如何预防民主制因为不能正视人类理应平等但又存在差异这一事实而犯下错误，最终变成极端平等的民主制？贵族制的影响来源于这样一个事实，那就是人民选出的代表应该有能力胜任政府的职务，这就是他们被选举、提拔或是委派重任的原因。但事实是，他们不仅应该具备相应的能力，还应该得到选民的认可，但执政过程中不应受到干扰。

现在让我为大家读一下麦迪逊的一段话，作为美国的开国元勋之一，麦迪逊曾在《联邦党人文集》中就代议制原则做出过非常精彩的论述。他说："由公民选出、由少数人组成的政府代表们拥有识别什么是国家真正的利益的智慧，能够提升与完善公民的认知。公众意见通过人民代表提出，往往比公众自己提出更切合于公共利益。"

杰斐逊则提出贵族制分为人为的与自然的，进一步拓展了麦迪逊的观点。他说："人类存在着一种自然的贵族制，它的基础是美德与智慧。同时也存在着一种人为的贵族制，它的出发点既不是美德也不是智慧，而是财富与身世。我认为自然贵族制是人性最珍贵的礼物，因为它引导人们相信政府。这意味着，如果民主制能够结合一些自然的贵族因素，让德才兼备的人担任行政职务，那么这个政府会运转得很好。"

实现高效民主制的障碍

想要实现民主制与贵族制的有机融合，我们必须做到两件事，但这两样现在并没有实现，而且很难做到。一是要求选民要有很好的理性，能够选出最优秀的人。二是，一旦选民选出了这些人并让他们担任政府职务，必须让他们大胆进行管理。选民必须尊重领导者的管理，而不是利用选举权给领导者施加压力而使得他们成为跟随者。比如，民众向国会议员发电报，并施加各种压力，或者是借助民意调查而试图亲自指导政府的工作。如果是这样，即便推选最优秀的人来担任要职也毫无意义，除非我们允许他们根据自己的判断进行政府的日常工作，我们能同意或否决的只有那些最根本的议题和政策。

既然现在民主制并没有很好地运行，那么要做什么才能让它良性运作起来，使得一种健全的民主观得以真正实现呢？那就是对大众选民进行普遍的通识教育。并不仅是学校教育，还包括涉及道德训练与心智训练的教育。对于大众选民来说，只有当他们将公共利益与为了公共利益而行动视为自己的政治责任，而不是为了个人私利或小团体利益而行动，才能够真正实现民主制。

阻碍民主制健康发展的另一障碍是战争。到20世纪中期，战争已两次削弱了民主制。

亚历山大·汉密尔顿关于这一点颇有先见之明。早在18世纪时他就说过："战争是对人民的生命和财产的暴力破坏，当国家持续暴露在危险中时，伴随而来的危机感与警觉会导致政府倾向于通过破坏公民政治权利的方式，以谋求国家安全。为了更加安全，他们甚至会甘愿长期冒着享有更少的自由的风险。"

没有什么论述比汉密尔顿的警告更适用于当今的美国社会了。

如何思考变化

我们开始来讨论变化这一大问题。有很多词汇可以表达变化，比如运动、修改、变成、逝去。而下列词汇则含有相反的含义，意味着不变化：停止、保留、稳定、永久。

另外，我们也可以换个角度思考和变化与稳定、动与静类似的一组对立概念，那就是暂时与永恒。因为所有变化都发生在时间之中，所有会发生变化的事物都是暂时存在的事物，只有那些绝对不变的事物，才能够被称为永恒。

让我用这个事实来提醒大家注意，那就是“永恒”这个词在英语中有两层含义。有时它指的是“无尽的时间，没有起点也永无止息的时间”。但是从严格意义上讲，它指的是“不随时间改变”。不随时间改变的事物才是永恒的。

较之空间，时间与变化的关系更加紧密。只有一种变化会同时涉及时间与空间，那就是位移，即从这里到那里的一种运动。但是除了位移之外，其他变化可以不涉及空间，但一定包含时间上的变化。如此广泛地涉及时间，以至于一个关于时间的经典定义就是，时间是衡量变化前后的尺度，任何变化都因时间而分出了前后。

正如我刚才所说的，所有暂时的事物都是易变的。任何暂时的或是存在于时间过程之中的事物都是变化的主体。在时间之中，没有事物是绝对不变的。但是这并不代表时间之中的所有事物都在不停地变化。恰恰相反，事物会在时间中表现出持续性。“持续”这个词非常有趣，它意味着某个事物至少在一段时间之内保持不变。如果我们说某个事物在特定时间内具有持续性，我们的意思是在这段时间内它没有变化。因此，持续性和变化一样，只在时间过程中才有可能。

关于变化的哲学问题贯穿了整个西方思想史。最早研究变化的是希腊的哲学家，确切地说是一群物理学家。而且物理学的最初含义，就是一门研究运动以及运动中或变化中的事物的学问。

在研究变化的最初阶段，两位杰出的哲学家赫拉克利特[①]与巴门尼德[②]曾展开过一场经典论战。赫拉克利特的立场相当极端，他认为所有事物都处于永恒流动之中，所有事物都在变化。而巴门尼德的立场同样极端，他认为任何事物都不会变化，事物是永恒的。

这个话题延续流传至今日，现在已经没有人像这两位希腊哲学家一样极端。参与讨论的杰出的哲学家有法国的亨利 · 柏格森[③]，美国的杜威和英国的阿尔弗雷德 · 诺斯 · 怀特海[④]，他们都认为，变化、流动与过程性存在于现实和事物的本质之中。而与他们对立的观点认为，任何事物并非都是永恒的，根本没有事物在变化，他们认为存在着某些永恒的事物，或者说在变化的过程中也存在着一定程度的永恒。

现在让我们来探究一下这个议题。就像我刚才说的，在欧洲思想史的开端，赫拉克利特和巴门尼德分别站在了两个极端。赫拉克利特的观点是，所有事物都处在流动之中。他有一段话，几个世纪以来被引用了很多次，那就是“人不能两次踏入同一条河流”，因为新的水流会注入河流。赫拉克利特门下有一个名叫克拉底鲁的学生，他顺着这个思路提出了一个更极端的说法：人们甚至不该使用词语，因为词语

---

① 赫拉克利特（Heraclitus，约公元前540—前480），古希腊哲学家、爱菲斯学派的创始人。

② 巴门尼德（Parmenides，公元前515—445），古希腊哲学家，被誉为苏格拉底之前最重要的哲学家之一。

③ 亨利 · 柏格森（Henri Bergson，1859—1941），法国哲学家，以优美的文笔和具有丰富吸引力的思想著称，获得过1927年度的诺贝尔文学奖。

④ 阿尔弗雷德 · 诺斯 · 怀特海（Alfred North Whitehead，1861—1947），美国数学家、哲学家。他是历程哲学学派的奠基者，曾与罗素合著三卷本《数学原理》。

的含义都是随时在变化的。所以克拉底鲁说，我们能做的就是动一动小指来表明一切都在变化。当然，这种观点已经变得有些荒诞了。不过这也反证了，若一个人采取极端的立场，认为任何事物都在时间之中发生变化，所有事物也变得不可理解了。所以，现在已经没有人再采取这种极端的立场。但是像杜威、怀特海和柏格森这样的哲学家，仍然沿着这个思路强调变化与流动。

而在西方思想的开端处，站在另一极端立场的巴门尼德坚持认为，变化是不可理解的。另外，只有客观存在的事物才能被理解，由此得出变化是不存在的。用他自己的话说，没有事物是在变化的，任何事物都是永恒不变的。

芝诺悖论

巴门尼德门下也有一个学生名叫芝诺①，他试图证明人们自以为变化着的世界实际上只是一场幻觉，以此来支持老师提出的变化是不存在且不可理解的观点。芝诺借助了悖论方法来进行说明。在欧洲思想史上，芝诺有四个著名的悖论，我来为大家阐述一下其中的两个。

一个悖论是，有一个人站在位置A，他想去位置B，“但是，”芝诺说，“为了去位置B，他首先得走过路程的一半，不是吗？为了走过路程的一半，他必须得先走四分之一。然而为了走过路程的四分之一，他又得先走八分之一的路程。如果你不停地分割这些路程，那么这个人就从未启程过。变化从未发生。”

另一个就是著名的乌龟与兔子的悖论。你们都知道那个乌龟与兔子的寓言，比乌龟快得多的兔子怎样让乌龟抢占了先机。然而，在这个悖论中，芝诺证明了兔子永远也不会赶上乌龟。因为一旦乌龟抢得

① 芝诺（Zeno，约前490—前425），古希腊数学家、哲学家，以芝诺悖论著称。

了先机，那么这个兔子为了超过乌龟必须先得追上它。但是当兔子赶到这个乌龟曾经在的位置时，这个乌龟也在运动中，而且远离了之前的位置。再一次，尽管它们之间的距离也许会缩短，但是这个兔子为了赶上并超过乌龟，它必须首先赶到这个乌龟曾经在的位置上。但是一旦这个兔子赶到这个位置上，这个乌龟又已经向前移动了一小段。因此，乌龟根本不会被兔子超越，乌龟必然会赢得这场比赛。

以上这些悖论就是芝诺支持他的老师巴门尼德的方式，并试图证明变化是不可理喻且不存在的。但到了今天，现代数学中的微积分对时间与空间的计算已经否定了芝诺悖论。因此，现代社会已经没有人支持变化是绝对无法理解且不真实的这种极端的立场了。

柏拉图提出的两种范畴

然而，在思想史中还有一种观点，它在某种程度上倾向于极端的立场，但从古至今一直很流行，这个观点来自柏拉图。结合巴门尼德和赫拉克利特双方的观点，柏拉图总结出两个范畴：存在的范畴与变化的范畴。存在的范畴，指的是这个世界上可以被理解的部分，而变化的范畴则只是可以被感知的部分。存在的范畴是可理解的，它是非物质性的，由理念、本质或是形式组成；而变化的范畴则是可以被感受的物质的世界。存在关于不变的本质，而变化则是现象流动。柏拉图将所有事物都分为存在与变化两种，这种观点一直持续到今日。

原子论者

在欧洲思想史中，特别是在它古希腊的源头，除了柏拉图之外，还有其他人试图在赫拉克利特与巴门尼德这两种极端观点之间寻找一种折中的立场。接下来我就为大家介绍其中的两种。第一种是原子论者的尝试，他们是一群在原子的层面分析变化与物质世界关系的希腊哲学家。原子是不可分割的小而坚硬的物质单元，这也是为什么它们被称为原子，不可分割也意味着不可改变。

根据原子论者的观点，物理世界中包含着变化与永恒的部分。原子自身是不可改变的，因为它们是“原初”，它们不会分裂，不会繁衍，更不会消失。正如杰出的原子论诗人卢克莱修所说：“它们是永恒的物质单位。”然而世上所有的大型物体，那些由原子构成的物体，它们会因为原子的聚合和分散而产生与消逝。当原子聚合或分离时，会产生巨大且复杂的机体，当然它们也是易变的。原因在于，它们虽然由原子构成，但也会因为原子的移动而分裂或消失，甚至可以重组为新的物体。

原子论的重要性在于，它解释了变化与永恒这两个要素。原子是永恒的，它们排列组合成更庞大的物体。但原子团簇却不是永恒的。原子论证明了变化是可以被理解的。但前提是对原子本身的理解，知道了原子是一种永恒不变的物质粒子，变化才变得可以理解。

亚里士多德对于变化的解释

另外一种试图调和两种极端的中间立场来自亚里士多德。

首先我想告诉大家，亚里士多德是如何看待两种变化，以及他如何发现了变化的内核。请大家想象一下，假设这里有一个台球桌，桌上有一个台球在1号位置上。现在如果我们想要撞击它让它移动到2号位置。亚里士多德认为，事实将是：尽管这个台球在1号位置上，但是它也有可能会出现在2号位置上。这就是它存在于2号位置上的可能性。那么所谓的变化，就是当它产生位移时，可能变成了现实。这样它就放弃了存在于1号位置的现实，而实现了在2号位置的现实。而当它存在于1号位置时，它只拥有存在于2号位置的可能性而已。

或者我们再来考虑一下另外一种变化——质变。假设你眼前有一个白色的圆圈。它是白色的，能够改变吗？我们都知道它能够变成黑色，或其他任何一种颜色。当我把它涂成黑色的时候，它就经历了一次质变。同样的，这种变化也是从可能转为了现实。这个白圈可能变成黑色，但它通过变成黑色完成了变化。

不管是台球位置的变化，还是圆圈颜色的变化，在这个过程中有些事情永恒不变。例如这个台球原来在1号位置，然后它到了2号位置。这个圆圈曾经是白色的，后来它变成黑色的了。但变化的前提是，台球和这个圆圈都必须持续存在。因此，根据亚里士多德的观点，在所有的变化中都必须有一个持续存在的主体，它经历了变化的过程，因此成为了变化的主体。而且这些主体都必须具备变化的可能性，无论是改变颜色，还是改变位置。对于亚里士多德来说，可能性是物质的本质是否有发生变化的可能性。据此可以推导出变化理论，正如柏拉图所认为的，所有非物质都是无法改变的，唯有真实存在的物质可以发生改变。

基于亚里士多德对变化的定义，我们来总结一下。当事物具有一定的可能性时，变化就从可能变成了现实。因为只要它有可能改变，但实际上还没有实现，那么它有的只是变化的可能性。一旦它实现了，那么变化也就停止了。只有越来越多地靠近“那里”，而越来越少地靠近“这里”，变化才会继续。按照这种说法，我们只能部分地理解变化。因为在变化过程中，并没有完成变化。而当变化实现后，变化也随之结束了，变化只处于实现过程中。这也就是为什么亚里士多德和很多先辈认为我们无法完全理解变化。

原子论者从机械的角度来解释变化，将其视为原子的运动，那么变化是完全可以理解的。只有像柏拉图，特别是亚里士多德这样的哲学家将其视为不可以完全理解。原子论者与亚里士多德这样的哲学家之间的争论一直持续至今，在现代物理学中也依然存在。

亚里士多德提出的四种变化

为了更为深入地进行探索，现在让我们转向另一个问题，也就是变化的种类的问题，是所有的变化都属于同一种类型吗？让我们用亚里士多德的观点来作为开端。

亚里士多德认为，存在着很多不同种类的变化，而这些变化的种类之间并无交集。人们不能将这些变化混为一谈。

在物理性变化的范畴里，亚里士多德区分了四种变化。首先，是位置的变化，位移是指一个物体从一个位置移动到另一个位置所产生的变化。其次是质变，指的是某物性质上的改变，比如一个苹果在它的成熟过程中，从绿色变成红色的质变。第三种是物理上的变化，增强与减弱，指的是某物在大小或数量上的变化。最后，也是最根本的一种变化，就是某种事物的产生与消亡，就像一个生命有机体的诞生与死亡。

在这四种物理性变化之外，亚里士多德在所有物理变化或者说所有种类的变化中，特别区分出了生命有机体的变化，比如说成长与学习的变化。亚里士多德认为，这些变化与其他无生命体的变化，诸如位移、质变、增强与减弱都不一样。

还有一种与亚里士多德的多元变化论相反的观点。亚里士多德的观点是，变化有很多种且各个种类之间毫无交集。相反的观点认为，所有的变化都是一样的，世界只存在一种变化。比方说，17世纪的时候笛卡尔认为，物质世界中只有物体的运动。他所说的物体的运动，指的是物体的位移，即物体从一个位置移动到另一个位置，这就是存在于物体中的唯一一种变化。对于笛卡尔来说，物体在空间中进行位移的机械论适用于整个客观世界，甚至将这种机械论运用于生命体。他认为，所有的生命体都像自动机器一样，包括人的身体，但人的思想除外。笛卡尔的杰出的追随者——法国哲学家拉美特利[1]写了一本书，名叫《人是机器》(*Man the Machine*)，在其中他认为人类身体做出的所有动作，都可以被解释为一个复杂机器中零部件的运行。

牛顿：作为机器的力学宇宙

机械论试图通过一种理论概括所有变化现象，以及物理世界中的所有位移，这种尝试在英国物理学家牛顿的著作中达到了顶峰。对于牛顿来说，运动的规律就是自然规律。而整个宇宙，无论是天上还是人间，都可以被解释为一个巨大而复杂的机械机器。

我来为你们读一下，牛顿的三大运动定律。它们听起来非常简单，但是牛顿认为可以通过这三个定律来解释我们全部经验世界。牛顿第一运动定律是，任何物体在没有外力作用时，都会保持静止状态或是匀速直线运动，这就是惯性定律。运动的第二定律是，事物运动的速度与受到的外力成正比，运动方向也与作用力的方向相同。运动的第三定律，两个物体互相作用时，它们之间的作用力与反作用力大小相等、方向相反，且作用于同一条直线上。

牛顿凭借这些理论获得了极大的胜利。在17世纪末18世纪初，牛顿被奉为一个使得世界变得可以被理解的伟人。英国诗人亚历山大·蒲柏[2]曾写诗赞美牛顿："自然与自然的法则隐匿于黑暗之中，上帝说：让牛顿出世吧，于是万物豁然开朗了起来。"牛顿统治了欧洲的思想达3个世纪。直到19世纪末，牛顿的力学，也就是后世人们所说的经典力学，一直都是整个西方世界的主导性观点。从某种意义上说，机器成为了一个理想的模型，它可以理解任何事物的本质，因此

① 拉美特利（Julien Offray de La Mettrie，1709—1751年），法国启蒙思想家，哲学家，机械唯物主义的代表人物。

② 亚历山大·蒲柏（Alexander Pope，1688—1744），18世纪英国最伟大的诗人。

机械论者大获全胜。任何事物都可以被简化为力学法则，如同机器一样可以被解释。

亚瑟·爱丁顿[①]，一位新近去世的伟大的英国物理学家，他在回顾维多利亚时代时说:“维多利亚时代的科学家吹嘘说，在没有给事物建模前，他们不会称自己已经了解某种事物。”他所说的模型，就是由杠杆、齿轮、零件和其他工程师们所熟悉的设备所构成的。缔造了宇宙的万物和人类的机械机器一样，按照同一种原理运作。

牛顿的经典力学在19世纪末达到巅峰后，辉煌并未延续。正如爱丁顿所指出的:“从19世纪开始，物理学发生了重要的转变，人们对科学假设的阐释发生了变化。其中最有代表性的事件就是，20世纪人们对牛顿经典力学的攻击。”

为了更好地理解人们如何攻击经典力学，让我为大家读一下爱因斯坦的原话。考虑到物理学家必须建立假设，例如以太[②]，爱因斯坦说:“物理学家为了建立关于光、重力和电的力学而做出了各种假设。但这些假设所被赋予的人性，以及是否有必要列出如此之多不相关的假设，这些都让我们对力学失去了信仰。”这也解释了以爱因斯坦为开端的20世纪物理学，为何转向了对于变化现象的场论阐释而不再是力学解释。在场论中，规律不再是运动物体的规律，而是代表着场的结构的规律，比如说重力场或是电磁引力场。

除了对于经典力学的攻击之外，我们还发现原子的爆炸。原子裂变不仅使得原子爆炸，还从根本意义上摧毁了原子论。因为原子作为构建世界的基石，可以解释整个世界运动的这种可能性已经被永远消除了。而且现代物理学还告诉我们，原子内的粒子，电子、质子和离

---

① 亚瑟·斯坦利·爱丁顿爵士（Sir Arthur Stanley Eddington，1882—1944），英国天体物理学家、数学家。自然界密实（非中空）物体的发光强度极限被命名为“爱丁顿极限”。

② 以太（Luminiferous aether，aether 或 ether），是古希腊哲学家亚里士多德所设想的一种物质，为五元素之一。19世纪的物理学家假设以太是一种电磁波的传播媒质。但后来的实验和理论表明，没有任何观测证据表明“以太”存在，因此“以太”理论被科学界抛弃。

子在运动中并不遵循经典力学法则。这是力学中的一个重大转变。经典力学所面对的另一个挑战来自哲学家，他们经常质疑，力学的方法实际上只能够解释一个物体如何促使另一物体运动。

对于机械论来说，还有第三个挑战：这个挑战来自生命现象本身。因为有一些哲学家认为力学无法解释生命历程中的现象，从力学的角度来看，动物成长和人类的学习算得上是变化吗？或者说描述物理变化的法则只针对物理变化吗？因此，是否所有的变化都同属一类，以及是否它们都遵循同样的法则，这个议题现如今同样值得讨论，如同古希腊物理学与哲学最初研究变化时一样。

变化有终点吗

我再简单说说关于变化的另外一个问题。这个问题就是变化自身是否有一个开始，以及是否有一天会结束。变化是永恒的吗？它永远都会继续吗？这个由变化中的事物所组成的世界会永恒存在吗？答案有两个。一个答案来自古希腊时期与现代的物理学家，就是从时间上来说，世界是无休无止、无始无终的。变化没有开始的那一刻，也不会停顿，它会一直持续下去。

42 如何思考进步

无论在现实中还是理论上，进步这个大问题都会给我们带来很多难题。这是一个现代概念，而且是为数不多的纯现代的概念之一。确切来说，在所有大问题中，只有进步和进化这两个概念诞生于现代并逐步壮大起来。

18世纪，进步的思想第一次出现在欧洲思想史中，并在19世纪成为了主导思想。而进化则诞生于19世纪。然而在意大利历史学家詹巴蒂斯塔·维科[①]伟大的历史著作中，或者是法国社会学家普鲁东[②]和孔德[③]，以及德国哲学家康德和黑格尔的著作中，进步都是非常重要的议题。

到了19世纪的时候，进化开始在达尔文的著作中占有相当重要的地位，而先一步诞生的进步的概念对进化论的发展有着深远影响。不仅在达尔文的著作中，在后来的赫胥黎[④]和斯宾塞[⑤]的著作中都发现了

---

① 詹巴蒂斯塔·维科（Giambattista Viko，1668—1744），意大利历史学家、法学家、哲学家。他因在科学理性开始获得思想界霸权地位的当时，强调历史、政治、法律、哲学等人文学科的价值而备受瞩目。

② 皮埃尔-约瑟夫·普鲁东（Pierre-Joseph Proudhon，1809—1865），首位自称无政府主义者的人，也就是无政府主义的奠基人。

③ 奥古斯特·孔德（Auguste Comte，1798—1857），法国哲学家，社会学、实证主义的创始人。

④ 托马斯·亨利·赫胥黎（Thomas Henry Huxley，1825—1895），英国生物学家，因捍卫查尔斯·达尔文的进化论而有“达尔文的斗牛犬”之称。

⑤ 赫伯特·斯宾塞（Herbert Spencer，1820—1903），英国哲学家、社会达尔文主义之父。他提出将“适者生存”应用在社会学中。

进化的概念。实际上，在19世纪末斯宾塞的作品集中，人们可以发现，进步与进化的观念交织在所有的领域之中——在社会、天文学、物理世界中以及生物世界。这是一种普世性的进化与进步。但是进步作为一种中心思想或是中心议题，最早并不是出现在生物学中，也不是出现在宇宙学中，而是出现在历史哲学中。

历史与历史哲学

大家也许会问，历史哲学又是什么？它与历史本身有什么差别？这个问题的答案是理解进步这一大问题的关键。下面让我试着给大家区分一下历史哲学与历史。

请大家想象有一个人，他站在哨塔上眺望着过去。这个人只关心过去，而且知道过去发生了什么，并记录下来过去发生的一切，那么这个人是一个历史学家。而历史哲学家与历史学家相比，就像想象力与回忆之间的差别，前者是对未来做出判断，后者记录过去的知识。所以，历史哲学家更像是这样一个人，他站在哨塔上知道过去发生了什么，观察它的趋势，然后转过身来，面对着哨塔的另一面，将过去的知识运用到未来之中，并预测历史将如何发展。

如果这就是历史哲学的定义的话，那么有两件事物对它来说必不可少。首先是对过去有相当丰富的认识，在此基础上才能够建立预测，从历史记录中发现未来的趋势。其次，就是历史哲学家对于变化的形式必须具有敏锐的洞察力，他们必须清楚过去的变化以何种方式发生，才能将这种模式投射到未来中去。

这也就是为什么历史哲学本身是一门现代的学科，与进步一样是一个现代的产物。原因也许在于，直到现代人们对过去才有了充分的认知与记载，才能观察出历史的趋势，看清历史的脉络，然后对未来做出预测。

我认为，进步显然为历史哲学提供了一个重要议题——变化的模式是什么？无论在物理世界还是在人类世界，事物又是以怎样的形态变化着？

进步与循环

当一个人站在哨塔上瞭望过去的时候，如果他看到所有事件仿佛遵循一条上升的直线，那么历史对于他来说，像是一段向上走的、前进的阶梯，每一个世纪或者每一段历史都优于过去或更进一步，那么他大概率也会按照这种形式预测未来会越来越好，社会会达到过去所无法企及的层次，财富会以某种方式递增。这就是历史哲学给出的答案。回顾历史的各个时代时，得出历史在进步的答案，然后将其投射到未来中去。但是进步并不是唯一的答案，在历史哲学中还有另外一个答案。

当一个人站在哨塔上回顾过去的时候，他发现历史的变化像一个循环，上升到一定程度就会衰落，虽说总有上升的趋势，但它永远都在到达一个峰值后开始下降，而在下降过程中它又会逼近灭亡的临界点，那么这个人将会把兴衰交替的重复模式投射到未来之中。他会这样说，在所有的历史之中，在所有物是人非的变化中，都存在这种盛衰兴亡的循环。因此，他的历史观就是一种循环史观，与进步史观相对。

现在，在历史哲学中，进步的历史观和循环的历史观针锋相对。这也是我们接下来要讨论的内容。在讲清楚进步的与循环的历史观之后，我们再基于历史事实思考这样一个问题：有哪些历史证据表明，历史中确实存在着进步，并且能够帮助我们预测出未来也是进步的？最终，我会以这些事实所引发的一些难题作为结束。

事情总会越来越好

面对这组争针相对的历史观，我们先从比较乐观的开始，也就是进步的历史观。比较极端的说法是，进步是历史的铁律，就像引力或者重力是不可违背的自然规律，无论人们喜不喜欢，人类社会、人类事务以及文明的传承始终在进步，进步必然会发生。

让我举几个例子来说明这种将进步视为必然的历史观。比如黑格尔，他认为历史有三个阶段。在第一阶段，也就是他所说的古老的东方阶段，东方各国只知道一个人是自由的，那个人就是专制君主。但黑格尔认为，实际上没有人是真正自由的，君主也一样，他享受的只是任意妄为。所以，第一阶段势必会被第二阶段所取代，那就是古希腊、古罗马的古典时代，其中一些人是自由的公民，而其他人则是奴隶。接着就有了基督教诞生后的西方日耳曼世界，黑格尔将其定义为第三阶段，在这个阶段所有人都享有自由。从黑格尔划分出的三阶段可以看出，他认为自由的进步是不可避免的。

另一个例子是黑格尔的追随者卡尔·马克思，他将历史看作是阶级斗争的过程。对于他来说，历史可被分为四个阶段，这四个阶段接踵而至。第一个阶段是古代的奴隶制，中世纪的封建农奴制紧随其后，而它不可避免地导致现代资本主义大生产和资本家与劳动者的阶级斗争。马克思看来，这必然会带来第四个阶段，也是最后一个历史阶段，那就是共产主义的无阶级社会。

赫伯特·斯宾塞也是进步历史观的支持者。他认为历史的法则就是一种变化的法则：事物从不那么复杂，分化不那么激烈的状态，变为形态复杂、分化激烈的状态。

也有比较温和的版本，比如康德的哲学。康德认为进步并不是必要的或是必然的，进步只是一种可能，而人类具有进步和发展的潜能。但这种潜能的发挥取决于人类自身。它取决于人类是否能够运用自身的自由来实现理想状态，从某种意义上说，理想状态是人类潜能的投射。

然而进步的历史观引发了一些根本性的问题：进步本身是必要的和不可避免的吗？还是一种人类运用自身自由所导致的结果？进步是无止境的吗？它是否会永远持续？它会一直越来越好？还是说有一个终极目标？如果进步真的有一个目标的话，它会在时间的进程中实现吗？还是要等到时间的尽头、世界的末日才能够达到？

盛衰兴亡，循环往复

现在让我们思考一下另外一个截然相反的观点，我将其称为一种悲观主义的历史观，它认为历史中不存在进步，不存在真正意义上的提高改良，任何事物都是循环往复的。事情会在某一段时间得到改善，但也会衰落，然后重新开始。这是一种古老的历史观，并且在古代有着非常激进的形式。

我为大家读一些古代作家们的论点，其中所表现出的历史观是非常极端的，它认为历史完全是循环的，我们现在正在发生的事情，过去也发生过，而且将来还会以完全一样的方式发生。人们可以在古希腊历史学家希罗多德的著作中发现这种观点，他说："先前强大的城邦，如今大多声名湮没；而如今的雄强大邦，在往昔却弱小不堪。因此，不管城邦的大小我们都要一视同仁，因为我相信，人类的幸福昌盛绝不会长久停留在一个地方。"盛衰兴亡、起起落落，就如同大海中的波浪。历史并不会朝前行进，它只会上下起伏。

或者我们可以看一看亚里士多德就艺术与科学而展开的精彩论述。亚里士多德说："也许每一种艺术和科学都会尽可能地发展自己，然后再一次消亡。"如同艺术与科学总经历诞生然后消亡，如此这般，循环往复。

再或者我们可以在卢克莱修的作品中发现世界的诞生、成长与衰亡交替更迭的画面。我们会发现一些文明兴盛起来，随后消亡，又有新的文明繁荣起来，然后再次衰亡。也许这段俗语就是最好的总结："太阳之下无新事，一切都是精神的浮华与纷扰。"

我认为，大家在循环史观中应该注意到了这一点，自然生命体的变化模式被运用到了历史之中。因为植物和动物都会出生、生长与成熟，然后发育到它们最好的状态，接着开始衰老变弱直到死去。支持循环论的思想家们就是把历史、社会以及文明当成有生命的生物体。

现代的历史哲学家奥斯瓦尔德·斯宾格勒[①]，写了一本在年轻人中有着广泛影响的书，那就是《西方的没落》(*The Decline of the West*)。这本书中恰恰采取了这种观点，认为文明就像生命体一样，在诞生后有着幼年时期，到了成年时期达到鼎盛，然后只能走向衰败与消亡。因此，他预测正如过去的文明在繁荣与成熟之后都衰败了，西方文明也注定会宿命般地重复这一历史的循环运动。

当今世界最伟大的历史哲学家阿诺德·汤因比[②]的观点更加温和。他告诉我们，在过去的6000年中，有22种或者说26种文明曾经达到过某种顶峰并进入到一种成熟的状态，并在最终走向了衰败。但是他不认为所有文明都注定消逝，特别是西方或世界现存的个别文明。对汤因比来说，如果人类能够运用自己的智慧与自由，就有可能创造一种不一样的状态，保证文明延续下去。从某种意义上说，汤因比对这两种极端的立场都持反对意见，一边认为进步是必然的，一边认为循环交替是必然的。无论进步还是衰亡都是必然结果中的一种可能，最终结果取决于人类如何运用自己的智慧与自由。

你可以看到，在进步论和循环论这两种理论的冲突中产生了一个

---

① 奥斯瓦尔德·斯宾格勒（Oswald Spengler，1880—1936），德国唯心主义哲学家、史学家。他认为历史只是若干独立的文化形态循环交替的过程。

② 阿诺德·约瑟夫·汤因比（Arnold Joseph Toynbee，1889—1975），英国著名历史学家，被誉为"近世以来最伟大的历史学家"。

非常关键的问题。那就是历史中发生的事情，究竟是遵循着某种必然性法则，就像必须遵循物质自然法则一样？还是说，人们可以运用智慧与自由而带来某些变化？我认为，那些相信自由对于历史有重要影响的乐观主义者们，如果能够通过运用自己的自由来控制历史的走向，从而实现他们的理想，那么对他们来说未来就会比过去更美好。

关于进步，史实告诉了我们什么

现在，面对着理论上的冲突，我们来关注一下历史事实本身，有哪些史实与进步有关？在过去的历史事件中，我们看看能够发现多少实际的进步。先来想一想，人类在哪些领域中的进步是显而易见的？其次再来思考一下，哪些领域的进步值得怀疑。

在我看来，人类进步的证据最为显著的领域，莫过于科学与技术。科学史就是知识进步的历史。通过数世纪以来的深入探索，人们征服自然的能力也在不断提升。并且随着知识累积得越多、越精确、越广泛，人类对自然的控制力也越强。一个又一个世纪以来，人们借助知识创造出越来越多的发明，也在技术上取得了越来越多的进步。

想一想从轮子的发明到原子能领域的突破。为了驱动轮子，一开始人类用畜力、人力这些生物力量，然后用蒸汽产生的力量，再到现在的核能。当我们回顾这么多个世纪的人类历史时，会发现运输速度和生产产能效率的提高是极为显著的。或者再放眼经济生活领域取得的重要成就，我们从一个需要大量的奴隶才能完成货物生产和服务输出的社会，到自动化社会，其中自动化生产占据产业的绝大部分，这是将人类从艰辛的劳作中解放出来的进步。几个世纪后，人类在生产必需品方面的工作量越来越少。与此同时，无论是从时间、劳动的强度还是痛苦程度上，都是越来越少。

你们也许会问，一个又一个世纪以来，难道我们只是在经济领域、交通运输以及生产力上取得了进步吗？不，我的答案是否定的。这么多个世纪以来，我们在社会生活以及政治组织方面也取得了进步。

大约5000年前，人类的第一个进步就是从游牧或原始部落，过渡到了城邦生活，然后有了早期城市的兴起，这是人类迈向社会生活的一大步。在时代更迭的过程中，越来越高级的政体诞生，人们见证了从部落酋长那样纯粹的专制统治到宪政的过渡。3000年前，古希腊人提出的宪法成为了公民权的开端，这是人类向前迈出的一大步。而只有从古希腊到我们的时代始终保持进步，才可能诞生出民主宪政。如果一个人将这种持续进步的历史观投射到未来，那么我想他有权推测、预言或是希望未来出现一个维护世界公民权利的世界联邦政府，对于所有人类来说多多少少能够成真。

除此以外，随着更先进高级的政体的诞生，人类共同体也在不断扩张，以至于人们发现全球化是大势所趋，技术进步以及人类劳动条件不断得到改善。而这些都是历史一直在进步的证明。

对于道德进步的质疑

然而如果将目光投向人类活动的其他领域，不考虑科学，只考虑人类智慧，我们难免会对人类生活的进步性产生疑问。那么这么多个世纪以来，人类的智慧是否有着极大的进步，此处应该画个问号。人们甚至有权去质疑，从古至今它是否有一丁点儿的进步。或者说，即使有进步，也不是倍速递增的趋势，实际上它进步得非常缓慢。也许这就是我们今天所面对的最严重的问题——我们正处于巨大的危险之中，我们通过科学技术获得了前所未有的力量，但人类智慧的增速远不及它，两者之间的差距不断被拉大。我们的智慧并不能和我们所获得的力量以相近的比例一同增长。

如果转向道德品格，那么人们更会对进步抱有极大的怀疑。有人或许想到近几个世纪来，人类废除、消灭或是削弱奴隶制，以此证明人类道德是进步的。然而，考虑到人的道德，不同于人在经济、社会和政治领域的活动，所以我们并不能完全确定地说，这是因为人们道德提高所导致的结果。也许只是因为技术的进步使得奴隶变得不再重要。解放奴隶、废止奴隶制的功劳或许并不因为人类日趋美好的品格，而是因为技术革新。

对人类道德进步最严重的质疑是，对比20世纪和2500年前，人类对待自己的同类似乎更加残忍了。不仅体现在两次世界大战中，集中营与强制劳改营等各种方法，我们还会发现人类对于同类的野蛮行径亘古未变。这是非常令人心痛的，也许可以这么说，当人们改善了制度，提高了对于自然的掌控力时，他们的道德品格上却没有一点进步，人们并没有提升自己的内心与灵魂，当今的人们还是与野兽一样野蛮，只不过与2500年或是5000年前相比，他们变得更强大有力。所以，我们有理由质疑进步是否持续地存在于所有领域。

至此，对于进步的合理性质疑，结合某些领域中进步的事实与证据，就可以推导出关于进步的终极问题。

其中一个终极问题是，进步不可或缺的条件或因素有哪些？我想我们至少可以给出这个问题的部分答案。比如，很明显进步取决于传统。如果我们不能够保存过去所取得的成就，那么我们就不能在未来有所超越。每一代人都必须保存过去的成就，将其作为在未来达到更高层次的基础。因此，传统或保存是进步的一个不可或缺的条件。

然而对于进步来说，第二个条件更加重要。那就是我们在处理所有人类事务中都应该克服习惯带来的惰性。习惯是进步的宿敌。

关于这一点，穆勒有一段非常精彩的论述。他说：“无论什么阶段，习惯性专制都是人类进步的顽固障碍。而自由精神与进步精神，就是不断与习惯对抗，以追求比习惯更好的事物。”穆勒接着说：“进步的法则与习惯性统治互相对立。习惯与进步，这两种法则之间的竞赛，正是历史的有趣之处。”

最后，如果大家和我看法一致，认为进步并不是必然会发生，也不是历史规律，那么人类想要进步的又一必要条件是，人类要为自己树立理想，设定更高的目标，坚定自己的信念，然后运用自由与智慧竭尽全力以对抗偶然事件与环境，最终实现理想。如果进步不是简单的、必然发生的历史规律，那么人类能运用智慧调动主观能动性，也是进步必不可少的条件之一。

难以改变的人性

接下来，我再简单地介绍一下第二个终极问题，也是我个人最感兴趣的问题之一。进步是否存在于人类自身之外的外部事物与周遭环境中，比如人类的设计、构思以及计划？还是说人性本身也会有进步呢？世纪变迁，时代更迭，人性较之以前变得更高尚了吗？

性善论者给出了肯定答案。他们相信人的进步是无止境的，认为人性是可以改善的。但生物学家没有为这种想法提供任何证据。人类身体解剖学明确记录了几个世纪以来，人类的体格上存在着一些变化与改善，但并没有明确的证据表明，人的智力得到了提高。在这里我们只讨论有历史记载且生活在地球上的人类，排除了那些可疑的史前人类。因此，从历史事实上来说，古往今来人类的道德本性是否提升，对此并没有确切的答案。

尽管如此，道德家们仍然相信，在过去很长一段时间中，人的本性得到了提升。很遗憾，我的观点恰恰与此相反。在我看来，历史中的人性是永恒不变的，或者说在一些小事上会偶然发生轻微的变化。但是我认为，人类在道德与精神上的局限性，正是人之所以为人的本质，就算直到时间的终点和人类历史的终结也会保持不变。

根据我的判断，人类所取得的所有进步，都是人类制度上的进步，包括他们在周围环境下可以做些什么，如何改变社会，如何完善自己的法律与习俗。总之，人类可以改变与他们有关的一切事物，唯独不能改变自己。

如何思考战争与和平

我们要来了解一对互相依存的概念，它们宛如双生儿不可分割，这就是战争与和平。人们几乎每天都会提到它们，而它们所表示的概念甚至也深深刻在人们的脑海里。当然，人们是否真的理解战争与和平就是另一回事了。所以，我希望通过这次的讨论帮助大家理解这两个词的真正含义。

在我们的时代，怎样避免战争，保障和平？这可以算得上是当下最重要、最急迫的问题。当然，这是一个实践性的问题，要解决这个问题，不能单单靠正确的思想，更要靠正确的行动。然而，只有当人们彻底想明白了和平的原因和本质，才能够采取正确的行动。所以，搞清楚战争与和平这一对大问题，对于采取正确的行动来说是不可或缺的。

几个世纪以来，经典著作之中不乏对战争与和平的恰当阐释，但这些内容没有通过教育传授给年轻学生，更不用说普通人了。

到了20世纪，人们对于战争与和平有了更深的理解，原因就在于“冷战”的发生。从对“冷战”一词的使用就能看出，人们明白即使国家之间没有开火，战争仍然可能存在。这种认知有助于人们去理解何为真正的和平，也就是积极意义上的和平，而不仅是武力的停止。

20世纪是人类历史上第一次爆发世界大战的世纪。因为通讯和交通的发展，世界变得如此之“小”，也为世界级战争的爆发提供了条件。而且，所有国家的人民在经济上更加互相依赖，但也更容易产生利益冲突。

因此，20世纪是一个新的纪元，因为人们可以从实践的层面来思考世界和平，人们对于世界和平的想象，对于人类友爱互助的想象变得越来越真实，而不再仅仅是个乌托邦式的幻梦。

在这次讨论中，我们首先来厘清战争与和平的概念，尤其是通过对冷战的理解，认清冷战是战争而非和平。其次，我想和大家一起讨论和平的必要条件。最后，我想反问自己一个非常重要的问题，同时也是问大家：有可能实现世界和平吗?

战争并不局限于战斗

我们先从战争的概念开始。关于战争，人们通常给出的定义是，“人们为了达成目的，借助武力或暴力来解决他们之间的冲突与争端”。这个定义不仅适用于内部战争或是国家内部的叛乱，也同样适用于国际战争，即国家与国家之间的战争。然而我想向大家推荐一个概念，在我看来它更加深刻或者更加恰当。战争由敌对行动所构成，敌对行动包括武力威胁，但也包括并不涉及军事武力的欺诈行为，因为这些行为可能导致军事行动的发生。

从战争的这个概念出发，战争有两种存在的方式。我来为大家解释一下，一种是实际发生的战争行为，人们相互射击，进行战斗，并且有人在其中殒命；而另外一种战争并不是实际的战争行为，而仅仅是一种战争状态。在西方的思想传统中，一直存在着实际战争与战争状态的区别。大家请注意，对于这两种战争模式的论述从公元前5世纪流传至今，并且在每个时代都会被人提起，一直延续到今天。

首先为大家读一段柏拉图的论述：“人们常说只有名义上的和平。实际上，城邦之间时刻处于备战状态中，无论它们是否真的在进行战斗。”霍布斯对此做出了更为清晰的解释，他说：“战争不仅仅是指战斗或战斗行为，而是一段时间内，人们有着明显的战争意愿。就像一个恶劣天气的本质，不在于一两阵狂风骤雨，而在于这种天气状况持续多日。同理，战争的本质不在于实际的战争行为，而在于人们意识到战争随时可能发生。无论在什么时代，国王们或是最高统治者们，他们因手握权力而遭人妒恨，因此他们也一直处于战斗状态，他们端着武器时刻准备瞄准对方，他们的眼睛紧盯对方，他们的堡垒、卫戍部队以及枪支陈列于边境之上，并且不间断地监视着邻国的一举一动。而这就是一种战争姿态。”

两个世纪之后的康德说："在外交关系中，国家就像是不讲法律的野人，处于无法无天的原始状态下。这是一种战争状态，谁的拳头大就听谁的，尽管它们并没有处于实际战争，或是长期敌对的关系中。”

20世纪的说法是："两股强大力量相遇时，战争成了一种自然状态。”写作者们所描绘的战争更偏向于冷战，也就是两个国家之间只能通过武力来解决矛盾，它们公然对抗，时刻准备在必要时开战。在这种状态中，互相敌对的国家即便没有在现实中进行战争，也不代表它们进入了和平状态，我们将这种状态称为停火或是休战状态会更准确。

古代伟大的历史学家修昔底德提醒我们重点关注这一点，他在《伯罗奔尼撒战争史》中写道，人们通常认为伯罗奔尼撒战争持续了30年，但战争中期相当长的一段时间里，大约七八年的时间双方并没有进行战争。在休战阶段，伯罗奔尼撒人、斯巴达人和雅典人，他们之间有各种协议，修昔底德说："将协商换来的休战视为一种和平状态，这种说法大错特错。”他继续说："认清现实吧，这种状态不是真正的和平，在这期间，任何一方都没有履行协议内容去归还或是收回土地。”换句话说，这种状态与20世纪的状况完全一样。1914年世界大战开始，战争一直持续到1918年。之后有21年的时间，我们仿佛又恢复了和平。为什么我们不能像修昔底德一样，更理性地认识到中间的21年并不是真正的和平，而是休战，直到1939年和1940年，停火状态转为实际战斗状态，战争再次爆发？在当代写作者看来，国家之间不存在真正的和平，更多的是一种休战的状态，这份平静实际上可以任意终止。

德国军事战略家、战争作家克劳塞维茨将军[①]曾对这个问题做出简单回答，他认为战争无非是外交活动，是处理对外事务的延续，只不过通过军事手段来实现外交目的。克劳塞维茨的这段话也可以倒过来说。无战争时期的外交活动，无非是将军们在战场上、海军上将在海面上所进行的活动的延续。

如果你理解了战争的两种模式，认识到有实际战斗与交火是热战；而没有实际战斗的则是冷战，那么你也会对和平的本质有所了解。人们对和平的误解通常伴随着对战争定义的偏差。将和平等同于没有战火，这只是一种狭隘的和平观。这样的和平，也就是两个实际敌对国家的休战，并不算真正的和平，而是一种冷战状态。

此外，我刚刚对于国际关系所说的话，同样适用于国内的情况。因为一旦人们被统治或是遭受不公之时，面对统治者的强制性命令，总会有一股反叛之火在沸腾着、等待着爆发，这也是一种战争状态。

和平需要法律

那么，什么才是真正意义上的和平呢？或正向的和平？和平不同于冷战和实际战争。如果要从积极的意义上理解和平，那就是和平状态的人们根本不需要诉诸武力，他们不需要通过暴力解决争端，或是通过武力得到他们想要的东西。

不诉诸暴力如何解决争端或得到想要的东西呢？答案在这里：通过寻求法律的帮助，根据法律来协商。在我看来，这是非常重要的一

① 卡尔·冯·克劳塞维茨（Carl Von Clausewitz，1780—1831），普鲁士将军、军事理论家，被后人尊称为“西方兵圣”。

组概念，运用法律和协商在真正意义上地构建了和平。

这里我要提到两位作家，一位是西塞罗，一位是洛克。他们提醒我们注意这样一个事实，人类可以有两种方式来处理分歧，一种是和平方式，一种是武力。西塞罗说："人类有两种方式解决争端：通过讨论，或通过武力。第一种是人独有的本性，第二种是野兽的本性。只有当前者失效时，我们才会诉诸后者。"而洛克也持同样的观点，他说："人类有两种抗争手段：一种通过法律来实现，一种通过暴力。当第一种行不通时，另外一种才会开始，这是自然而然的事情。"

当今的美国，上亿人生活在和平之中。但人们所享受的和平究竟是什么呢？它是建立在没有任何冲突的基础上的吗？还是建立在公民从不争吵的基础上的？都不是。但是我们总是能够通过运用法律或是协商，而非暴力手段来解决问题。这也并不意味着美国的所有制度与机构都是完全公正的。恰恰相反，美国的宪法与政体还有改善的空间。然而这个国家的公民享有越多的正当权利，就越可以通过法律程序来改善宪法与政体，而不必通过暴力来反抗统治。

让协商继续下去

在理解了前面所说的内容后，我们接下来会提出这个问题：为了维持真正意义上的和平，我们需要做些什么？首先，基于我们刚刚对战争与和平的理解，先来看一个对历史流传已久的误解，历史看起来仿佛是一场接一场的战争史的迭代，每一场战争后必然会换来和平，它是经过战场上拼杀后，由各国通过所谓的和平条约所缔结的，所以战后的和平是以和平条约为基础。各国代表会讨论战争的起始、战争的进行，战争的目的、战争的结束，最后为这场战争定性，并据此缔结出能维持和平的条约。

有时候我们还会将历史理解为强权的征服换来了和平，强权征服了它的敌人，结束了敌对关系，通过征服实现了和平。这是一个巨大的错误。我们应该这样来理解史实：不要认为签署了条约就实现了和平，因为敌对的国家之间就算有条约约束，仍然处于战争状态之中。我们更不应该把征服当成和平。因为即便统治者击败了他的敌人，他所做的也只是让被征服者继续生活在强制压迫之下，造反随时都可能发生，这种状态同样属于战争状态。

如果你留意我刚刚所说的问题，你会发现真正的和平是人们共同生活在一起，他们有不通过暴力就能合理解决争端的途径。为了获得这样的途径和方法，他们必须具备两个要素：公正的法律，以及通过协商达成一致。

在讨论过程中，我多次提到了“协商”。也许你们会认为，我过分强调了协商这个概念与和平的关系。但是，为了告诉大家情况并非如此，我想请大家注意一下外交语言。当国际危机即将爆发之际，外交官们或报纸头条会提到协商受阻。当大国之间的会议进展得不顺利的时候，他们也会这样说。除此之外，在即将宣战的最后一刻，你会在各大报纸头条上看到“协商已经完全破裂”的字眼。一旦协商完全破裂之后，那些在分割实际利益方面存有矛盾和分歧的国家已经没有了选择，他们不惜赌上全部也要解决问题时，就只能诉诸武力。当协商完全破裂之后，陆军就要出征，海军即将远航，炸弹也将被投放。

如果你们明白了法律、执法以及协商对和平的决定性意义，你们就会发现和平存在的一个重要条件就是政府。因为只有社会中的政府，才能够提供法律的支配权、执行权以及使得协商持续的机制。那么我所说的最后一点是，政府提供了使得协商持续下去的机制。而所谓机制，包括法庭的所有部门，与审判有关的法律程序，审议会议内外的辩论机制，以及针对审判对象进行投票时的程序规则，所有这些构成了解决分歧与冲突的更优选择。从根本上说，这就是政府为了保证协商继续而必须具备的机制。外交官杰赛普①在他的书中写道："如果政府能够提供纠正滥用权力的非暴力的途径，或是解决分歧的非暴力的手段，那么革命事件也将不复存在。"

组建国际组织的必要性

从真正意义上的和平出发，我们再次转向历史，看看20世纪和平是如何产生与发展的。我们会发现，和平区域在不断扩张。我们可以将每一个社会、每一个政治共同体视为一个和平的区域。人类在地球上生活的5000年以来，因为和平区域不断扩大，才让地球上居住的上亿人口可以和平共处。而在古代，一个和平区域最多可以容纳超过5万或10万人的人口。在这个过程中，共同体的规模从部落村庄，逐渐扩大为小城市，再变成城邦，然后升级为国家，甚至是超级大国。

从这种意义上看，和平的确在进步，而且朝世界范围蔓延。但是如果这是事实的话，那么事实的另一面就是在过去的历史中我们所创造的不是一种和平，而是很多个"和平"。不同城市、不同地区、不同国家中，存在很多种区域和平。或者说只要有地方政府单位，只要有政府领导下的政治共同体，那么就存在和平。因此，和平是以复数的形式存在于地球上。然而不管是过去还是现在，地球上从未出现过适合所有国家、地区的普遍和平。这也是我们面对的终极问题。

我们可以把"复数"的和平笼统地视为同一种和平吗？我们可以创造出世界和平吗？这个问题的答案类似于一个政治公理或不言自明的事实。那就是如果政府是实现地方和平必不可少的条件，就像英国政府保证了英国人民的和平，那么毋庸置疑，世界和平需要一个世界政府。

---

① 菲力普·杰赛普（Philip Caryl Jessup，1897—1986），美国外交家、学者、前国际法院法官。

那么紧接着就引出了另一个问题，如果世界和平取决于一个世界政府，那么世界政府有存在的可能吗？这是一个难以回答但必须回答的问题。虽然很难实现世界和平，也很难建立世界政府，但并非毫无可能。历史经验证明了和平区域可以从最小的部落逐步扩大到现代国家，这也证明了整个世界有可能变成一个和平区域，只不过需要付出极大的代价，国家需要在主权方面做出让步，去服从于一个更高的主权，也就是合法建立起的世界政府的主权。我们会付出代价吗？恐怕这取决于有多少人想要和平。

一战时期的法国总理克列孟梭[①]曾说过："人们渴望和平，但不想为和平做任何事。"截至20世纪初，各个国家和人类看起来并不情愿为和平付出任何代价。但是核战争会改变他们对于这个问题的看法。核武器将这个世界变得更小，也让战争变得更加可怕，它改变了战争与和平这个问题的整体形态。

汤因比针对这个问题给出了精彩评价。他说："在我们的时代，世界和平能否实现已经不再是个问题了。我们必须面对的事实是，在不远的未来，世界必然会实现和平。"但和平会怎样到来，是通过武力征服或战争，还是法律与协商。这是唯一一个人类需要做出选择的问题。

① 乔治·邦雅曼·克列孟梭（Georges Benjamin Clemenceau，1841—1929），法国政治家，曾两次出任法国总理，被称作"法兰西之虎"或"胜利之父"。

44 如何思考哲学

哲学的困境在于，人们对待它的态度各有不同。有人赞美它是对智慧的追求与热爱，而另一些人轻视甚至蔑视它为无用的探究与推测，或判定哲学只是抒发个人观点。

哲学对于不同人来说有着不同的含义。我们不妨通过观众提问来看看哪些问题值得优先讨论。那么，先请卢克曼先生读几封具有代表性的观众来信。

劳埃德·卢克曼：好的，艾德勒博士。这些问题都非常有趣，但我很诧异这些来信里竟然没有我最想问的。

比如说，我们收到了4封信询问哲学与宗教的关系。我挑选出了两封，因为我认为它们之间有着细微的差别。第一个问题是由住在佩塔卢马的弗兰克·英格兰夫人提出的。她这样写道："在我看来，一个人的宗教信仰就是他的哲学，宗教和哲学密不可分。"还有一些问题单纯地询问宗教与哲学到底联系得有多紧密。然而其中有一个来自圣罗莎的卡罗尔·泰瑞夫人的问题，从某种意义上看这个问题与哲学问题相反，她想问的是，如何区分哲学与宗教。

莫提默·J. 艾德勒：毫无疑问，宗教与哲学的关系迷惑了很多人，但在解决这个问题前，我们还是先讨论一些其他问题吧。

哲学的用处

劳埃德 · 卢克曼：来自斯托克顿的哈雷 · 克劳福德先生提问说：“在日常生活中，所有人都需要哲学吗？一个人如果在生活中没有哲学，就会变得浑浑噩噩吗？”另外一位来自门罗帕克的神学院学生，名叫尤格尼奥 · 冯塔纳，他提出了一个与之类似的问题：“当人们说到生活哲学时，指的是哲学的某一分支，还是哲学的全部？”

莫提默 · J. 艾德勒：我猜想，绝大多数人在使用“哲学”这个词时，指代的都是生活中的哲学。或许这也是为什么他们会对哲学与宗教的关系感到困惑。因为对于一个有宗教信仰的人来说，宗教就是他的生活方式。因此，如果哲学也被当成一种生活方式的话，那么它看起来也很像是一种宗教。

劳埃德 · 卢克曼：沿着这个话题我们可以看看住在纳帕的敦妮夫人的提问。她说：“绝大多数人认为哲学家都生活在象牙塔中，然而在我看来，他们是最贴近现实的人。”

莫提默 · J. 艾德勒：谢谢你，敦妮夫人。

劳埃德 · 卢克曼：但是，敦妮夫人还没说完，她紧接着向您提问，你该如何向质疑哲学的人证明其实用性和现实性呢？

莫提默 · J. 艾德勒：也许我那句“谢谢你，敦妮夫人”说得太早了。向一个对哲学持怀疑态度的人证明哲学有用，这是一个很大的工程。在这个过程中，我们必须要试着去讨论一件事，即哲学的意义。

关于阐释哲学的意义，我总结出两个要点：第一点，弄清楚哲学、科学与宗教之间的区别与联系；第二点，思考哲学与生活之间的关系，并且解释它是如何有用的，或者去证明它确实有用。

关于人们为什么应该对以上两点感兴趣，我可以从历史原因和现实原因这两方面给出答案。从历史层面看，西方文化中的哲学，确切地说是宗教，它是人们最原始的探究与思维方式。西方的文化始于宗教，又在宗教基础上发展出哲学式的思维与探究。之后又过了很久，科学才从主流哲学中脱颖而出。

哲学、科学与宗教

为什么我们关心哲学、科学与宗教之间的关系，现实的原因或许会让你感到震惊。我们所有人都知道科学与宗教如何通过具体的组织、具体的形式来发挥作用。就像我们知道科学实验室是什么样的，也知道教堂是什么样的。我们很清楚上帝的处所或者说教堂里发生了什么，人们去教堂是为了进行祈祷、礼拜或寻求上帝的帮助。我们也知道在科学实验室中有设备和仪器，人们在进行研究工作，知道科学实验室中所生产出来的东西会发挥什么作用。但我很确定，很多人在路过旧金山杰克逊街2090号汉森大厦的"哲学研究所"时，都会好奇这里面是做什么的。因为哲学无法以可见的方式向人们展示——哲学家在做什么，哲学有什么用。所以，人们会好奇哲学是什么？哲学家在做什么？哲学对日常生活有什么用？

我有几个答案来满足人们对哲学的好奇。首先大家可能都听过这样一种说法，哲学是每一个人的事情。每一个人都应该有自己的生活哲学，以防自己陷入人生混沌之中，哲学能够指导或是修正我们的做事方式。关于这一点，吉尔伯特 · 切斯特顿[①]说得非常好。这段话出现在威廉 · 詹姆斯的《实用主义》一书中。在本书第一章的第一句，詹姆斯引用了切斯特顿的话："包括我在内的一些人认为，一个人的世界观是最重要也是最实际的部分。房东在筛选房客时，不仅要考虑房客的收入，还要考虑他的处世哲学。就像在战场上，了解敌军的数量固然重要，但是更重要的是理解敌方的哲学。所以在我看来，关键问

① 吉尔伯特 · 基思 · 切斯特顿（Gilbert Keith Chesterton，1874—1936），英国作家、文学评论家和神学家。

题不在于自然定律如何影响事物，而是从长远来看，是否还有其他因素影响着它们。”威廉·詹姆斯接着说：“我同意切斯特顿先生的看法。我认为所有人都有他们的哲学，而对于你我而言最有趣的部分是，哲学决定了我们如何看待世界。”

这个答案并不算完美，因为它只区分了哲学与科学，但没有讲到哲学与宗教的关系。对比科学，哲学是一种生活的方式，是指导人生的东西，这是科学无法实现的功能。但问题在于宗教可以。

第二个答案是苏格拉底首先给出的。在众人心里，苏格拉底几乎算是一位完美的哲学家。在《申辩篇》（*Apology*）中，当苏格拉底正在经历生命的审判时，他说：“神命令我去完成一个哲学家的使命，去审视自我、审视他人。只要还活着，我将永不停止哲学的践行与教育，用哲学验证出附庸风雅之人，并劝说他们关注并提升自己的灵魂才是最首要的事情。”他对要求他放弃哲学的法官们说：“因此，我不能够每天只在口头上谈论美德。当您听到我说对自我与他人的审视，这也是最有益于人类的事情。”紧接着就是苏格拉底那富有魔力的名言：“未经过审视的生活不值得过。”他还补充了一句：“未经过验证的思想不值得去思考。”

另外一个例子来自古代世界的另一批哲学家，古罗马的斯多葛主义者们。对于他们来说，哲学就是生活方式。罗马皇帝马可·奥勒留问自己：“什么能指导人们的生活呢？”紧接着他自己回答：“有且仅有一件事：哲学。因为哲学能使人坦然接受一切即将发生的事情，甚至是坦然地面对死神降临。”接着，他想到了自己对于国家的责任，于是告诫自己说：“要经常回到哲学中来，在此处静休。”

而在社会阶层的另一端，有一个名叫爱比克泰德[1]的奴隶，他说：“哲学无法保证人们去获得除自身之外的任何事，它只能让我们的内心

---

① 爱比克泰德（Epictetus，约55—约135），古罗马新斯多葛派哲学家。他出生时可能是奴隶身份。

获得平静。每个人都面临这样一个选择：遵从内心，还是与身外之物缠斗。这意味着我们选择成为一个哲学家，还是成为一个俗人。”

但这个回答仍然是从哲学与科学的角度做出区分，仍然没能将哲学和宗教分开。因为任何一个有宗教信仰的人都会对此产生认同，他们生活在自己的宗教之中。因此，从这个层面上来说，我们会觉得哲学和宗教之间的区别很小。

现在让我试着为大家介绍关于这个问题的第三个答案。这个答案也许应该被称为从学术角度给出的专业回答。从古希腊到19世纪的哲学家们都给出了同一个答案。他们认为哲学是由一个完整系列的科学构成，包括有针对性、被高度理论化的科学，确切地说，它们应该被称为哲学科学。

虽然无法列举出所有哲学科学，但我们可以在此列出一部分：关于思维科学的逻辑学；关于存在的科学形而上学；关于自然科学的物理学，一种探讨物质产生与变化的科学；认识领域科学的认识论，有时被称为知识论，是关于我们如何获取知识以及知识是什么的科学；能指导行为伦理学，或者说关于什么是善的科学；艺术以及美感的科学，也就是美学；政治学，它是关于社会和政府的科学。

现在，这个答案虽然非常清晰地区分了哲学与宗教，但又将哲学与科学混为一谈。因为如果有人问：哲学科学又怎样和大众眼中的科学相区分，比如按照英文首字母顺序，从天文学到动物学，哲学与这些学科的区别在何处？哲学的难题正在于此，一方面它像宗教，但另一方面又像是科学。

哲学的特殊功能

在古代世界，人们视哲学为科学，那时科学还没有从哲学中分离出来。而被囊括在哲学范畴内的科学，它与宗教和诗歌相对，古代人眼中后两者是非科学的。到了近现代，所有具体种类的科学全面发展起来，我们将实验科学、自然科学和社会科学归为科学性知识，而倾向于将哲学和宗教与诗歌视为非科学。

正如我所说的，哲学与科学和宗教均有相似之处，但如何做出区分呢？很明显，这个答案在于哲学的特殊功能。

我们对“大问题”的研究，就是对哲学功能进行阐述的典型案例。哲学是有用的，我们对“大问题”的讨论就证明了这一点。而哲学的效用是什么呢？

大家应该都知道，“大问题”这个项目是关于哲学，而非科学和宗教。大家为什么会知道呢？因为在讨论过程中，你们没有发现任何能代表宗教和科学的标志，这里没有能代表科学实验的设备，也没有能代表宗教的祈祷和宗教教义。那么在这个过程中，哲学体现出了什么特质呢？依我看，除了人们理性交流、共同思考，再无其他。

我在大学教授哲学时，开课之后年轻的学生们总会问我一个问题：“哲学很有趣，但它有什么用呢？”随着年纪渐长，我也慢慢学会了直视他们的眼睛回答说：“没有任何用处。”因为我明白了，学生们所指的“作用”，是从科学领域搬来的概念。那么从这个层面上，科学是有用的，哲学并没有用。

科学赋予了我们征服自然的力量，它让我们认识了外部世界。但是科学是否告诉过我们该如何控制已经拥有的力量，如何妥善利用技术创造的机械和工具呢？显然没有。实际上，科学创造了一个更加危险的世界，因为它赋予了我们取之不尽、用之不竭的核能，但它是否告诉我们如何使用核能，如何利用这些能量造福人类而非毁灭世界？就像不断发展的医疗技术，虽然救活了更多人，但也带来了更多的生命隐患。

我想这些事实可以帮助所有人理解哲学的特殊作用和功效。如果科技的用途是赋予我们更多力量去征服自然，实现更远大的目标，那么哲学的用途不在于赋予我们手段，而是引导我们找到正确的目标与方向，它指出我们应该看到的东西，应该去做的事情，应该适度利用科技的力量。因此，在这个有越来越多科技被研发出来的世界，哲学也变得越来越重要。因为如果徒有技术但缺乏智慧加以引导，世界将被引向危险的境地。从这个角度出发，我们可以合理区分出哲学的用途和科学的用途：科学的运用是一种技术性的运用，而哲学是道德性的与指导性的运用。但如何区分哲学与宗教呢？因为宗教也可以指导我们的生活，不是吗？

当我思考这个问题的时候，我会想起伽利略反抗天主教会时，红衣主教巴尔贝里尼对伽利略说的一番话："在这个情况下，科学和宗教根本没有任何冲突。因为你，一个科学家、天文学家，正在告诉人们天堂如何运转，而教会是在教导人们怎么上天堂。"主教的答案并不完整，因为教会除了告诉人们如何上天堂，还做了别的事情，他们宣称能通过天启，将上帝的教导传递给人们。除此之外，教会还号召人们通过教会机构寻求上帝的恩典与帮助。这里就是宗教与哲学不同的地方。哲学仅仅通过理性来给予人们日常生活的一些指导和忠告；而教会则是传递上帝的声音，鼓励人们在遵循这些教导的过程中获得来自神的帮助。

人类的共同思考

在弄清楚这三种不同的作用后，大家应该不会再对哲学与科学、宗教的差别感到诧异。对此我可以给大家举个例子。众所周知，医学、工程学与法律是三种不同的专业。没有人会要求医生建一座桥或者造一台机器。也没有人去工程师那里治病。更不会有人到律师事务所，期待律师行医或筑桥。我们认为这三种行业都有其他行业无法替代的技能。但为什么工程师、医生和律师可以通过不同的方式帮助我们实现不同的目的？因为他们掌握了不同领域的技巧与知识，也就是某种特定的专业知识。

工程师、律师和医生的例子可以对应为更宏观的人类成果之中，也就是科学、哲学和宗教。在我们看来，这三者分别代表不同领域。如果确实如此，那么我们应该问问自己，是因为科学家、哲学家与宗教人士掌握着各不相同的知识，还是另有原因？

劳埃德 · 卢克曼：这确实是个问题，艾德勒博士，而且我想也有观众问过类似的问题。住在核桃溪的克奎尼丝夫人就曾提问说，人们是不是认为哲学中包含着真理，就如自然科学包含真理一样。

莫提默 · J. 艾德勒：这确实是一个值得我们思考的问题。在我看来，这个问题正好引出了这几个问题：是否存在科学知识、哲学知识与宗教知识这三种不同类型的知识？如果不同种类的知识确实存在，那么在整个科学、哲学与宗教体系中，真理位于何处？真理存在的条件是什么？不仅是指真理的类型，也包括人们判定真理的方式，以及人们在科学、哲学、宗教领域判断真理的标准是否相同？

在接下来的讨论中，我们的大部分时间都将用来讨论这些问题。但是现在，我想总结一下我们已经学到的东西。我们要回到最后一个最为关键的问题。我们不要指望一个学工程学的人去解决医生或律师才能解决的问题，正如我们不会期望律师完成医生或工程师的工作。因此，我们应该向哲学家寻求某种特定的解决方案或帮助，专门用于指导人生或日常事务。而面对科学家或宗教人士时，寻求的则是不同类型的帮助。那么接下来最为重要的就是，弄明白科学、哲学和宗教分别能提供哪些不同种类的帮助。这些帮助是基于它们分别具有不同种类的知识与方法论吗？因为它们分属不同的知识体系吗？如果是这样的话，那么它们的终极目标分别是什么呢？

我始终确信哲学有它鲜明的标志，它不像科学那样依赖于仪器、研究和调查，也不像宗教那样诉诸信仰。我们在这一次的讨论中理解了哲学是对人类基本问题的理性讨论，它由人类的共同思考所构成。

45 哲学、科学、宗教的区别

最开始决定要讨论哲学这个大问题时，我还有所担心，因为它并不像其他概念比如爱、工作和艺术那么具体、通俗甚至流行。但是当我浏览上周观众来信时，我很高兴地发现自己错了，来信数量就是最好的证据。当然，这也说明，上一次的话题引起了大家的兴趣，那么这一周我们将更加深入地讨论哲学与宗教和科学的关系。

上一场讨论让我想起了我在芝加哥经历过的一场辩论。我想那应该是在20世纪40年代中期，与我辩论的是杰出的英国哲学家伯特兰·罗素。我与罗素辩论的焦点是：科学能够保证人生完满与社会和谐吗？罗素支持这种说法，而我作为反方并不认同。我的理由就像前面和大家讨论时所说的，科学显然不足以指导人们过好一生，它无法引导人们维持一个好的社会状态。因为科学只提供了手段和可以利用的力量，但是并没有告诉我们如何妥善使用。它并没有对人类高级目标予以任何指导。

在上周的讨论中，我们通过类比工程学、医学与法律，讨论了三种不同的专业为人们提供了不同种类的帮助，所以作为人类文明的三大分支，科学、宗教与哲学也为人类提供了三种不同的帮助。

最简单的方法就是为大家列举一些科学无法解决的实际问题。比如，科学家解释不了幸福是什么，如何得到幸福，以及人们为什么渴望幸福。科学无法解释如何构建公平社会，如何为社会建立公正的政治组织和经济模式。科学家也无法告诉我们人的责任是什么，为什么所有劳动者都应该享有尊严，或者为什么奴隶制不应该存在，为什么人人平等自由。简而言之，科学无法解决任何一个基本的道德或政治问题。而这些基本的道德与政治问题，恰恰就是哲学家与神学家，即哲学与宗教所覆盖的范围。

那么在这一方面，哲学的问题和局限又在哪里？哪些问题是哲学回答不了的？我想到了关于神规定的禁忌，天意带给人类的启示，以及人类为了更好地生活应当如何从上帝那里获得帮助。这些问题哲学无法回答，但宗教可以。

还有一个上周讨论过的话题，工程学和医学可以为人类做很多不同的事情，比如筑桥、治病，全部仰仗于工程师和医生的专业知识。如果事实正如我所想的，哲学家、科学家和神学家即宗教工作者也能从各自专业出发为人类提供实质性的帮助。那么，我们也可以总结出一个新问题，这是因为他们也掌握了不同领域的专业知识，以及哲学、科学和宗教分属三种完全不同的知识体系吗？这就是我希望接下来能够重点讨论的问题。

科学是独立的

我想举一个例子，来区别三种不同的知识体系。比如，历史、化学和天文学，所有人都知道这是三种截然不同且相互独立的知识体系。并且人们也在某种程度上了解，历史学家、化学家、天文学家，他们所研究的对象各不相同。

怎样才能精确地区分历史、化学与天文学这三大知识体系呢？请大家注意，它们之间至少有两种区分办法。第一，从研究对象上看，它们的研究对象不同；第二，研究它们的方法不同，它们从研究对象那里探究真理的方式不同。

历史学研究方法主要基于历史证据、文献、考古或对其他古迹的探究，加上历史学家特有的研究方法。通过运用这些材料，历史学家才得以了解他的对象，也就是历史的对象，过去以及发生在过去的事情。

化学家则利用实验，实验会涉及非常复杂的设备，如试管、蒸馏瓶以及极为精密的仪器。通过这些设备的辅助化学家们才能够探索物质的结构，它的元素，以及这些元素形成的化合物和聚合物。

天文学家主要靠观测，虽然观测也依赖精密仪器，最常见的就是大型天文望远镜，但天文学家的研究对象与前面两者完全不同，那就是宏大的天体及其运动。

这样我们就会发现，这三大知识体系有着截然不同的研究对象和研究方法。而这种情况导致了三种知识体系之间的巨大分野，从而形成了互相独立的局面。

劳埃德，我记得有一个观众问到了科学门类之间的相互独立性的问题。

劳埃德 · 卢克曼：是的，住在旧金山第三十九大街的何西特先生问：“我想知道一门科学是否可以合理侵犯另一门科学的领域？”

莫提默 · J. 艾德勒：这个问题实际上有两个答案。何西特先生，如果无论在何种程度，这两门科学彼此独立，那它们最好不要侵犯彼此的研究领域。但是，当然了，还存在着彼此依存的科学。比如说，生物学和物理学，在某些问题上这两门学科是相互依存的，它们共同形成了生物物理学这一交叉科学。同样的，天文学和物理学的重叠也形成了天体物理学。然而，如果两种科学实际上是彼此独立的，或者说两种知识体系是彼此独立的，就像我所说的历史和化学那样，或者化学和天文学，那么它们就不应该侵犯彼此的领域。

如果两种相互独立的科学能够各司其职，有能力回答或是阐释与研究有关的一切问题，那么它们将不会产生矛盾。我想，在化学家与天文学家，或是历史学家与化学家之间的确如此。因为它们都是彼此独立的知识体系，所以很难产生矛盾。

不同的方法，不同的对象

现在，让我们把刚才从化学、天文学和历史学中学到的东西转接到哲学、科学与宗教这三大文化分支上去。沿用刚刚的方法，先来讨论一下三者在探究方法上的差异，再来关注研究对象上的差异，最后我们再来思考它们是否属于互相独立的三大知识体系。

劳埃德，我记得瑞安夫人曾写信提出了与探究方法有关的问题。你可以为我们读一下她的提问吗?

劳埃德 · 卢克曼： 是的，这个问题在我这里。这是旧金山的佩吉 · 瑞安夫人提出的。她问："人们在接受宗教信仰时，是把它作为一种神圣的奥秘来接受的。但是在科学领域中，我们主要通过实验与调查的结果认识科学真理。那么到了哲学领域，我们又应该使用什么样的程序或设备呢? "

莫提默 · J. 艾德勒： 劳埃德，瑞安夫人在提出这个问题的时候，实际上已经给出了部分的答案。她指出关于宗教对象的一些事实，也就是一种神圣的奥秘。另外，她还指出了科学主要通过实验来研究。

让我们想象一下这样一幅画面，一个化学家在实验室里工作，用试管和曲颈瓶进行实验。这就展示了一个化学家的工作方法，就是通过实验的方法来进行探究。我们再想象一位天文学家的工作环境，在一个大天文台里有一个巨大的望远镜。我们来思考一下化学家和天文学家之间的区别。天文学家作为一个研究者，他的手段是在天文台进行敏锐的观察，然而化学家作为一个研究者，他的方法是在实验室里进行实验。因此，我们不应该赞同瑞安夫人的看法，认为科学就是实验性的。更严谨的说法是，科学的方法是研究性的，要么通过实验，要么通过观察。

那么现在，我们来思考一下宗教的方法。宗教的方法是得到上帝的启示。想象一下摩西获得神启的场景，他在西奈山顶伴随着火焰的出现接受了《十诫》。上帝对摩西启示也成为了犹太教中最为经典的场景。然后，我们再想象一下耶稣向他的门徒与追随者布道的场景，这也是上帝之言对人们的启示。从这两个事件中我们可以看出，宗教的关键要素是神的启示，以及人们接受了神启。

我们又该如何想象哲学的方法呢？那么扶手椅就是哲学家最重要的工具。因为从严格意义上来说，哲学家就是坐在扶手椅上的思想者。任何一个合格的哲学家都是坐在扶手椅里才会更好地工作，不过他可能还得加上一支笔和一个笔记本。以上这些就是一个哲学家所需要的所有设备了。当然，这还不够，因为一个数学家也可以坐在扶手椅上，只用一支笔和一个笔记本工作。但是数学家是一个坐在扶手椅上的孤独思想者；而哲学家则需要交流，他需要和哲学家同行们进行辩论。因此，哲学家需要更多的设备，需要许多把扶手椅围在一张大圆桌周围，因为他们是坐在扶手椅上善于沟通的思想者。

劳埃德·卢克曼：我这里正巧有一封来信，是奥克兰的莱博曼先生的提问。他在信中写道：“您说过哲学是人类理性的交流，并且强调了哲学是人类的共同思考。”他特意强调了“共同”。

莫提默·J. 艾德勒：是的。

劳埃德·卢克曼：所以，莱博曼先生想要知道，“一个人可以算作哲学家吗？”

莫提默·J. 艾德勒：当然可以。有不少的哲学天才独自完成了伟大的事业。但另一方面，通过与同行交流，展开激烈争论，哲学家受益良多。实际上，我几乎可以断言，哲学家不是单独思考，而是共同思考。这一点是哲学进步的必要条件。

现在，让我们讨论第二个要点，拥有不同研究对象的哲学、科学与宗教，它们的探究方法有何不同？我们理解的科学是探究性的，它必须要进行探究与观察，不论是通过实验还是其他方法，我们都得去观察新的现象，获得新的数据。基于观测到的数据进行理性的建构与阐释。而哲学是反思性的，人们围坐在一起对于人类的常识进行分析、质疑与沉思。在这里人们的感官世界是为理性服务的。相比科学与哲学，宗教的探究方法为接受，指人们对神启的接受态度，为了让人们接受，宗教必须给出合理的说法。

因为探究方法不同，哲学、科学与宗教的研究对象也注定不同。因为某个知识范畴的研究方法，会限制它们获取知识的类型。因为科学是探究性的，所以他的对象是所有的现象，即表征世界；由于哲学是反思性的，因此哲学的对象隐藏在现象与表征之后，即事物深层次的原因及本质；因为宗教的性质在于神的启示与接受，所以它的研究对象就是瑞安夫人称之为神圣奥秘的东西，也就是终极奥秘。

哲学独立于科学与宗教

科学是探究性的，这意味着它能够描述事实，向我们提供与事实有关的知识。

哲学是反思式的，它比描述更进一步去尝试触摸到潜在的事实与原因，试着去解释事实，因此哲学不满足于只是提供关于自然和生命的基础知识，而是试图去阐释对事物的理解。

宗教是接受与信仰。在这个过程中，宗教常常会超越人们可知和可以理解的范畴。也许对于这一点最好的解释方法，就是给大家列举三个问题，一个是只有科学家才能回答的问题，一个是哲学家可以回答的问题，最后一个是神学家或是宗教人士可以回答的。

这里有一个典型的科学问题：在原子爆炸中，物质是如何转化成能量的？这个问题，爱因斯坦已经在他的公式中回答了原子裂变或爆炸的原理。

一个典型的宗教或是神学问题是：上帝是否是在时间的起点创造了世界？这个问题在《创世纪》中的第一句话就回答了。它说，在时间之初上帝创造了天地。

如果问哲学家，我们可以问他，始终变化着的世界是否包含着某些永恒的东西？哪种永恒才是变化的基础？以及我们正在讨论的问题，哲学如何区别于科学和宗教？这个问题不就是专门留给哲学家的吗？

现在，我们已经清楚知道了这三个问题。也许我可以再快速地讨论一下科学、哲学与宗教的独立性。劳埃德，我记得我们收到了很多关于科学与宗教之间的对立性的问题。那么，我们有没有收到关于科学与哲学或哲学与宗教之间的矛盾的提问？

劳埃德·卢克曼：并没有问题询问这三种可能出现的矛盾，艾德勒博士。但是我这里的一个问题在某种程度上指向了这个问题。居住在加利福尼亚州伯克利市的约翰·沃德·巴勃考克夫人问您："在神学与科学之间有一片无主之地，它经受着来自双方的攻击，而哲学就是这片无主之地。您是否同意这个说法？"

莫提默·J. 艾德勒：我想我在很大程度上同意这句话，巴勃考克夫人。当然，在历史上哲学出现在科学与宗教的中间地带。但是关于您刚才所说的，我还有两点想要澄清。

当我们文化的三大分支，即科学、哲学与宗教产生冲突之时，通常情况是因为它们之中有一个变成了霸权主义者，它越过了自己的领土而变成了一个入侵者，去侵入别人的领域。并且你说得很对，巴勃考克夫人，那就是哲学就像是一个缓冲地区，一个必须把科学和宗教隔离开的缓冲带，事实上，哲学保证了科学与宗教之间的和谐秩序。

一个上升的阶梯

作为人类文明的三大分支，科学、哲学与宗教三者之间的和谐秩序指的是什么呢？这个问题有两种答案：要么应该处于平等地位并且彼此协调，要么应该有一个从低到高的阶梯。

关于科学、哲学与宗教之间正确的秩序是什么的问题，事实上存在很多、非常多元化的观点。比如，其中的一个答案认为，科学、哲学与宗教这三者是平等的并且应该彼此协调。另外一种答案认为，科学是最基本的，而哲学与宗教处于从属地位。宣扬实证主义的法国哲学家奥古斯特·孔德就认为，科学是人类知识最基本的形式，而宗教是迷信，哲学只是思辨。在我看来，以上所有答案都将导致科学、哲学与宗教之间的冲突。

我想给大家提供一个备选的答案，那就是从科学到哲学再到宗教是一个逐渐上升的阶梯。如果从实践层面解释，哲学给予人类的比科学更重要，而宗教所给予的要高于哲学。如果从理论层面看就是，当你从科学上升到哲学，再上升到宗教，你将会越来越接近问题的终极答案。

劳埃德·卢克曼：艾德勒博士，您刚刚所说的恰巧部分回答了住在旧金山的帕特里西亚·戴尔夫人的问题。她的原话是："如果您被迫要从宗教和哲学二者之中选择一个，您会选择哲学吗？为什么？"

莫提默·J. 艾德勒：戴尔夫人，这是一个很难立刻给出答案的问题。我希望人们不必面对这样的选择。我前面的阐释就是为了大家能理解，宗教、科学与哲学之间可以没有冲突。然而这不代表着哲学内部也没有冲突。恰恰相反，哲学是争论的温床，它充满了争辩，挤满了不同学派的思想。人们是否意识到，这个世界上没有任何一个结论能得到所有哲学家的同意？为什么会存在这么多哲学流派呢？

这就是我们下一次节目需要面对的问题：哲学中为什么会有那么多悬而未决的问题呢？这些长时间存在的问题能够得到解决吗？哲学有进步的方法吗？

哲学中的未解难题

莫提默·J. 艾德勒： 在展开讨论前，我想先总结一下上一次的讨论。上次讨论说过，人类文化的三个大的分支，每一个都有自己的探究方法和探究对象，如果三者互不侵犯，那么它们之间也不存在矛盾。

但是，劳埃德，在本周的节目中，无论是通过我们收到的信件，还是通过你与我或与其他人的交谈，我们都会发现我认为已经足够明确但实际上并没有搞明白的问题。所以我想先讨论三个尚未解释清楚的问题。

首先，通过观众和与别人交谈，我发现大家对于哲学的定义并不清楚，因为大家给出的都是一些消极负面的定义。有人认为哲学不具有探究性，因为哲学家是坐在扶手椅上的思考者，不会走到户外进行观测。但哲学又不像宗教或是神学那样，依赖启示或是教义。

那么从积极的角度来说，哲学的方法是什么呢？在这个栏目一开始，我对此简短地回答过，那就是理性反思，但它并不是凭空反思，而是对于人类的常识以及对生活中的日常经验的反思。

其次，我还发现，关于哲学对于科学和宗教的独立性问题，我提出的观点并没有得到清楚的解释。不少观众来信认为，如果哲学家有宗教信仰，会更有利于他们的工作。有一部分人认为恰恰相反，哲学家如果是无神论者才能更好地工作。我再重复一遍，哲学家的工作，也就是运用他的理性去反思人们的常识中所存在的基本问题，是独立于科学方法和宗教信仰之外的人类文明的分支。

我想要进一步澄清的第三点，是关于哲学、科学与宗教的秩序问题。关于这个排序，仍有许多互相对立的观点，正如一些信件提到的，宗教并不优越于科学与哲学，事实上，宗教的层级要低于这两者。科学是人类文明中最重要的部分，而哲学与宗教都逊色于它。而有些来信则表达了相反的观点，认为在这个层级中科学应该是最底层的，当人们攀登这个阶梯时，从科学到哲学再到宗教，遇到的问题会越来越重要，越来越接近终极。

这两种观点，要么把科学放在顶端，要么将宗教置于顶端，这也代表了在大众眼中这三个分支之间的矛盾关系。然而有一点是明确的，无论是哪一方的支持者，他们都不认为这三者是平等的，不认为它们有着同样的价值。

几年前，在纽约召开了一次与科学、哲学和宗教主题有关的会议，这个会议仍在持续举办。我认为它一直走在失败的路上，现在已经很失败了，并且以后还会继续失败，因为它试图阐释哲学、科学与宗教是并列或平等的。

科学无法解释一切

劳埃德·卢克曼：艾德勒博士，我还有几个问题希望得到您的回答。第一个问题是旧金山的爱德华·沙弗尔博士提出的，第二个来自索萨利托的鲁伯特·坎普先生。沙弗尔博士问：“为什么在遥远的未来，科学无法解释所有事情呢？”我猜想这里他指的所有事情，包括目前哲学与宗教所涉及的所有领域。第二个来自坎普先生的问题是：“为什么不借用科学的方法来解决哲学的争端呢？”在他的信中举了几个例子，比如为何科学无法解决正义以及幸福的问题。

莫提默·J. 艾德勒：沙弗尔博士和坎普先生，在我看来，如果人们真的明白什么是探究科学的方法，了解这些方法如何通过观测物质与心理现象来获得知识，那么人们自然会知道这些方法不能用来渗透事物的终极真理与终极成因。科学的方法不仅在当下无法探究并回答那些终极问题，确切地说它们永远无法回答。

大家也许会想起我之前提到的与伯特兰·罗素伯爵的那张争论。尽管他与我立场相反，但是在那场辩论中他很早就承认了科学方法无法解决任何道德问题，不光是现在的科学方法无法解决，只要科学还是科学就无法解决任何道德问题，或者如他本人所说的价值问题。

非常有意思的是，劳埃德，我们的一位通讯员，S. M. 威尔逊先生寄来的《读者文摘》剪报也提到了这一点。它讲述了战争期间一场在军官俱乐部里发生的争执，一位受过科学教育的少校质问牧师："是否有科学能证明上帝的存在？"牧师回答说："这是一个非常难回答的问题。实际上，我想用另外一种方式反问你：人们能否通过神学证明原子的存在？"少校回答说："有谁会想通过神学来证明原子的存在？"牧师说："这恰恰也是我想说的，有谁听说过从科学角度证明上帝存在呢？"这也证明了不同的探究方法能够回答不同类型的问题。

对哲学的指控

劳埃德·卢克曼：我的第二个问题来自奥克兰的M. H. 劳瑟尔夫人。她说："上周您举例说化学和天文学是独立的科学。"后来她寄给我们一份非常有趣的剪报。这份剪报上说："加州大学科学家正通过观察星系来寻找化学元素。"很明显，她是想问您将天文学和化学视为互相独立的学科是否成立。

莫提默·J. 艾德勒：劳瑟尔夫人，就在最近这些年，学术界还在将天体力学与天文学画等号。到了今天，天文学专业衍生出了一个全新的学科分支，我们称之为天体物理学，主要研究领域是天体的物理构成。实际上，天体力学在很大程度上是独立于化学的，但很明显，天体物理学所关注的是天体的物理或化学构成，它的出现让天文学与化学的界限开始模糊。

劳埃德·卢克曼：还有一个问题。来自圣何塞的小詹姆斯·J. 特罗瑞克先生问您："既然您认为科学、宗教和哲学是我们文化的三大分支，那么攻击哲学的人肯定来自其他领域。您是否可以列举一些来自其他领域的攻击的例子，以便更加巩固哲学在观众心目中的地位和价值？"

提默·艾德勒：当然，这就是我们这次的任务。特罗瑞克先生，您说得很对，到现在为止我只介绍了哲学的拥护者们的观点，可以总结为以下三点：第一，哲学是一种知识；第二，哲学是一种独立于科学的知识；第三，作为能够解决更加终极的问题的知识，哲学无论在理论上还是实践中都要高于科学。

好了，哲学的反对者们主要来自科学领域，极少数来自宗教领域。科学领域的反对者们给出了一种截然相反的观点，同样可以总结为三点：哲学只是一种观点或猜想；如果不是的话，那么哲学就是对于科学的注释，因此它不能够独立于科学；因此不管在哪种情况下，通过哪一种方式，哲学都是明显低于科学的。既然如此，鉴于这种反对的声音，特罗瑞克先生，我将按照您的建议，阐明这些反对者们指控哲学的依据，然后针对这些指控为哲学辩护。

实际上，关于哲学的指控主要有两方面，第一个指控针对哲学内部存在着巨大的分歧争议。他们认为，哲学中存在如此之多的思想流派，如此之多相互矛盾的各种主义和花样繁多的观点，以及各式各样的哲学门类。这样一对比，科学的指控就很有力了，因为科学家之间没有这么多的争议，他们的观点总是一致的。他们拥有相同的知识体系，他们之间没有思想流派，更像在用差不多的方法完成共同事业。

顺便说一句，这种指控不仅来自专家学者，普通人也提出了类似的不满。劳埃德，我们前几周收到的观众来信中，就有不少普通人对哲学提出各种各样的控诉，比如："我们应该支持哪一种哲学观点呢？哪一种才是真理呢？为什么哲学家总是在互相争辩呢？"

这些指控所说的都是事实，确实存在着各种各样的哲学，并且不同的思想流派之间存在着巨大的矛盾。此外，我还得承认，不仅过去和现在哲学流派之间的争论不断，就连哲学本身也存在着冲突与争论。

对哲学的第二个指控就是，哲学一直没有进步。也许我们的确可以这么说，因为自古以来哲学一直在原地转圈。一个世纪又一个世纪过去，它仍纠缠在那些古老的话题上。和第一种指控一样，这个指控也是从哲学与科学的对比中搜集到了控诉的证据。科学史对于科学家来说永远是一种鼓舞。但是我很遗憾地说，哲学史对于哲学家来说相当尴尬。

如同第一个控诉，不仅仅来自专家学者，连普通人也提出了指控。而我不得不承认，第二个指控同样是不容否认的事实。所以，这两项对哲学的指控强势席卷当今世界。

那么现在，对于这些指控我们应该给出什么答案呢？我们又该如何回答呢？因为特罗瑞克先生不仅要求我们解释一下这些对于哲学的攻击，也想看看我们能否为哲学辩护，以便大家深入了解问题的实质。

总体来说，这些指控都是事实，但是这些事实并不是最近才出现的。相反，它们一直存在。但基于这些事实所提出的指控却是新事物。也就是说，这些事实存在于中世纪，甚至古代世界，但是对于哲学的指控却诞生于现代。

科学不是哲学的模板

如果这些关于哲学的事实并不是新事物，为何对它的指控在现代才第一次出现呢？我想主要原因是，到了现代社会，科学成为了人类文明的重要组成部分。只有到了近现代，科学才开始主导我们的思维。因此，科学也成了一种模板，而在这个模板的衬托下，哲学显得相当落后，哲学家要为未能模仿科学而感到羞耻。

但假如我们做出与现实完全对立的假设又会导致什么样的结果呢？我们假设，将科学视为模板的做法是错误的，假设哲学不应该将科学视为效仿的模板，对哲学的评价也不应该通过与科学的比较来获得，而是基于哲学自身。在这种情况下，哲学又是怎样一种面貌呢？接下来，让我们依照这种假设重新审视刚刚提出的两项指控。

首先我们来看看第一项指控，哲学家们总在争论，而科学家们倾向于相互认同。面对这项指控，我们可以通过以下方式来回答这个问题：科学和哲学中都存在着分歧与认同，也许科学中的分歧与在哲学中一样多，但关键在于，它们发生分歧的模式不同。

注意，属于同一时代的科学领域的人才很容易达成共识，但是下一个时代的科学家们往往热衷于推翻上一代的说法。然而再看看哲学，你们会发现不同世纪的哲学家之间很大程度上是认同。后辈的哲学家会认同他们的先辈，但同一时代的哲学家却总是互不认同。

让我通过几个简单的例子来说明这一点。我们首先回忆一下，两位伟大的科学家，生活在17世纪的牛顿和出生在现代的爱因斯坦。在牛顿的时代，他的著作和伟大的公式为同时代生活的科学家普遍接受。而在我们的时代，爱因斯坦的伟大公式和广义与狭义的相对论，也得到了大多数杰出科学家的认可。但爱因斯坦几乎算颠覆了牛顿的学说。我认为爱因斯坦是对的，他超越了牛顿。这是科学家之间产生分歧的典型案例。很明显，后代的科学家并不认同他们的先辈。

再对比一下两位哲学家的例子。生活在18世纪末的大卫·休谟和现代哲学家伯特兰·罗素。尽管罗素比休谟晚了两个世纪，但是他继承了休谟所提出的大多数基本观点。但是如果对比罗素与同时代的杰出哲学家雅克·马里顿，你会发现他们之间存在着相当深刻的分歧。

再来看看第二项针对哲学的指控。我希望大家能够了解哲学产生进步的方式与科学不同。如果哲学也以科学进步的方法来衡量，那么将产生误判，反之，哲学应该以自身标准来重新定义何为进步。

我们的通讯员之一，J. 伯恩利夫人提醒我注意，在我的新书《人类如何构建人类》（*What Man Has Made of Man*）中，有一段话描述了科学进步与哲学进步之间的区别。我想为大家念一下这段简短的论述："在科学的线性发展历程中，科学始终保持直线上升。因为科学知识是对于以往知识的改进，它总会迸发出更多更好的知识。科学史可以被视为错误与缺陷的集合。然而这个集合一旦形成，那么进步就是稳定的，很难发生倒退。科学的错误存在于科学的知识修正它之前。但是在哲学史上却并非如此，哲学是沿着螺旋的路径而非直线前进的。同样的错误一次又一次地发生，却一次又一次被修正。从总体上说，哲学上的错误并不比科学上的错误多，但哲学出现且重复出现错误的模式，与科学完全不同。"

哲学中的进步

哲学是如何进步的，它的进步模式与科学有何不同呢?

首先，我们来总结一下科学进步与哲学进步的特点。科学通过反复实验而获得进步。实验过程中产生了新数据和更精确的观测结果，从中总结出了更新的结论与想法，进而实现了科学的进步。但哲学领域并不如此。哲学进步，是人们对古老议题进行进一步的论证与阐释。旧的议题结合新的理解，在旧的理论基础上构建新的学说才能实现哲学的进步。

好了，科学进步与哲学进步的不同特质，导致完全不同的结果，主要集中在进步的方向与速度上的不同。在科学领域，进步始终保持着匀速的线性增长，一代又一代的人类都能够获得更多、更新的知识，而且获取知识的速度会越来越快。然而在哲学中，人们不会获得更多的知识，他们只能获得更多的理解，而且并不是从一代人到一代人，而是从一个时代到一个时代，就像从古代世界到中世纪，再从中世纪到现代世界。这些伟大的时代见证了哲学的进步。而且这种前进并非直线进步，而是螺旋式的运动，它非常缓慢，有时会暂停，有时在即将向前一步时突然向后滑动。

想到科学进步与哲学进步的对比，我想为大家读两条格言。一条来自亚里士多德的《形而上学》:“对真理的探索很艰难，但也可以很简单。虽然从未有人能完全获得真理，但从某种程度上看，我们并不算完全失败。关于事物的本质与真相，每个人都能说出一些来。然而作为个体，每个人对于探索真理的贡献微乎其微，但将所有人的观点累积起来，却能产生巨大的影响。”之后不久，亚里士多德在他的《灵魂论》(*The Soul*)中说:“因此，我们必须收集先辈们的观点，这样才能够从正确的思想中汲取营养，从错误的思想中累积经验。”

现在看来，亚里士多德的说法完全正确。最近几个世纪以来，特别是我们这个时代，哲学并没有以其自身方式获的得应有的进步。我对伯恩利先生的来信深有体会，他问:“人们为何能以乐观的心态看待哲学在今天所取得的成就？为什么哲学在不久的过去失败了？而如今它为什么仍在失败？”

我想这个问题的答案包含两个层面。伯恩利先生的信中已经给出了部分答案，他说:“反哲学思潮虽然一直都有，但因为当今世界科学占据主导地位，反对哲学的浪潮越发频繁。”但是我想还有一个更深层次的原因。从进步产生的首要条件而言，在现代尤其是当今社会，哲学家们没能够做到对基本问题进行辩证的阐释。之所以没能做到，主要因为困惑越来越多，而哲学家们的交流却越来越少。这就导致原本可以提出新理论来推动哲学进步的天才哲学家们无法做出应有的贡献。

这个错误可以得到纠正吗？哲学研究者们认为可以，这也正是我们努力在做的事。相信通过对哲学基本命题的再阐释与探究，我们会在下个世纪让哲学更进一步。

哲学还有进步的空间吗

我从观众来信中总结出了两个大家关心的问题。第一，如何处理哲学家们之间的分歧？第二，哲学为什么没有进步？

劳埃德，这是否也代表了你对观众来信的感受？

劳埃德 · 卢克曼：没错。比如我接下来要读的第一封信，它来自旧金山的戴斯蒙德 · J. 菲茨杰拉德先生，信中写道："哲学家们的观点各式各样，您对此作何解释呢？" 然后他接着问，您是否也认为，正如一些人所说，针对一些基本命题给出唯一的阐释，这是否意味着哲学的死亡呢？

莫提默 · J. 艾德勒：不，我并不这么想。稍后我会更详细地解释为什么我不这么想。

劳埃德 · 卢克曼：太好了。另外一个问题来自旧金山的劳伦斯 · 韦伯先生，他说："艾德勒博士，您能不能告诉我们，哲学的进步是否就意味着今日的哲学家应该提出超越古代的阐释？"

莫提默 · J. 艾德勒：这个问题的答案是肯定的。

劳埃德 · 卢克曼：如果答案为肯定，那么是否就意味着与柏拉图相比，杜威是一位更加伟大的哲学家？

莫提默 · J. 艾德勒：不，劳埃德，并不是这个意思。但它的确意味着，生活在20世纪的杜威确实处在一个有利的位置上，他更容易为哲学进步做出贡献。

劳埃德 · 卢克曼：这里还有一个问题，它来自伯克利的托马 · K.

雷先生。他问："如果有五位哲学家共同讨论并交换观点，难道不能对哲学进步做出贡献吗？这种方法已经应用于很多科学分支中。"他想知道，能否证明在哲学中这种方式同样有效。

莫提默 · J. 艾德勒： 的确可以。雷先生所说的，恰恰就是我们在哲学研究所里一直在做的。这是历史上第一次，哲学家们进行团队协作，很像科学家们在实验室里进行团队协作一样。

劳埃德 · 卢克曼： 那好，艾德勒博士，您对哲学与科学研究的类比，让我想到了几个关于研究所的工作内容的问题。我这里有一封信，来自伯克利的诺德斯特罗姆先生，他想要知道你们在研究所的名字中使用"研究"这个词，是否意味着你们也会运用一些与科学研究相似的方法？

莫提默 · J. 艾德勒： 诺德斯特罗姆先生，答案是肯定的。我们现在在研究所所做的与科学研究非常相似，都会涉及收集数据、归纳概括、假设，以及预测与验证。

劳埃德，还有其他关于研究所工作方法的提问吗？

劳埃德 · 卢克曼： 还有很多。但这有一个问题您肯定很感兴趣。它来自一名匿名观众，像很多人一样问了在研究所工作的问题，但是特别之处在于他想知道，您和您的同行们是不是一直都坐在扶手椅上工作？现在仍然坚持坐在扶手椅上吗？

莫提默 · J. 艾德勒： 绝大多数时间我们还是坐在扶手椅上。但有时候，有些人会兴奋地从扶手椅上站起来，就某个观点与人争论一番。

自哲学研究所诞生以来，人们就对它的性质和功能存有某些误解。"哲学"这个词似乎在美国加州被赋予了某种奇怪的含义。早些年，我们接到过很多电话，问我们何时提供行为指导的服务，或是什么时候能接收病人。研究所的名称引来了很多麻烦，曾有一位名叫R. H. 玛茜的观众在寄信时，把我们的地址写成了"交响乐研究所"，而一份来自芝加哥的电报则把地址写成了“慈善研究所”。①

有一天下午，我从研究所里出来，在杰克逊大街上一辆电车从我身边经过，售票员从车窗探出身对我说：“嗨，艾德勒博士，哲学研究现在进展得怎么样呀？”这就是我正在想办法为大家回答的问题，但那天下午我还不知道如何回答他。

分歧始终存在于哲学中

我发现大家都对哲学家之间的分歧很感兴趣，这也是研究所面对的主要矛盾，那么，我们不如就从这个问题切入接下来的讨论。如果我们不再对科学与哲学进行错误的比较并得出错误的推论，我们就会发现分歧是哲学的本质，哲学中永远存在分歧。这个结论并不令人遗憾。相反，设想一下如果所有哲学家都能够达成一致，那么正如你之前提到的，劳埃德，哲学将走向灭亡。事实上，争议、分歧之于哲学的重要性，就像实验之于科学，是决定其生死的存在。

但争议也可能将哲学引入两个极端，这也是我们不想看到的结果。其中一种极端是——高度统一，完全一致。而与之对立的另一端是——极度混乱，没完没了的争论。而在这两个极端之间存在一种中间状态——对全部问题有所理解并进行多元化的思考。哲学想要从争议中获益，就需要争论双方真正加入到对话题的讨论中进行真正的交流，理解彼此的观点，以及思考为何会产生如此多元的观点。此外，只有话题的各个方面和角度都被考虑到了，哲学中的争论才是有益的。

从这两个方面看，我们这个时代的哲学争论变得越来越无效。因为哲学家并不能够就话题本身正视彼此，甚至无法交流，无法相互理解，这是哲学正面对的普遍困境。此外，我们如今的讨论变得越来越

① 在英语中，哲学是philosophy，交响乐团为philharmonic，慈善为philanthropic，三者因太过相似而被混淆了。

肤浅和狭隘，讨论中充斥着当代的声音，但缺乏与能够拓宽讨论广度的多样化的观点。

如果一个论点至少包含两个方面，而参与讨论的人只能看到其中一个方面，并对其他方面视而不见，那么他就不能算掌握了全部论点。

我们创办的哲学研究所正在试图解决这一困境。我们努力构建哲学家们可能会遇到的哲学基本问题，并尽力寻找能够促成他们对话的条件。当然，我们也在尽力展现对基本命题的多样性观点，并解释这些观点为何会存在。此外，我们一直在尽力增加异议而非消除异议，试图把所有的声音，把整个西方思想界的所有观点汇集在一起，因为这些声音和观点要么被低估了，要么根本不为人所知。

但我们的工作并不只限于列出哲学的基本议题。我们的目标是在辩证客观的基础上，尽可能清晰地阐释这些哲学论证的过程。如果能够做到这一点，我们就能够为哲学进步提供了首要的条件。

大家也许会回忆起上周我们讨论的哲学进步的两个条件，与科学进步相比较，哲学进步的首要条件是完成辩证的阐释，通过全面理解议题，对不同论点进行恰当的表述，为大家呈现出逐渐明晰的争论关键。这种辩证性的阐释是取得理论进步的基础，只有这样，新的理论和观点才会对于古老真理进行一场更加连贯、更加全面的重述。

我想哲学研究所的名称之所以会被大众所误解，因为人们认为我们的工作是为了带来理论的进步。事实上，我们全部的目标，就是以理论进步为目标完成辩证的阐释。

让哲学争论有意义

劳埃德 · 卢克曼： 我能明白，哲学研究所从事的工作对哲学和哲学家来说具有很高的价值，但是我还不能算作是哲学家，至少不是一个专业的哲学家。我只是一个关心通识教育问题的教育者。并且我也很确定，有很多人和我一样关心这个问题。假设哲学研究所能够取得专业上的成功，那么这个成功对通识教育与人文学科的发展有什么特殊的或是普遍的价值呢?

莫提默·J. 艾德勒：谢谢你，劳埃德。我现在就可以告诉，我们研究所工作的直接目的就是促进哲学在这个时代和下一个时代的进步。我们的哲学研究所与另一个受到福特基金会支持的项目（行为科学高级研究中心）非常相似。我确信，行为科学高级研究中心也希望他们的工作可以间接地造福于人类和人类社会。但是我也确定，通过他们的直接努力，能够改进行为科学工作中的研究与方法。所以，我们的研究所也希望在改善哲学研究条件、推动哲学进步的基础上，能为整个通识教育领域，以及面临这些基本困境的普通人创造价值。

哲学研究所能为普通人、通识教育带来什么价值? 之前我们曾收到过一封信，是菲茨杰拉德先生写的，他在信中说："在普通人看来，哲学家们的争论起到了很不好的示范作用。因为看到伟大的思想者之间的冲突后，他们会对自己能否找到这些基本问题的答案感到绝望。"但是，菲茨杰拉德先生不认为是哲学争论本身有问题，而是因为这些争论不知所云才会让普通人感到绝望。

菲茨杰拉德先生，如果一位普通人能够理解论战中的各方观点，从而理解争论的核心，那么他自然会转而去检验这些观点的正确性，并形成自己对问题的看法，完成一种理性的思辨。但现实情况是，人们被一种感觉吓住了，他觉得自己不可能理解正在发生的争论。然而，他们的感觉完全正确。所以，我们的哲学研究所希望能够把这些最基础的争论变得可理解，重建普通人对哲学的信心，让他们相信自己有能力理解这些可能影响他们生活的哲学道理。

到此我可以说，我们的研究所或许可以通过这种方式攻克目前美国最流行的疾病——一种深刻的反智主义。如果大众不再质疑自己能否理解这些哲学基本议题，不再为无法选择立场感到绝望，那么反智这种流行病就有被治愈的可能。

现在，想象有个聪明的普通人，在他毫无准备的时候，我们便要求他坐下来翻阅所有与自由这个主题相关的文献，至少有一百多部著作。当他完成这个任务后，或许会像威廉·詹姆斯所说的，就像婴儿第一次睁开眼睛看到世界，“硕大无朋的、不断扩大的、闹哄哄的一团糟”。或者换一个更恰当的比喻，这些文献就像是一个充满了各种各样未知动植物的原始世界，他就像一个未经开化的野人，面对着一个与我们眼中世界完全不同的世界。想象我们走过动物园或植物园或博物馆时，因为生物科学，各式各样的动植物变得清晰有条理。自然的世界不再像原始森林一样混乱，不再是各种各样不可理解的未知物，而是一个有秩序的、可以理解的世界。

而对于一个未经开化的野蛮人来说，在他没有享受到科学发现的便利之前，由动植物组成的自然世界处于一种混乱的、不可理解的状态，令人诧异而迷惑。但是对于现代人来说，我们幸运地拥有了生物分类学、基因学以及进化论的指导，生物世界成为一个井井有条、可以被理解的对象。

哲学世界也是一样的道理，哲学概念与观点就像是自然界里的植物与动物，对普通人或是哲学家来说就像一个令人头晕目眩的丛林，这里充满了相互冲突的、令人困惑的观点，人们很难找到出路，很难对多种多样的观点进行总结。但是如果我们研究所能够履行职责，借助辩证法对各种各样的观点进行理性诠释，那么人们身处哲学思想的原始丛林中时，所见与所感都是充满秩序的，正如我们走过博物馆的展览或是穿过动物园时所看到的自然世界。

所以，哲学研究所的工作非常类似于科学研究的工作。就像生物学家对待自然界中的样本一样，对它们进行分析、归类，给它们绘制分类图表，然后通过诸如基因学或是进化论之类，解释在事物发展的过程中生物多样性是怎么产生的。哲学研究所的工作也遵循着类似的研究模式。只不过我们观察的对象并不是植物和动物，而是概念与思想。而且我们必须得分析能否将其归类，能否提出可成为参照系的假设，以及这些假设能否解释各式各样的观点为何存在。在做这些工作的过程中，在处理这些思想、概念与观点的过程中，就像生物学家研究动植物那样，我们也通过同样的方式，提出可以用于检验的假设。在这个意义上，我们的工作与科学研究非常相似，只是我们的工作不针对物质的层面，而是在思想的层面。

接下来，让我们转向第二点，哲学研究所的工作对于通识教育的价值。

哲学与通识教育

关于我们研究所的工作对于通识教育的价值，这里存在一个基本事实，通识教育的好坏与哲学发展紧密相关。我想，有两件事情导致通识教育在我们这个时代的衰落：一方面，这个时代中哲学的衰退、信仰的缺失；另一方面是关于基础学科的讨论缺乏技巧。如果想要恢复通识教育的生命力，哲学、信仰与讨论技巧都必须得到恢复。

为什么一定如此呢？答案包含两个方面。因为通识教育的本质就是本书讨论的“大问题”，也就是哲学的基本命题。而想要理解这些基本命题，必须理解与之相关的所有概念、观点，并且深度把握由此引发的问题。但是对“大问题”的理解如何传授给学生一代呢？我认为，只能通过辩证、客观的讨论，并且议题的各方论点、论点的价值都应该在讨论中得到完整体现。

说到这里，也许有人会问，哲学研究所对于通识教育有什么特殊贡献？在我看来，与其说是进步，不如说是对于国家通识教育的修复。为什么这么说呢？每一所追求通识教育的学校，都应该鼓励老师与学生像哲学研究所的工作人员一样，研究并学习哲学大问题，从哲学讨论中提升自己的讨论与沟通技巧，对于多种思想之间的交流这是必不可少的。如果所有有志于发展通识教育的院校都做到了这一点，那么哲学研究所更像是一片试验田，发现讨论中可能用到的方法，完善对哲学基本命题的分析，去发现人们可以进行集体思考的方法，最重要的是将这些方法贯彻到实践中，并通过这种方式取得一些成果。这样做不仅仅是为了体现这些方法的优势，而是希望它们能在通识教育领域发挥作用。

劳埃德 · 卢克曼：好的，艾德勒博士，现在我来回答你的问题。作为一个关心哲学问题并有着自己的立场的普通人，同时也是关注通识教育的教育者，不得不说听完您的讲述，我更加理解了研究所的工作，尽管并不像我期待的那样。我也明白了研究所的间接目的，特别是通过哲学所要实现的其他目的。当然，它主要还是在哲学范畴之内。

莫提默 · J. 艾德勒：没错。

劳埃德 · 卢克曼：谈到哲学范畴，我想我从您这里学到了一件重要的事情，那就是研究所的工作不是为了寻找所有哲学问题的终极答案，它的工作更加低调，但同样也很艰难，哲学研究所的所有工作都是为了给未来的哲学家创造更优越的工作条件，让他们能更好地回答我们所提出的哲学问题，保证哲学在未来能够获得终极真理的答案。如果事实如我所说，那么我还有一个问题想要问您。

莫提默 · J. 艾德勒：请讲。

劳埃德 · 卢克曼：我想这是和我一样的普通人都会关心的问题。基于哲学研究所目前的工作进展，您认为最终实现目标的概率有多大？

莫提默 · J. 艾德勒：我认为，研究所目前已经完成了所有工作中最艰难的部分，那就是利用从未有人尝试过的、恰当且科学的方法，就像生物科学对各种各样的生物进行分类与阐释，我们的研究对象不再是生物界，而是替换为精神世界。此外，我们还通过团队协作的办法展开哲学工作。我认为，这些方法在使用过程中也在不断优化，通过研究哲学基本命题总结出了一套新哲学研究法。

出版手记

在旧金山哲学研究所成立之后，莫提默 · J. 艾德勒通过《大问题》完成了他的荧屏首秀，这是一档全52集、每周播出半小时的哲学主题电视节目，由哲学研究所出品，美国广播电视公司运营，在PBS的前身国家教育电视台（NET）于1953至1954年在旧金山湾区播出。

因为当时尚未发现录像带技术，所以这档电视节目是用胶片录制的。研究所从旧金山搬到芝加哥后，这些胶片被打包放在了储藏室里，渐渐被人遗忘。后来，哲学研究所迁往大英百科全书总部，旧址要拆除。迁址期间，有人将这些胶片抢救下来，并转录为录像带或录音带。艾德勒博士把它们捐赠给大问题研究中心，这些节目的录像版本与录音版本，与当初播放的一模一样，至今仍可以从研究中心获得。它们虽然带有20世纪50年代的电视放映技术特征，但这些内容则是永恒的，并与新的千年息息相关。

在将节目的文字记录编辑成书时，我们决定在某种程度上保留它对话与互动的特点。因此这些章节读起来正如它们原本的风貌：不是书面文章或是正式讲座，而是直播的电视节目，伴随着即兴演讲以及艾德勒博士和他的搭档劳埃德 · 卢克曼之间融洽的交流。

在文字记录不清晰、不连贯的地方，我们进行了少量的删改。电视节目中频繁使用图表和插图作为视觉辅助工具。这些图表只是用几个标题总结了艾德勒博士的谈话内容，他有时会指着图表直接谈论上面的内容。我们认为，在纸书中过多使用图表会分散人们的注意力，因此我们决定删除这些图表以及与图表相关的部分。这就是我们所做的最大的改动了。

按照古希腊语和20世纪60年代之前英语方言的用法，艾德勒博士经常会用“men（男人）”这个词来泛指男人和女人。为了避免不必要的误解并且遵循更加现代的方式，我们把很多处“men”改成了“human beings（人类）”或是“persons（人们）”。

这些节目播出的先后顺序已无从得知，不过可以通过录像带中快速闪过的参考资料确定一部分顺序。但在本书中我们把这些参考资料删去了，没有按照节目原本的播出顺序复原。考虑到有些读者喜欢从头到尾通读一本书，我们在综合协调可理解性与合理性的基础上，确定了各个章节现在的顺序。事实上，这些章节可以按照任意的顺序来阅读，不过讨论某一特定主题的章节组最好还是按照给定的顺序来阅读。（在每个讨论特定主题的章节组中，第一章的标题都是以“如何思考”开头的，后面的章节标题有所不同。）